高职高专建筑工程专业系列教材

建筑抗震设计

（按新规范编写）

王文睿　　　　　主　编
李维敦　张乐荣　副主编
屈文俊　　　　　主　审

中国建筑工业出版社

图书在版编目（CIP）数据

建筑抗震设计（按新规范编写）/王文睿主编. —北京：中国建筑工业出版社，2011.8
（高职高专建筑工程专业系列教材）
ISBN 978-7-112-13429-8

Ⅰ.①建… Ⅱ.①王… Ⅲ.①建筑结构-防震设计-高等学校-教材 Ⅳ.①TU352.104

中国版本图书馆 CIP 数据核字（2011）第 151475 号

责任编辑：范业庶
责任设计：张　虹
责任校对：陈晶晶　赵　颖

高职高专建筑工程专业系列教材
建筑抗震设计
（按新规范编写）
王文睿　　　主　编
李维敦　张乐荣　副主编
屈文俊　　　主　审

*

中国建筑工业出版社出版、发行（北京西郊百万庄）
各地新华书店、建筑书店经销
北京红光制版公司制版
天津安泰印刷有限公司印刷

*

开本：787×1092 毫米　1/16　印张：13¼　字数：320 千字
2011 年 8 月第一版　　2020 年 8 月第十次印刷
定价：25.00 元
ISBN 978-7-112-13429-8
（21197）

版权所有　翻印必究
如有印装质量问题，可寄本社退换
（邮政编码 100037）

前　言

　　高职高专教育是我国高等教育的重要组成部分，担负着为经济建设培养高等技术应用型专门人才的重要任务。以适应社会需要为目标，以培养技术应用能力为主线，涉及学生的知识、能力、素质结构和培养方案，使毕业生达到具有适度的基础理论知识，较强的技术应用能力，较宽的知识面和较高的综合素质；以应用为主旨，构建课程体系和教学内容体系，适时适度地更新课程教学内容，在课程建设和教材建设上突出应用性、实践性。基础理论教学要以应用为目标，以必须、够用为度；专业课教学要加强针对性和实用性。本教材就是遵照《教育部关于加强高职高专教育人才培养工作的意见》的精神，根据高等学校土建学科教学指导委员会高等职业教育专业委员会制定的建筑工程技术专业的教育标准、培养方案，结合本课程的特点、教学要求和现阶段国内工程结构抗震发展实际编写的。

　　地震可称之为地球的癌症，其发生具有突然性、随机性，它给人类社会带来的威胁、造成的生命和财产损失非常巨大。历经一个多世纪的抗震防灾研究和经验积累，人们对地震有了一定的认识，在抗震减灾方面有了长足发展，但就现阶段的实际来看，人类社会抗震减灾依然任重道远。我国处在环太平洋地震带和欧亚地震带中间，受世界性的这两个地震带的影响，我国是地震多发的国家，地震区分布广大，城镇人口特别是大城市人口密度大，未来地震可能造成的灾害相对会比较重。加之，我国又处在城市化高速发展阶段，新建工程项目量大面广，房屋抗震减灾的任务非常繁重，建筑抗震设计就显得非常重要。建筑抗震设计是一门多学科、综合性较强的课程，涉及地球物理学、地质学、地震学、结构动力学和工程结构学等学科。随着科研的深入和历次大地震震害调查和经验的积累，抗震理论和方法不断完善和进步，尤其是2008年汶川特大地震后，我国加快了《建筑抗震设计规范》修订完善的步伐，于当年对2001版《建筑抗震设计规范》进行了修订和调整，住房和城乡建设部又于2010年5月颁布了新的《建筑抗震设计规范》GB 50011—2010。新版《建筑抗震设计规范》成为今后较长一个阶段指导我国建筑抗震设计、施工、教学和建筑工程项目管理的纲领性文件。本书就是依据《建筑抗震设计规范》GB 50011—2010和《建筑抗震设防分类标准》GB 50223—2008编写的。

　　本书所述内容严格遵从建筑结构抗震实践性强的特点，紧密联系工程实际，文字简练，重点突出，注重理论与实践的结合。本书包括建筑结构抗震设计基本概念和设计原理；结构抗震设计基本方法和适用范围；介绍了地基基础抗震设计的基本方法；重点介绍了砌体结构、钢筋混凝土框架结构、钢筋混凝土抗震墙及框架—抗震墙结构、混凝土柱单层工业厂房结构抗震设计原理和方法。结合近年来工程抗震发展的实际，在实用的前提下，叙述了隔震与消能建筑的内容，最后简要介绍了非结构构件抗震设计的有关知识。为便于学习，在每章正文前面提出了学习要求与目标，每章正文后边有小结、复习思考题。本书既可作为高职高专建筑工程技术专业学生学习建筑结构抗震课的教材，也可作为全日制本科院校建筑工程专业本科学生学习相关课程和广大工程技术人员的参考书。

  本书由王文睿担任主编，李维敦、张乐荣担任副主编。其中绪论、第三章、第四章、第六章由王文睿编写，第二章、第五章、第七章由李维敦编写，第一章、第五章、第八章由张乐荣编写。长安大学曹照平副教授，刘淑华高级工程师对本书的编写给予大力的支持和指导，同济大学屈文俊教授在百忙的工作中审阅了本书的全部内容并提了许多宝贵的意见和建议，在此，作者对三位专家学者一并致以崇高的敬意及深深的感谢。本书编写过程中参阅了有关文献，引用了部分文献的成果，在此，对所参阅文献的作者表示诚挚谢意。

  由于编者水平所限，书中不妥之处在所难免，欢迎有关专家和广大读者批评指正。

目 录

第一章 绪论 ·· 1
    第一节 地震的基本知识 ··· 2
    第二节 地震波、震级、地震烈度及地震烈度表 ································· 6
    第三节 抗震设防、抗震概念设计及其他抗震设计基本规定 ················· 15
    小结 ·· 21
    复习思考题 ··· 22

第二章 场地、地基及基础 ·· 23
    第一节 场地 ·· 23
    第二节 地基基础的抗震验算 ··· 27
    第三节 场地土的液化 ·· 29
    第四节 地基抗震措施及处理 ··· 34
    小结 ·· 38
    复习思考题 ··· 39

第三章 结构地震反应分析与抗震验算 ··· 40
    第一节 概述 ·· 40
    第二节 单质点弹性体系的地震反应分析 ······································· 41
    第三节 单质点弹性体系的水平地震作用计算 ································· 43
    第四节 多质点弹性体系水平地震作用计算 ···································· 49
    第五节 竖向地震作用计算 ·· 54
    第六节 结构抗震验算 ·· 56
    小结 ·· 60
    复习思考题 ··· 60

第四章 混凝土框架结构的抗震设计 ··· 62
    第一节 概述 ·· 62
    第二节 框架结构震害现象及其分析 ··· 63
    第三节 框架结构的抗震概念设计 ·· 64
    第四节 框架结构抗震设计 ·· 67
    第五节 水平荷载作用下框架侧移的近似计算 ································· 83
    第六节 钢筋混凝土框架房屋抗震构造措施 ···································· 87
    第七节 多层框架结构抗震设计实例 ··· 96
    小结 ·· 100

    复习思考题…………………………………………………………………… 101
第五章 抗震墙结构及框架-抗震墙结构房屋的抗震设计……………………… 102
  第一节 抗震墙结构房屋抗震设计…………………………………………… 102
  第二节 框架-抗震墙结构房屋抗震设计……………………………………… 108
  小结…………………………………………………………………………… 121
  复习思考题…………………………………………………………………… 122
第六章 砌体结构抗震设计……………………………………………………… 123
  第一节 震害现象及分析……………………………………………………… 123
  第二节 砌体结构房屋的抗震概念设计………………………………………… 125
  第三节 多层砌体结构房屋抗震验算……………………………………………… 128
  第四节 多层砌体房屋的抗震构造措施……………………………………… 134
  第五节 底部框架-抗震墙房屋的抗震设计……………………………………… 142
  第六节 多层砖砌体房屋抗震验算实例……………………………………… 146
  小结…………………………………………………………………………… 151
  复习思考题…………………………………………………………………… 152
第七章 单层钢筋混凝土柱工业厂房的抗震设计……………………………… 154
  第一节 震害现象及其分析……………………………………………………… 154
  第二节 单层钢筋混凝土柱厂房抗震设计的一般规定…………………………… 156
  第三节 单层钢筋混凝土柱厂房抗震验算………………………………………… 157
  第四节 单层钢筋混凝土柱厂房抗震构造措施……………………………… 164
  小结…………………………………………………………………………… 168
  复习思考题…………………………………………………………………… 168
第八章 隔震、消能减震房屋…………………………………………………… 169
  第一节 概述………………………………………………………………… 169
  第二节 隔震原理……………………………………………………………… 172
  第三节 隔震设计……………………………………………………………… 175
  第四节 房屋消能减震设计简介………………………………………………… 179
  小结…………………………………………………………………………… 185
  复习思考题…………………………………………………………………… 186
第九章 非结构构件抗震设计…………………………………………………… 187
  第一节 非结构墙体对整体结构的影响……………………………………… 187
  第二节 抗震设防目标………………………………………………………… 188
  第三节 基本设计要求………………………………………………………… 188
  小结…………………………………………………………………………… 190
  复习思考题…………………………………………………………………… 190
附录 A 我国主要城镇抗震设防烈度、设计基本地震加速度和设计地震分组………… 191
参考文献……………………………………………………………………………… 205

第一章 绪 论

学习要求与目标
1. 了解地震的类型及构造地震的成因、地震的活动性及震害。
2. 熟悉地震的震级、地震烈度、抗震设防烈度、多遇地震及罕遇地震等概念。
3. 掌握建筑抗震设防依据、抗震设防目标及分类标准。
4. 理解抗震概念设计的内容和要求。

  地震是地球上对人类社会威胁最大的自然灾害之一。地震具有随机性和突发性，它在较短时间内可以对建筑物和构筑物造成巨大的破坏，甚至会造成重大人员伤亡和财产损失。同时，地震还可引发山崩、滑坡、水灾、海啸、剧毒气体或液体泄漏和核辐射等次生灾害。我们生活的地球平均每天发生的地震就在万次以上，每年发生的 5 级以上较大的地震就有 1000 多次，其中，这些地震大多数发生在海里，人们感觉不到。我国处在环太平洋地震带和欧亚地震带之间，受世界性的这两个地震带的影响，我国也是地震多发的国家，平均每年发生 5 级以上地震约 14 次，6 级以上约 5.4 次，地震灾害造成的经济损失巨大、人员伤亡最多。例如，1556 年 1 月 23 日陕西华县 8 级地震，死亡 83 万人；1920 年宁夏海原 8.5 级地震，死亡 20 余万人；1976 年 7 月 28 日凌晨发生在河北省唐山市的 7.8 级大地震，死亡约 24.2 万人，是新中国成立后死亡人数最多的地震；发生在 2008 年 5 月 12 日的四川省汶川 8.0 级特大地震，死亡和失踪人数 8 万多，是我国有史以来影响范围和经济损失最大的地震。上世纪以来，全世界发生了 20 次破坏严重的灾难性地震，共死亡 101 万人，其中我国就有 42.2 万人，占 43.76%。上世纪 70 年代是近代世界上地震灾害较为严重的 10 年，在这 10 年中，全球共有 41.29 万人死于地震灾害，我国就占了 63.7%；全球有 38.8 万人在地震中伤残，我国占 56%。由此可知我国是世界上地震灾害最严重的国家之一，抗震减灾任重道远。

  根据国家颁布的地震区划，全国绝大多数大中型城市均在地震区，《建筑抗震设计规范》GB 50011—2010（以下简称《抗震规范》）中规定的必须进行抗震设防的 6 度以上地区分布在全国各个省、市和自治区。为了尽可能防止和减少地震造成的建筑物破坏，防止和减少地震造成的人员伤亡，降低地震造成的经济损失，处在地震区的房屋建筑就必须按国家《抗震设计规范》的要求进行抗震设防。为此，在进行工程建设实践中，所有工作人员都应该对房屋抗震有比较清醒的认识，尤其是工程技术人员要对地震的基本知识有清楚的了解，要有比较强的抗震减灾的意识、要熟练掌握与本职工作有关的抗震减灾的技能，以便在工程建设中充分发挥应有的作用。本章主要介绍地震的基本知识。

第一节 地震的基本知识

一、地球的构造

地球是一个平均半径大约为 6400km 的椭球体。根据地震学的研究和地震波传播速度的变化资料分析，推测得知地球从表面到内部是由性质不同的三部分组成的，如图 1-1 所示。

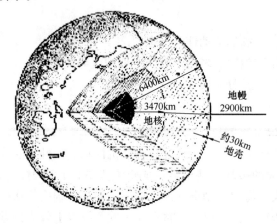

图 1-1 地球的构造

地壳是地球外部表面下一定厚度的硬壳，在地表覆盖着一层较薄沉积岩、风化土和海水，上部主要由花岗岩类岩石组成，厚度不均匀，大洋地区甚至缺失；下部是由连续分布的玄武岩类岩石组成。在地面不同位置地壳厚度不同，在我国东海地区大约为 20km 左右，青藏高原地壳的厚度大致在 60～80km，全球地壳的厚度在 5～40km。全球绝大多数地震都发生在地壳内。

地幔是地壳以下深度大致为 2900km 的部分。它占地球总体积的六分之五左右。除地幔顶层为坚硬的橄榄岩外，由上往下铁、镍以及其他放射性物质的成分逐渐增加，由于放射性物质在变化过程不断放射能量，地球内的温度随着深度的增加不断升高。从地下 20km 到 70km，温度由 600℃上升到 2000℃。根据地震波在地幔中的变化推测，地幔顶部处有一个厚度大约为几百公里厚的熔融状的软流层。由于地球地表下的地幔内各处所含的放射性物质不均匀，释放的热量在地幔内的分布就不均匀，导致软流层物质的温度不同，因此，地幔内物质就要发生热对流。其次，地幔内的压力也是不均匀的，地幔上部大约为 900MPa，地幔中间大致为 370000MPa。地幔内部熔融状软流层物质在温度不均匀和不均衡的压力共同作用下处于缓慢运动状态，地幔内部物质受不均匀压力作用和热对流的共同作用是导致地壳运动的根源。

地核是地球的核心部分，是半径大致在 3500km 左右的球体。地震研究证明，地核不传播剪切波，故推测其表面可能是液体，内核主要是固态的铁镍混合物。

二、地震的类型

地震是由于地球内部物质的运动积聚的能量突然释放或地壳中空穴顶板塌陷等原因，使地壳内震源处的岩体剧烈震动，并以波动的形式传播到地表后引起的地面颠簸和晃动。

地震的类型大致包括以下几个方面，火山喷发引起的地震，地壳中空穴顶板塌陷引起的地震，由于溶洞塌陷引起的地震；人为活动引发的地震，如矿区的采空区受地壳内力影响产生的塌陷引发的地震、核爆炸引起的地震、大型水库蓄水引发的地震等；地幔物质在不均匀压力和热物质影响下产生的对流，在地壳内引起引力的积聚导致其中薄弱部位发生错动后的构造地震。上述各种不同地震中发生概率最高且对地表、地面建筑物和构筑物破坏最严重的是构造地震，所以，我国和世界上许多国家建筑抗震都是主要针对构造地震展开。

三、构造地震及其成因

构造地震是地幔物质在不均匀的压应力和不均匀温度下的对流引起地壳内应力积聚造成的。地壳内应力的形成和积聚可以通过板块理论加以解释。板块理论认为地球表面岩石层不是一块整体，而是由六大板块和若干个小块组成，如图1-2所示，这六大板块分别是欧亚板块、美洲板块、非洲板块、太平洋板块、澳洲板块和南极洲板块。如前所述，地幔物质在压应力和热平衡过程的对流，地壳中各个板块就会在地幔表面的软流层上缓慢持久地发生相互运动，由于板块之间的边界的连续性相互之间是制约的，板块之间相互插入、摩擦、挤压，导致板块之间处于拉伸、挤压、剪切等受力状态。地球上的主要地震带就在几个大板块的交界地区形成。

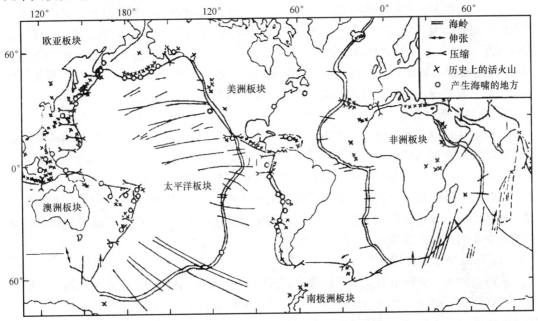

图1-2 地球板块分布示意图

地球内部存在着持久不间歇地缓慢运动，这类运动过程实际是巨大的能量作用的结果，由于巨大能量的传导过程导致地壳内岩层应力和变形的积聚，岩层发生褶皱、断裂和错动，使得岩层处在复杂的应力作用下；岩层受力性能在这个巨大能量作用过程有可能发生下降。当地应力达到或超过岩层薄弱部位受力和变形的极限值后，该处的岩层就会断裂或错动，长时间积聚的能量得到突然释放，其中一部分以波动的形式向四周地表传播，到达地面后就引起构造地震。

构造地震和地质构造关系密切，它往往发生在地应力比较集中且地质构造比较薄弱的原有断层的端点或转折处，以及不同断层的交汇处。

四、几个基本术语

在地层构造运动中，在断层形成的地方，地震发生时大量释放能量，产生剧烈振动的位置就叫做震源。震源不是一个点或一个面，它是地质断裂带上一个局部空间范围。

震源正上方的地面位置称为震中。地表的任一位置到震中的距离称为震中距。

震源距地表的距离称为震源深度。根据震源深度不同，地震可分为浅源地震、中源地震和深源地震三类。震源深度在70km以内的地震称为浅源地震，全球每年发生的地震绝大多大数为浅源地震。震源深度在70～300km的地震为中源地震，全球每年发生的地震中一少部分为中源地震。震源深度超过300km的地震称为深源地震，深源地震发生的概率很低，对地表的影响和破坏作用有限。

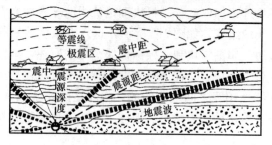

图1-3　地震术语示意图

上述地震的几个术语可参见图1-3。

五、历史地震的分布

根据统计地球上每年发生的可记录的大小地震就有500万次以上，其中2.5级以上的有感地震就有15万次以上，造成严重破坏的地震则不足20次，震级在8级以上，震中烈度11度以上的毁灭性地震仅两次左右。在我国每年发生的破坏性地震和震级高于7级的大地震的次数就更少。在已观测到的地震中，就全世界而言，小地震到处都有且时刻都在发生，而破坏性大地震的发生具有明显的地域特征。

1. 世界地震分布

根据板块理论，地壳分为六大板块和若干个小的板块，板块的交界处是地质构造上的断层或缺陷存在的部位，由于地幔物质的对流引起地壳缓慢持久地运动，在板块交界处产生拉、压、剪、扭、颠等应力和变形，这些区域就是孕育地震的地方，这些地方呈带状分布。历次大的地震都发生在被称为地震带的上边或周边。通过分析研究及总结历史地震可知，世界地震的分布具有成带性，图1-4为世界地震分布图。从图中可以清楚地看到全球有两条主要的地震活动带。

（1）环太平洋地震带

从南美洲到北美洲沿着太平洋西海岸，经阿留申群岛，转向西南至日本列岛，经我国的台湾省到达菲律宾、新几内亚和新西兰。这一地震带上地震活动性最强，全球约80％～90％的地震都发生在这一地震带上。

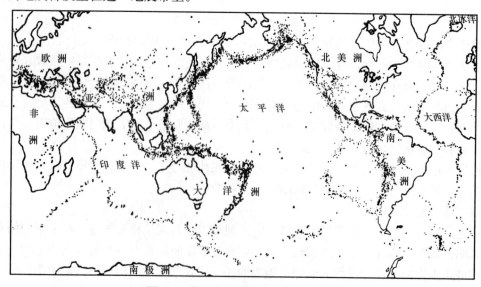

图1-4　世界浅源地震震中分布示意图

4

(2) 地中海南亚地震带

西起大西洋的亚速岛，经意大利、土耳其、伊朗、印度北部、我国西部和西南地区，经过缅甸到印度尼西亚与环太平洋地震带相连。除分布在太平洋地震带上的一部分中、深源地震以外，大部分中、深源地震和有些大的浅源地震都发生在这一地震带上。

图1-4为世界浅源地震震中分布示意图，从图中可以看到，在大西洋、太平洋和印度洋的中部，也有呈带状分布的地震带。

2. 我国的地震活动情况

我国是一个多震的国家。从公元前1831年开始有地震记载至今3840多年的时间里，全国以县(区)为单位统计，除浙江和江西省个别几个县外，绝大部分地区都发生过较强的破坏性大地震，有不少地区现代地震活动还相当强烈。我国的地震活动分布见图1-5所示。

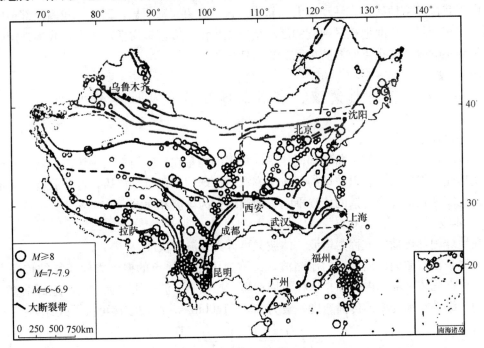

图1-5 我国的地震活动分布

我国处在世界上两大地震带之间，这两个地震带从地质构成上看也是两个巨大的活动构造带，这两个世界性的构造系统的活动与发展，强烈影响着我国境内的地质发展和地震活动性，受世界性地震成带分布的影响，我国地震分布也具有成带性，其主要地震带有南北地震带和东西地震带。

(1) 南北地震带

南北地震带北起宁夏贺兰山，向南经过六盘山，穿越秦岭沿川西到云南省的东部，在我国版图中部纵贯南北，延伸长度达两千多公里。这条地震带各地宽度不一，从几十千米到百余千米不等，分界线是由一系列规模很大的地质断裂带及断陷盆地所组成，构造很复杂。在这条地震带上历史上发生过一些非常著名的大地震。如1739年宁夏银川8级特大地震，1920年宁夏海源的8.5级特大地震，1970年云南通海的7.7级大地震，1973年四川炉霍的7.9级大地震，1976年四川松潘的7.2级大地震，2008年的四川汶川8.0级特大地震等。

(2) 东西地震带

东西地震带是由我国一组很古老的构造带形成的。从地质构造的角度看，主要的东西地震带有两个。北面的一个沿陕西的北部经山西、河北的北部的狼山、阴山、燕山向东延伸，直到辽宁北部的千山一带。南面的一个自帕米尔高原起，经昆仑山、秦岭直至大别山地区。这个地震活动带上主要是古生代褶皱系统，也是由一系列的大断裂带所组成。

综上所述，除去处在环太平洋地震带上的台湾省和处在地中海南亚地震带上的西藏自治区南部外，我国由南北和东西地震带划分为各具特色地震区，如台湾及其附近海域地震活动区、喜马拉雅山脉地震活动区、南北地震带周边地震区、天山地震活动区、华北地震活动区、东南沿海地震活动区六个地震区。这六个地震活动区又有大小不同的地震活动亚区。

由于我国西部地区地壳活动性大，新构造运动现象非常明显，因此，我国西部地区地震活动比东部强。华北地震区地震的活动情况比华南地震区地震活动剧烈。我国地震带的分布是制定国家地震重点监视防御区的重要依据。

第二节 地震波、震级、地震烈度及地震烈度表

一、地震波

地震时震源的岩层发生断裂和剧烈错动积聚的能量在短时间里集中释放，其中岩层积聚的变形能突然释放，它以波动的形式从震源向地球的任何位置传播，这种波就称为地震波。按地震波在地壳中传播的位置不同，地震波分为体波和面波。

1. 体波

在地球内部传播的波称为体波。体波又可分为纵波和横波。

纵波是由震源向四周传播的压缩波，又称为 P 波。质点的振动方向与波的传播方向一致，可在固体和液体内传播。这种波周期短、振幅小、波速快。纵波引起地面垂直方向的震动。纵波在地壳中的传播速度一般为 200~1400m/s。纵波波速可按下式计算：

$$v_p = \sqrt{\frac{E(1-\mu)}{\rho(1+\mu)(1-2\mu)}} \tag{1-1}$$

式中　E——介质的弹性模量；

　　　μ——介质的泊松比；

　　　ρ——介质的密度。

横波是由震源向四周传播的剪切波，又称为 S 波。介质的质点振动方向与波的传播方向垂直。横波只能在固体内传播，它周期长，振幅大，波速慢。横波引起地面水平方向的振动，横波在地壳中传播的速度一般为 100~800m/s。横波波速可按下式计算：

$$v_s = \sqrt{\frac{E}{2\rho(1+\mu)}} \tag{1-2}$$

当取 $\mu=1/4$ 时，由以上两式可得

$$v_p = 1.67 v_s \tag{1-3}$$

由此公式可知 P 波波速比 S 波波速快。

2. 面波

面波是体波经地层界面多次放射、折射形成的次生波，它在地球表面传播。波速较慢，大致为横波的 0.9 倍。面波引起质点振动方向较为复杂，振幅大于体波，对建筑物的影响也比较大。一般是在 S 波和面波都到达地面某一点时振动最为剧烈。

因此，每次地震后首先检测到的是 P 波，其次是 S 波，最后才是面波。但 P 波的振幅最小、其次是 S 波，面波的振幅最大。图 1-6 为地震波记录示意。

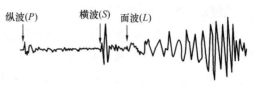

图 1-6 地震波记录示意图

二、震级

震级就是衡量一次地震释放能量大小的等级，用符号 M 表示。

国际上确定地震等级时通用的是里氏震级。因为地震时释放的能量一少部分传播到地面引起地面振动，所以，人们通常根据地面观测到的振幅大小来衡量震级。1935 年里希特（Richter）首先提出了震级的定义，即：在距离震中 100km 处，用标准的五德——安德生地震仪（周期 0.8s，阻尼 0.8，放大倍数 2800 倍）所测得的坚硬平坦地面上水平位移（振幅）最大值（以 μm 为单位）的常用对数值，即

$$M = \lg A \tag{1-4}$$

式中　M——震级，一般称为里氏震级；
　　　A——标准地震仪记录到的地震时地面最大振幅，单位为 μm。

例如在距某次地震 100km 处，标准地震仪记录到的地面振幅 $A = 100mm = 10^5 \mu m$，则该次地震的震级就是 5 级。

事实上每次地震都不可能在距离震中 100km 处恰好设有地震台站，地震仪也未必就是标准地震仪。所以，对于震中距不是 100km 的地震台站和使用非标准地震仪时，可按专用仪器测得的地震释放的能量 E，通过修正后的震级换算公式确定震级的而大小。即

$$\lg E = 1.5M + 11.8 \tag{1-5}$$

式中　E——地震释放的能量的尔格数（erg）。1 尔格等于 1 达因的力使物体在运动方向移动 1cm 所做的功；1 达因的力等于使 1g 质量产生 $1cm/s^2$ 加速度所需要的力，1 达因 $= 10^{-5}N$。

由式（1-4）和式（1-5）计算可知，震级升高 1 级，地面振幅增加 10 倍，地震释放的能量就增加 32 倍。到目前为止，世界上纪录到最大震级的地震是 2011 年 3 月日本福岛 9.0 级特大地震。

一般说来，$M<2$ 的地震，人们感觉不到，称为微震；$M=2\sim4$ 的地震称为有感地震；$M>5$ 的地震，对建筑物有不同程度的破坏性，称为破坏性地震；$M>7$ 的地震称为强烈地震或大地震；$M>8$ 的地震称为特大地震。

三、烈度

地震烈度是指某一地区的地面、建筑物和构筑物遭受一次地震影响的强弱程度。是反映地震破坏性程度的尺度。对于一次地震而言，只有一个震级，但在这次地震影响的范围内，震中距不同的地方、或震中距相同但场地条件差异很大，或震中距相同与场地条件均相同但房屋结构以及房屋建设质量和年代不同，在同一次地震发生时遭受地震影响的强弱程度也随着不同。有时在同一地区由于局部场地条件差异、地质、地形条件等的影响也会

出现烈度异常的情况。过去人们主要是根据地震时的感觉、器物的反应、建筑物的破坏程度和地貌变化特征等宏观现象，综合评定和确定某次地震在特定地域的烈度。现阶段，评定某次地震在特定地域的烈度时，在原来评判内容的基础上还增加了平均震害指数和水平方向地震动参数等定量分析指标。

通过大量的震害调查得知，震中烈度的高低主要取决于震级和震源深度。震级高、震源深度浅，震中烈度就高。震中烈度 I_0 与震级 M 之间关系的经验公式为：

$$M=0.58I_0+1.5 \tag{1-6}$$

根据公式（1-6）可以知道震中烈度和震级之间的大致关系如表 1-1 所列。

震中烈度和震级之间的大致关系　　　　　　　　　　　　　表 1-1

震级	2	3	4	5	6	7	8	8级以上
震中烈度 I_0	1～2	3	4～5	6～7	7～8	9～10	11	12

四、烈度表

地震烈度表是按照地震发生时人的感觉、地震所造成的环境变化和工程结构的破坏程度所列的表格，它可以作为评判地震对某地所造成影响程度的一种宏观依据。烈度表中按照地震影响程度由低到高的顺序划分了 12 个烈度。我国先后于 1957 年、1980 年、1999 年和 2008 年颁布过四版《中国地震烈度表》，目前使用的是表 1-2 《中国地震烈度表》GB/T 17742—2008，表中既有定性的宏观指标，又有定量的物理指标，兼顾定性烈度表和定量烈度表，是目前最实用的烈度表。

中国地震烈度表 GB/T 17742—2008　　　　　　　　　　　　　表 1-2

地震烈度	人的感觉	房屋震害		平均震害指数	其他震害现象	水平向地震动参数	
		类型	震害程度			峰值加速度（m/s²）	峰值速度（m/s）
Ⅰ	无感	—	—	—	—		
Ⅱ	室内个别静止中的人有感觉	—	—	—	—		
Ⅲ	室内少数静止中的人有感觉	—	门、窗轻微作响	—	悬挂物微动		
Ⅳ	室内多数人、室外少数人有感觉，少数人梦中惊醒	—	门、窗作响	—	悬挂物明显摆动，器皿作响		
Ⅴ	室内绝大多数、室外多数人有感觉，多数人梦中惊醒	—	门窗、屋顶、屋架颤动作响，灰土掉落，个别房屋墙体抹灰出现细微裂缝，个别屋顶烟囱掉砖	—	悬挂物大幅度晃动，不稳定器物摇动或翻倒	0.31（0.22～0.44）	0.03（0.02～0.04）
Ⅵ	多数人站立不稳，少数人惊逃户外	A	少数中等破坏，多数轻微破坏和/或基本完好	0.00～0.11	家具和物品移动；河岸和松软土出现裂缝，饱和砂层出现喷砂冒水；个别独立砖烟囱轻度裂缝	0.63（0.45～0.89）	0.06（0.05～0.09）
		B	个别中等破坏，少数轻微破坏，多数基本完好				
		C	个别轻微破坏。大多数基本完好	0.00～0.08			

续表

地震烈度	人的感觉	房屋震害		平均震害指数	其他震害现象	水平向地震动参数	
		类型	震害程度			峰值加速度 (m/s²)	峰值速度 (m/s)
Ⅶ	大多数人惊逃户外，骑自行车的人有感觉，行驶中的汽车驾乘人员有感觉	A	少数毁坏和/或严重破坏，多数中等和/或轻微破坏	0.09~0.31	物体从架子上掉落；河岸出现塌方，饱和砂层常见喷水冒砂，松软土地上地裂缝较多；大多数独立砖烟囱中等破坏	1.25 (0.90~1.77)	0.13 (0.10~0.18)
		B	少数中等破坏，多数轻微破坏和/或基本完好				
		C	少数中等和/或轻微破坏，多数基本完好	0.07~0.51			
Ⅷ	多数人摇晃颠簸，行走困难	A	少数毁坏，多数严重和/或中等破坏	0.29~0.51	干硬土上出现裂缝，饱和砂层绝大多数喷砂冒水；大多数独立砖烟囱严重破坏	2.50 (1.78~3.53)	0.25 (0.19~0.35)
		B	个别毁坏，少数严重破坏，多数中等和/或轻微破坏				
		C	少数严重和/或中等破坏，多数轻微破坏	0.20~0.40			
Ⅸ	行动的人摔倒	A	多数严重破坏和/或毁坏	0.49~0.71	干硬土上多处出现裂缝，可见基岩裂缝、错动，滑坡、塌方常见；独立砖烟囱多数倒塌	5.00 (3.54~7.07)	0.50 (0.36~0.71)
		B	少数毁坏，多数严重和/或中等破坏				
		C	少数毁坏和/或严重破坏，多数中等和/或轻微破坏	0.38~0.60			
Ⅹ	骑自行车的人会摔倒，处不稳状态的人会摔离原地，有抛起感	A	绝大多数毁坏	0.69~0.91	山崩和地震断裂出现，基岩上拱桥破坏；大多数独立砖烟囱从根部破坏或倒毁	10.00 (7.08~14.14)	1.00 (0.72~1.41)
		B	大多数毁坏				
		C	多数毁坏和/或严重破坏	0.58~0.80			
Ⅺ	—	A		0.89~1.00	地震断裂延续很大，大量山崩滑坡	—	—
		B	绝大多数毁坏				
		C		0.78~1.00			

续表

地震烈度	人的感觉	房屋震害 类型	房屋震害 震害程度	平均震害指数	其他震害现象	水平向地震动参数 峰值加速度 (m/s²)	水平向地震动参数 峰值速度 (m/s)
Ⅻ	—	A B C	几乎全部毁坏	1.00	地面剧烈变化，山河改观	—	—

注：1. 评定地震烈度时，Ⅰ度～Ⅴ度应以地面上以及底层房屋中的人的感觉和其他震害现象为主；Ⅵ度～Ⅹ度应以房屋震害为主，参照其他震害现象，当用房屋震害程度与平均震害指数评定结果不同时，应以震害程度评定结果为主，并综合考虑不同类型房屋的平均震害指数；Ⅺ度和Ⅻ度应综合房屋震害和地表震害现象；
2. 以下三种情况的地震烈度评价结果，应做适当调整：
①当采用高楼上人的感觉和器物反应评定地震烈度时，适当降低评定值；
②当采用低于或高于Ⅶ度抗震设计房屋的震害程度和平均震害指数评定地震烈度时，适当降低或提高评定值；
③当采用建筑质量特别差或特别好房屋的震害程度和平均震害指数评定地震烈度时，适当降低或提高评定值；
3. 当计算的平均震害指数值位于表中地震烈度对应的平均震害指数重叠搭接区间时，可参照其他判别指标和震害现象综合判定地震烈度。各类房屋平均震害指数 D 可按下式计算：

$$D = \sum_{i=1}^{5} d_i \lambda_i$$

式中 d_i——房屋破坏等级为 i 的震害指数；
　　　λ_i——破坏等级为 i 的房屋破坏比，用破坏面积与总面积之比或破坏栋数与总栋数之比表示。
4. 表中给出的"峰值加速度"和"峰值速度"是参考值，括弧内给出的是变动范围；
5. 农村可按自然村，城镇可按街区为单位进行地震烈度评定，面积以 1km² 为宜；
6. 当有自由场地强震动记录时，水平向地震动峰值加速度和峰值速度可作为综合评定地震烈度的参考指标；
7. 数量词采用个别、少数、多数、大多数和绝大多数，其范围界定如下："个别"为 10%以下；"少数"为 10%～45%；"多数"为 40%～70%；"大多数"为 60%～90%；"绝大多数"为 80%以上；
8. 房屋类型中，A 类指木构架和土、石、砖墙建造的旧式房屋；B 类指未经抗震设防的单层或多层砖砌体房屋；C 类指按照Ⅶ度抗震设防的单层或多层砖砌体房屋；
9. 房屋破坏等级分为基本完好、轻微破坏、中等破坏、严重破坏和毁坏五类，其定义和对应的震害指数 d 如下：
①基本完好：承重和非承重构件完好，或个别非承重构件轻微损坏，不加修理可继续使用，对应的震害指数范围为 $0.00 \leq d < 0.10$；
②轻微破坏：个别承重构件出现可见裂缝，非承重构件有明显裂缝，不需要修理或稍加修理即可继续使用，对应的震害指数范围为 $0.10 \leq d < 0.30$；
③中等破坏：多数承重构件出现轻微裂缝，部分有明显裂缝，个别非承重构件破坏严重，需要一般修理后可使用，对应的震害指数范围为 $0.30 \leq d < 0.55$；
④严重破坏：多数承重构件破坏较严重，非承重构件局部倒塌，房屋修复困难，对应的震害指数范围为 $0.55 \leq d < 0.85$；
⑤毁坏：多数承重构件严重破坏，房屋结构濒于崩溃或已倒塌，已无修复可能，对应的震害指数范围为 $0.85 \leq d \leq 1.00$。

五、震害指数和等震线

1. 震害指数

震害指数 I 是反映地震发生后根据震害调查结果，对某地建筑物破坏严重性程度评定的数量表达。从表 1-2 中可以看到地震烈度越高震害指数越大。

建筑物种类多、结构类型各异，正确划分震害程度，做出较为符合实际的统计，以便正确应用《中国地震烈度表（2008）》评定某地宏观烈度，对于指导抗震救灾和灾后重建具有重要的意义。

《中国地震烈度表（2008）》采用平均震害指数法是解决评定建筑物破坏程度时量化的一个行之有效的方法。这个方法是把评价地区震后建筑物破坏程度由全部倒塌、大部分倒塌、少部分倒塌、局部倒塌、裂缝、基本完好等分为六个等级，全部倒塌的震害等级最高，基本完好震害等级为 0，如表 1-3 所示。计算震害指数时，根据各个不同破坏等级的房屋栋数和划分的震害等级，分别求出各个破坏等级的破坏栋数和震害等级 i 的乘积并求它们的和，再与被统计的各破坏等级房屋总栋数相除就是计算得到的震害指数。

建筑物破坏级别与震害等级　　　　　　　　　　表 1-3

破坏程度等级	破坏程度	震害等级 i	破坏程度等级	破坏程度	震害等级 i
1	全部倒塌	1.0	4	局部倒塌	0.4
2	大部分倒塌	0.8	5	裂缝	0.2
3	少部分倒塌	0.6	6	基本完好	0

某类房屋的震害程度用震害指数反应，震害指数的计算公式为：

$$d_j = \frac{\sum_{k=1}^{m}(n_i \cdot i)k}{N_j} \tag{1-7}$$

式中　n_i——被统计的某类房屋（如砖房）i 级破坏的栋数；
　　　k、m——不同震害等级序号和数量；
　　　i——震害等级；
　　　N_j——被统计该类房屋的栋数。

公式（1-7）表示被统计的某类房屋的平均震害程度。通过不同种类房屋震害指数的计算比较，可以知道震害指数大的这类房屋震害严重。

表 1-3 中 6 度以上地区给出了平均震害指数。平均震害指数是指统计评价的某地各种不同类型房屋各自的震害指数之和与全部参与统计评价的房屋总类别数相除得到的商即

$$d_m = \frac{\Sigma d_j}{N} \tag{1-8}$$

式中　Σd_j——被统计的各类房屋震害指数的和；
　　　N——被统计的各类房屋的类别数。

根据 d_m 就可以查表 1-3 评定该地区基本烈度。

求得地震后某一地震影响区的平均震害指数，即可作为评定该地区地震烈度的依据。根据统计资料，《中国地震烈度表（2008）》给出了平均震害指数与地震烈度之间的对应关系，可在实用中参考。

2. 等震线

地震发生后在其波及的范围内，根据烈度表中的有关参数和规定可以对讨论地区的每一地点评定出它的烈度。我们将烈度相同的区域的外包线称为烈度线或等震线。假设地球组成均匀，那么理想化的等震线就是一些分布规则的同心圆。事实上由于地球组成的复杂性、建筑物结构类型和坐落处场地差异、地质差异、地形变化等因素，导致每次地震后，根据震害调查所绘制的等震线是一些不规则的封闭曲线。等震线一般以 1 度作为划分间

隔，大致以震中为中心随着震中距的加大不断衰减。需要特别说明的是，在同一烈度区内，也可能由于场地、地形、地质或房屋结构类型或房屋质量的不同出现1度的异常区域。图1-7为唐山地震等震线。

通过统计分析可知烈度I、震级M和震中距R之间的关系以及震中烈度I_0和震级M之间的关系如下：

$$I = 0.92 + 1.63M - 3.49\lg R \tag{1-9}$$

$$I_0 = 0.24 + 1.29M \tag{1-10}$$

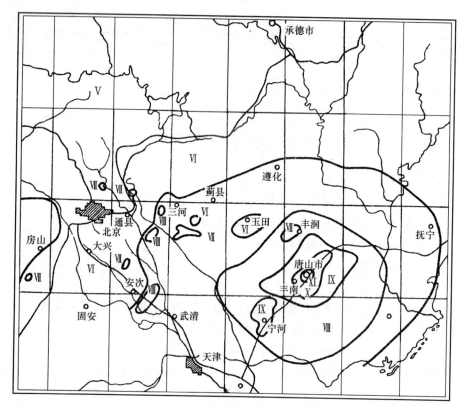

图1-7 唐山地震等震线

六、地震区划图与设防烈度

地震区域的划分称为地震区划。地震区划图是指在地图上按地震情况的差异划分不同的区域。根据地震区划不同的目的和指标，它可以分为地震活动区划、震害区划、地震动烈度区划。2001年颁布实施的《中国地震动参数区划图》GB 18306—2001，它是以地震加速度表示地震作用强弱程度并以其为指标，将全国划分为不同抗震设防要求区域的图件。即在以前总结按地震烈度划分的3代地震区划图的基础上提出的直接以地震动参数表示的新区划图。该图依据地震危险性分析方法对Ⅱ类场地土，50年超越概率10%的地震进行分析，得出这种条件下的地震动参数，分别给出了地震动峰值加速度分区图和地震动反应谱特征周期分区图。《建筑抗震设计规范》GB 50011—2010（以后简称《抗震规范》）根据汶川地震震害调查结果，提供了与《中国地震动参数区划图》大致相对应并经修正的我国以县（区）为单位的各省市自治区和直辖市的地震动参数值，详见附录A。

抗震设防烈度是按国家规定的权限批准的作为一个地区抗震设防依据的烈度。一般情况，取 50 年内超越概率 10％的地震烈度，相当于 474 年一遇的烈度值，它是一个地区进行抗震设防的依据。《抗震规范》规定，一般情况下抗震设防烈度可采用《中国地震动参数区划图》上标明的地震基本烈度，也就是《抗震规范》中设计基本地震加速度对应的烈度值。对已编制抗震设防区划的城市，可按批准的抗震设防烈度或设计基本地震动参数进行抗震设防。抗震设防烈度和设计基本地震加速度值的对应关系见表 1-4。表中括号内的 $0.15g$ 和 $0.3g$ 分别对应 7 度和 8 度时设计基本地震加速度分组为第一组的值，括号外为第二组的设计基本地震加速度。

抗震设防烈度和设计基本地震加速度值的对应关系　　　　　　　　表 1-4

地震设防烈度	6	7	8	9
设计基本地震加速度值	$0.05g$	$0.10g$ ($0.15g$)	$0.2g$ ($0.3g$)	$0.4g$

七、地震的破坏作用

如前所述，地震灾害分为原生灾害和次生灾害两大类。原生灾害是指是由地震直接造成的灾害，它包括地表的破坏、地面建筑物和构筑物的破坏等。次生灾害是指由原生灾害引发的灾害，例如火灾、水灾、爆炸、有毒气体或液体泄漏污染、有害生化物质泄漏蔓延等。表 1-5 为新中国建立后各个不同时期具有代表性的典型地震灾害统计。

新中国建立后各个不同时期具有代表性的典型地震灾害统计　　　　表 1-5

序号	地震地点	地震时间	震级 (M)	震中烈度 (I_0)	受灾面积 (km^2)	死亡人数 (人)	伤残人数 (人)	房屋倒塌间数
1	西藏墨脱	1950.8.15	8.6	11	400000	3330	260	9000
2	四川康定	1955.4.14	7.5	9	5000	84	224	636
3	新疆乌恰	1955.4.15	7.0	9	1600	18		200
4	河北邢台	1966.3.22	7.2	10	23000	7938	8613	1191643
5	渤海	1969.7.18	7.3			9	300	16290
6	云南通海	1970.1.5	7.7	10	1777	15621	26783	338456
7	四川炉霍	1973.2.6	7.9	10	6000	2199	2743	47100
8	云南永善	1974.5.11	7.1	9	2300	1641	1600	66000
9	辽宁海城	1975.2.4	7.3	9	920	1328	4292	1113515
10	云南龙陵	1976.5.29	7.6	9		73	279	48700
11	河北唐山	1976.7.28	7.8	11	32000	242769	164851	3219186
12	四川松潘	1976.8.16	7.2	8	5000	38	34	5000
13	新疆乌恰	1985.8.23	7.4	9	526	70	200	30000
14	云南澜沧	1988.11.6	7.2	9	91732	748	7751	2242800
15	台湾南投	1999.9.21	7.6	10～11		2470	1130	50000
16	四川汶川	2008.5.12	8.0	11	100000	87000		7789100
17	青海玉树	2010.4.14	7.1	9	35862	2192		10000 余

注：本表数据统计截止日期为 2011 年 4 月 30 日。

1. 地表的破坏

地震造成的地表破坏包括山石崩裂、滑坡、地面裂缝、震陷、及喷砂冒水等。

地震造成的山石崩裂、山体和边坡边缘等滑坡体积大、数量多，不仅可以堵塞道路、摧毁桥梁和房屋，破坏作用很大，同时还可以堵塞河流形成堰塞湖，对下游的城镇、工厂、农田等构成非常大的威胁。

地裂缝按成因不同分为构造地裂缝和非构造地裂缝。构造地裂缝是发震断层附近的错动，当断裂露出地表时即形成地裂缝，它出现在强震时宏观震中附近。例如表1-5所列的发生在1970年1月5日的云南通海7.7级大地震，地裂缝最宽处达到2.2m，裂缝长60km；发生在1973年2月6日的四川炉霍7.9级大地震，地裂缝宽窄不一，裂缝长83km；发生在1976年7月28日的河北唐山7.8级大地震，地裂缝宽1.25m，裂缝长10km。

非构造性地裂缝也称重力裂缝，受地形、地貌、土质等条件限制，分布极广，大多出现在河岸、古河道、道路等地方。

震陷发生在软土地基或地面上，在强烈地震发生后地面会均匀下沉或不均匀下沉。

在地下水位高、砂土层或粉土层埋深较浅的地区，强烈地震发生后，土体内水压急剧上升，当土体内水压力超过粉土或沙土黏聚力时，土体颗粒处于悬浮状态，随着水压力的进一步上升出现喷砂冒水现象，导致场地土液化。场地土液化后出现喷砂冒水的地方由于原有土体结构发生破坏产生沉陷。

2. 工程结构的破坏

（1）承重结构承载力不足及变形过大而造成的破坏。地震附加作用引起结构受到的惯性力不仅会和其他内力组合后使得结构或构件承载力上升，也会导致构件或结构变形急剧增加，当变形和内力超过结构或构件受力和变形的极限状态时即发生破坏。如墙体开裂、柱内混凝土压酥或柱被剪断、结构构件连接发生破坏、房屋倒塌等。

（2）结构整体丧失稳定性造成的破坏

细长的结构构件稳定性比较差，加之地震作用影响后构件变形和内力加大，由于杆件连接点强度不足、延性较差，锚固不够牢靠，在复杂的轴力和侧向力作用下就容易产生失稳破坏。

（3）地基失效引起的破坏

在强烈地震发生后，产生的地裂缝、场地土液化、滑坡和震陷等，将会导致地基承载力下降、出现不均匀沉降及开裂，导致上部结构倾斜甚至倒塌。

3. 次生灾害

地震次生灾害是由于原发灾害引起的，包括水灾、火灾、爆炸、有害物质的泄露、泥石流、海啸等。次生灾害如果不能有效防止和减少，它造成的损失和带来的危害将会非常巨大，有时会超过地震本身。例如1923年日本东京大地震，倒塌房屋13万幢，震后引起的火灾却烧毁房屋45万幢；1960年发生在南美洲的智利海底的大地震22小时后，海啸袭击了1700km以外的日本本州和北海道的太平洋沿岸，近4m高的浪冲毁码头、海港和沿岸的建筑物，巨轮被抛上了海岸。1970年秘鲁地震，瓦斯卡兰山北峰泥石流从3750m高处以320km/h的速度奔泻而下，淹没了村镇、建筑，使地形改观，死亡人数达25000多人。2004年12月26日印度尼西亚苏门答腊岛附近海域发生的8.9级特大地震，引发的海啸席卷印度洋沿岸多个国家，死亡及失踪27万余人。2011年3月11日，发生在日本东北海域的地震引发的海啸，是造成日本有史以来死亡人数最多的地震，共有1万多人死亡，死亡和失踪人数总和约28000余人。

第三节　抗震设防、抗震概念设计及其他抗震设计基本规定

一、抗震设防

抗震设防是指对建筑物进行抗震设计，并采取一定的构造措施，达到结构抗震目标的过程。根据《抗震规范》的要求，抗震设防要达到"小震不坏、中震可修、大震不倒"的总目标。

二、建筑抗震设防分类

1. 设防分类的影响因素

根据《建筑抗震设防分类标准》GB 50223—2008 的规定，建筑抗震设防类别划分，应根据下列综合因素确定：

1）建筑破坏造成的人员伤亡、直接和间接经济损失及社会影响的大小。

2）城镇的大小，行业的特点，工矿企业的规模。

3）建筑功能失效后，对全局的影响范围大小，抗震救灾影响及恢复的难易程度。

4）建筑各区段的重要性有显著不同时，可按区段划分抗震设防类别。下部区段的类别不应低于上部区段。

5）不同行业的相同建筑，当所处地位及地震破坏所产生的后果和影响不同时，其抗震设防类别可不相同。

2. 设防类别

根据《建筑抗震设防分类标准》GB 50223—2008 的规定，建筑工程应分为以下四个抗震设防类别：

1）特殊设防类：指使用上有特殊设施，涉及国家公共安全的重大建筑工程和地震时可能发生严重次生灾害等特别重大灾害后果，需要特殊设防的建筑，简称甲类。

2）重点设防类：指地震时使用功能不能中断或需要尽快恢复的生命线相关建筑，以及地震时可能导致大量人员伤亡等重大灾害后果，需要提高设防标准的建筑，简称乙类。

3）标准设防：指大量的除1）、2）、4）款以外按标准要求进行设防的建筑，简称丙类。

4）适度设防类：指使用上人员稀少且震损不致产生次生灾害，允许在一定条件下适度降低要求的建筑，简称丁类。

3. 建筑抗震设防标准

根据《建筑抗震设防分类标准》GB 50223—2008 的规定，各建筑抗震设防类别建筑的抗震设防标准，应符合下列要求：

（1）标准设防类，应按本地区抗震设防烈度确定其抗震措施和地震作用，达到在遭遇高于当地抗震设防烈度的预估的罕遇地震影响时不致倒塌或发生危及生命安全的严重破坏的抗震设防目标。

（2）重点设防类，应按高于本地区抗震设防烈度一度的要求加强其抗震措施；但抗震设防烈度为9度时应按比9度更高的要求采取抗震措施；地基基础的抗震措施，应符合有关规定。同时，应按本地区抗震设防烈度确定其地震作用。

（3）特殊设防类，应按高于本地区抗震设防烈度提高一度的要求加强其抗震措施；但抗震设防烈度为9度时应按比9度更高的要求采取抗震措施。同时，应按批准的地震安全性评价的结果且高于本地区抗震设防烈度的要求确定其地震作用。

（4）适度设防类，允许比本地区抗震设防烈度的要求适当降低其抗震措施，但抗震设防烈度为6度时不应降低。一般情况下，仍应按本地区抗震设防烈度确定其地震作用。

前述的抗震措施是指除地震作用计算以外的抗震设计内容，包括建筑总体布置、结构选型、地基抗液化措施、考虑抗震概念设计对地震作用效应的调整，以及构造措施。抗震构造措施是指根据概念设计的原则，一般不需要计算而对结构和非结构各部分采取的细部构造。

4. 小震、中震和大震

小震是指某地今后50年以内，一般场地条件下，可能遭遇的超越概率为63%的地震烈度值，相当于50年一遇的地震烈度值。中等地震烈度就是通常所说的基本烈度，它指的是某地今后50年以内，一般场地条件下，可能遭遇的超越概率为10%的地震烈度值，相当于474年一遇的地震烈度值。大震是指某地今后50年以内，一般场地条件下，可能遭遇的超越概率为2%～3%的地震烈度值，相当于1600～2500年一遇的地震烈度值。

多遇地震烈度、基本烈度和罕遇地震烈度三者之间的大致关系为：多遇地震烈度低于基本烈度大致为1.55度，罕遇地震烈度高于基本烈度1度。

5. 结构抗震的"三水准两阶段"设计法

抗震设防的三个水准具体含义如下：

第一水准：对应的"小震不坏"，当遭遇到低于本地区设防烈度的多遇烈度的地震影响时，建筑物一般不受损坏或不需修理仍可继续使用，达到这个标准建筑结构在小震作用下构件或结构承受的作用效应不超过承载力极限状态的要求，同时建筑结构在小震作用下的弹性变形小于《抗震规范》给定的小震作用下的弹性变形限值。

第二水准：对应于"中震可修"，当遭受相当于本地区基本烈度的中等地震作用时，建筑物可能损坏，但经过一般修理或不需修理仍可继续使用。此时要求结构具有相当的延性，不会发生不可修复的脆性破坏。

第三水准：对应于"大震不倒"，当建筑结构遭遇到高于本地区设防烈度预估的罕遇烈度地震影响时，建筑物不致倒塌和发生危及生命的严重破坏，要求结构具有足够的变形能力，结构在罕遇大地震作用效应影响下产生的弹塑性变形不超过《抗震设计规范》给定的大震作用下的弹塑性变形限值。

为了实现抗震设防的总目标，《抗震规范》采取了简单易行的两阶段设计法，两阶段设计法的具体含义如下：

第一阶段设计：是按"小震不坏"要求的第一水准计算结构在小震作用效应和其他《抗震规范》约定的荷载效应组合下，以及小震作用效应和其他荷载组合下结构产生的内力组合值和弹性位移不超过《抗震规范》给定结构或构件小震作用时的承载力和弹性位移的限值，它的目标是"不坏"。

第二阶段设计：是按"大震不倒"要求的第三水准计算结构在大震作用效应和其他《抗震规范》约定的荷载效应组合下，结构或构件产生的弹塑性位移不超过《抗震规范》给定结构或构件大震作用时的弹塑性位移的限值，它的目标是"不倒"。

在工程设计中通常是通过第一阶段设计，满足"小震不坏"的要求；通过构造措施满足中震可修；通过第二阶段设计满足"大震不坏"的要求。在抗震设计时，对于有特殊要求和明显在地震时易于倒塌的结构，和结构中存在薄弱层的建筑除进行第一阶段设计外，还要进行第二阶段的薄弱层和薄弱部位在大震作用下的弹塑性变形验算。

三、抗震概念设计

地震是随机事件，具有不确定性和复杂性，加之结构物的动力特性、结构所在场地、所用材料性能和受力的不确定性，要准确预测地震发生后建筑物所受到的地震作用尚不具备条件，结构在地震作用影响下有些特性概念上是清楚地，但界限上却是模糊地，建筑抗震设计时仅仅依靠数值计算往往不能达到使建筑物有效抵御地震作用影响的效果。大量的震害调查分析和研究得知，概念设计与数值计算是结构抗震设计相辅相成的两个重要组成部分。

概念设计是指根据地震灾害和工程经验等所形成的基本设计原则和设计思想，进行建筑和结构总体布置并确定细部构造的过程。概念设计通常要从以下几方面着手：重视场地条件和场地土的稳定性；注意做到使建筑平、立面布置均匀、对称、规整与外形尺寸的合理；抗侧力体系的选择和多道抗震防线设置，注意结构质量中心和刚度中心尽可能重合；注意非结构构件与结构构件的牢靠连接；对抗震耗能及变形、结构受力和变形性能好的材料的选用等。

《抗震规范》中对抗震概念设计有专门要求，主要内容如下：

1. 选择对抗震有利的场地、地基和基础

如前所述，地震不仅造成建筑的破坏，同时还会造成地表的破坏和次生灾害。场地条件的是影响地震对房屋破坏作用大小的一个重要因素。为了防止由于地表错动、地裂、地基不均匀沉降、滑坡、地基中的砂土和粉土地震时的液化等场地因素对房屋建筑造成的破坏作用，房屋建设时场地的选择就显得十分重要。为此，就必须做到：

选择建筑场地时，应根据工程需要和地震活动情况、工程地质和地震地质的有关资料，对抗震有利、不利和危险地段做出综合评价。对不利地段，应提出避开要求；当无法避开时应采取有效措施。对危险地段，严禁建造甲、乙类建筑，不应在危险地段建造丙类的建筑。例如必须在条状突出的山嘴、高耸孤立的山丘、非岩质的陡坡、河岸和边坡的边缘等不利地段建造丙类以上建筑时，除保证其在地震作用下的稳定性以外，尚应估计不利地段对涉及地震动参数产生的放大作用，其值可以根据不利地段具体情况在 1.1~1.6 之间取值。各类场地的划分见表 1-6 所列。

《抗震规范》规定：建筑场地为Ⅰ类时，对甲、乙类的建筑应允许仍按本地区抗震设防烈度的要求采取抗震构造措施；对丙类的建筑允许按本地区抗震设防烈度降低一度的要求采取抗震构造措施，但抗震设防烈度为 6 度时仍应按本地区抗震设防烈度的要求采取构造措施。

建筑场地为Ⅲ、Ⅳ类时，对设计基本地震加速度为 $0.15g$ 和 $0.3g$ 的地区，除《抗震规范》另有规定外，宜分别按抗震设防烈度 8 度（$0.2g$）和 9 度（$0.4g$）时的各抗震设防类别建筑的要求采取抗震构造措施。

有利、一般、不利和危险地段的划分　　　　　　　　表 1-6

地段类别	地质、地形、地貌
有利地段	稳定基岩，坚硬土，开阔、平坦、密实、均匀的中硬土等
一般地段	不属于有利、不利和危险的地段
不利地段	软弱土、液化土，条状突出的山嘴、高耸孤立的山丘、陡坡、陡坎，河岸和边坡边缘，平面分布上成因、岩性、状态明显不均匀的土层（含故河道、疏松的断层破碎带、暗埋的塘浜沟谷和半填半挖地基），高含水量的可塑黄土，地表存在结构性裂缝等
危险地段	地震时可能发生滑坡、崩塌、地陷、地裂、泥石流等；发震断裂带上可能发生地表错位的部位

同一结构单元的基础不宜设置在性质截然不同的地基土上。

同一结构单元也不宜部分采用天然地基部分采用桩基；当采用不同基础类型或基础埋深显著不同时，应根据地震时两部分地基基础的沉降差异，在基础、上部结构的相关部位采取相应的措施。

地基土为软弱黏性土、液化土、新近填土或严重不均匀土时，应根据地震时地基不均匀沉降和其他不利影响，采取相应措施。即采取改善地基土受力性能、抗液化措施和提高地基土均匀性的工程措施，同时宜加强基础的整体性和刚性。

山区建筑的场地和地基基础应符合下列要求：①山区建筑场地勘察应有边坡稳定和防治方案建议；应根据地质、地形条件和使用要求，因地制宜设置符合抗震设防要求的边坡工程。②边坡工程应符合《建筑边坡工程技术规范》GB 50330 的要求，其稳定性验算时，有关的摩擦角应按抗震设防烈度的高低相应修正。③边坡附近的建筑基础应进行抗震稳定性设计。建筑基础与土质、强风化岩质边坡的边缘应留有足够的距离，其值应根据设防烈度的高低确定，并采取措施避免地震时地基基础破坏。

2. 选择对抗震有利的规则的建筑结构

建筑设计应根据抗震概念设计的要求明确建筑形体（指建筑平面现状和立面、竖向剖面的变化）的规则性。不规则的建筑应按规定采取加强措施；特别不规则的建筑应进行专门的研究和论证，采取特别的加强措施；严重不规则的建筑不应采用。

建筑设计应重视其平面、立面和竖向剖面的规则性对抗震性能及经济合理性的影响，宜择优选用规则形体，其抗侧力构件的布置宜规则对称、侧向刚度沿竖向宜均匀变化、竖向抗侧力构件的截面尺寸和材料强度宜自下而上逐渐减少、避免侧向刚度和承载力突变。

不规则的建筑按下面的界限划分确定，结构符合下列诸条中的任一条均属于不规则建筑：

（1）扭转不规则，体型复杂的 T 形、L 形房屋在地震作用下产生扭转变形；在规定的水平力作用下，楼层的最大弹性水平位移（层间位移），大于该楼层两端弹性水平位移（或层间角位移）平均值的 1.2 倍。

（2）结构平面凹凸不平，一侧凹进尺寸大于房屋同一方向总尺寸的 30%；楼板局部不连续，楼板宽度小于楼面宽度最大处尺寸 50% 或楼板开洞面积大于该层楼面面积的 30%，或有较大的楼层错层都属于不规则的结构。

（3）侧向刚度不规则（有软弱层），该层侧向刚度小于相邻上一层的 70%，或小于其上面紧邻三个楼层侧向刚度平均值的 80%，除顶层外，局部收进的水平尺寸大于相邻下一层的 25%。

(4) 竖向抗侧力构件不连续。竖向抗侧力构件（柱、剪力墙、抗震支撑）的内力由水平转换构件（梁、桁架等）向下传递。

(5) 楼层承载力突变（有软弱层）。抗侧力结构的层间受剪承载力小于相邻上一楼层的80%。

对于不规则的建筑结构，应按振型分解反应谱法或时程分析法计算其地震作用并进行内力调整，对薄弱层和薄弱部位采取抗震构造措施。

对于体型复杂，平、立面特别不规则的建筑结构，应根据不规则程度、地基基础条件和技术经济因素的比较、分析，确定是否设置防震缝，并应符合下列要求：当不设防震缝时，应采取符合实际的计算模型，分析判明其应力集中，变形集中或地震扭转效应导致的易损部位，采取相应的加强措施。当在适当部位设置防震缝时，可按实际需要在适当部位设置防震缝，把结构划分成多个较为规则的结构单元。确定防震缝宽度时要依据设防烈度、结构材料的种类、结构类型、结构单元的高度和高差以及可能的地震扭转效应情况，留有足够的宽度，但伸缩缝、沉降缝和防震缝三缝合一时，应按最宽的防震缝宽度确定缝宽。

3. 选择技术上、经济上合理的抗震结构体系

结构体系的确定必须根据建筑的抗震设防类别、设防烈度、建筑高度、场地条件、地基、结构材料和施工等因素，经技术、经济和使用条件综合比较确定。

(1) 结构体系应符合下列要求：

1) 要具有明确的计算简图和合理的地震作用传递途径。

2) 应避免因部分结构或构件破坏而导致整个结构丧失抗震能力或对重力荷载的承载能力。

3) 应具备必要的抗震承载力、良好的变形能力和消耗地震能量的能力。

4) 对可能出现的薄弱部位应采取措施提高抗震承载力。

5) 宜具有多道抗震防线，宜具有合理的刚度和承载力分布；避免因局部刚度被削弱或突变后形成薄弱部位产生过大的应力集中或塑性变形集中；结构在纵向和横向两个主轴方向的动力特性宜相近。

(2) 结构构件应符合下列要求：

1) 砌体结构应按规定设置钢筋混凝土圈梁和构造柱、芯柱或采用约束砌体、配筋砌体等。

2) 混凝土结构构件应控制截面尺寸和受力钢筋、箍筋的设置，防止剪切破坏先于弯曲破坏、混凝土压溃先于钢筋屈服、钢筋的锚固粘结破坏先于钢筋破坏。

3) 预应力混凝土的构件，应配置足够的非预应力钢筋。

4) 钢结构构件的尺寸应合理控制，应避免局部或整体失稳。

5) 多、高层的混凝土楼、屋盖宜优先采用现浇混凝土板。当采用预制装配式混凝土楼、屋盖时，应从楼盖体系和构造上采取措施，确保各预制板之间连接的整体性。

(3) 在设计结构构件之间的连接时，应符合下列要求：

1) 构件节点的破坏，不应先于其连接的构件。

2) 预埋件的锚固破坏，不应先于连接件。

3) 装配式结构的连接，应能保证结构的整体性。

4. 处理好非承重结构和主体结构之间的关系

在抗震设计中，处理好非结构构件（建筑非结构构件和建筑附属机电设备）和主体结构之间的关系，可以防止附加震害产生，减少震害损失。因此，附属结构构件，附属构件应与主体结构有可靠的连接或锚固，避免倒塌或掉落伤人、砸坏重要设备。因此，应做到：

（1）对附着于楼面结构构件上的非结构构件，如女儿墙、楼梯间的自承重墙等，应与主体结构有可靠的连接和锚固，避免地震时倒塌、脱落伤人或砸坏重要设备。

（2）框架结构的围护墙和隔墙，应估计对结构抗震的不利影响，避免不合理的设置而导致主体结构的破坏。

（3）幕墙、装饰贴面与主体结构应有可靠连接，避免地震时脱落伤人。

（4）附属机械或电气设备的支座连接，应符合抗震时功能的要求，并且不应导致相关部件的破坏。

5. 注意材料的选择和施工质量

抗震结构对材料和施工质量的特别要求，应在设计文件上注明。

结构材料性能指标，应符合下列最低要求：

（1）对于砌体材料的要求：

1）烧结普通黏土砖强度等级不应低于MU10，砖砌体所用的砂浆强度等级不低于M5级。

2）混凝土小型空心砌块的砌体强度等级不应低于M7.5，砌块砌体的砂浆强度等级不应低于M7.5。

（2）对混凝土结构材料要求：

1）混凝土的强度等级，抗震等级为一级的框架梁、柱、节点核芯区、框支梁、框支柱不应低于C30；构造柱、芯柱、圈梁及其他各类构件不应低于C20。

2）对于高强混凝土，考虑其具有脆性性质的因素，抗震墙不宜超过C60，其他构件，9度时不宜超过C60，8度时不宜超过C70。

3）对一、二级抗震等级的框架结构，其纵向受力钢筋采用普通钢筋时，钢筋抗拉强度实测值与屈服强度实测值的比值不应小于1.25；且钢筋屈服强度实测值与屈服强度标准值的比值不应低于1.3，且钢筋在最大拉力下的总伸长率实测值不应小于9%。

4）普通钢筋应优先采用延性、韧性、焊接性好的钢筋；普通钢筋的强度等级，纵向受力钢筋宜选用HRB400、HRB500、HRBF400、HRBF500级热轧钢筋。也可采用HPB300、HRB335、HRBF335、RRB400级钢筋；箍筋宜采用HPB300、HRB400、HRBF400、HRB500、HRBF500级热轧钢筋，也可采用HRB335、HRBF335级钢筋。

5）钢筋混凝土构造柱和底层框架—抗震墙房屋中的砌体抗震墙，其施工应先砌墙后浇构造柱和框架梁柱。

6）在施工中当需要以强度等级较高的钢筋替代原设计中的纵向受力钢筋时，应按照钢筋受拉承载力相等的原则换算，并应满足正常使用极限状态和抗震构造要求。

（3）对钢结构钢材的要求：

1）钢材的屈服强度实测值与抗拉强度实测值之比不应大于0.85。

2）钢材应有明显的屈服台阶，伸长率应大于20%。

3）钢材应有良好的焊接性能和合格的冲击韧性。

4) 钢材宜采用 Q235 级 B、C、D 的碳素结构钢及等级 B、C、D、E 的低合金高强度结构钢。

5) 钢筋接头和焊接质量应满足相关《规范》要求，对构造柱、芯柱及框架、砌体房屋纵墙及横墙的连接等应保证施工质量。

四、隔震与消能减震设计

对抗震安全性和使用功能有较高要求和专门要求的建筑，可按隔震与消能减震的建筑进行设计，此时，当遭遇到本地区多遇地震影响、设防地震影响和罕遇地震影响时，可按高于"小震不坏、中震可修，大震不倒"的基本设防目标进行设计。

五、建筑性能化设计

当建筑采用性能化设计时，应根据其抗震设防类别、设防烈度、场地条件、结构类型和不规则性，建筑使用功能和附属设施的功能的要求、投资大小，震后损失和修复的难易程度等，对选定的抗震性能目标提出技术和经济可行性综合分析和论证。

建筑结构抗震性能化设计，应根据实际需要和可能具有针对性：可分别选定针对整个结构、结构的局部部位或关键部位、结构的关键部件、重要构件、次要构件以及建筑构件以及机电设备支座的性能目标。且应符合下列要求：

(1) 选定地震动水准。

(2) 选定性能目标，即对应于不同地震动水准的预期损坏状态或使用功能，应不低于抗震设防"三水准"设定的目标。

(3) 选定合适的性能指标。有关建筑抗震性能化设计可参考《抗震规范》第 3.10 条和本书的第九章相关内容。

小　　结

1. 地球是由地壳、地幔和地核三部分组成的。地壳内存在地质破碎带和断裂带，地幔内随着深度的增加温度不断升高，地幔物质的热量分布和内部压力分布极不均匀，存在着巨大的热对流和不平衡压力的对流，在地壳内聚集内力和变形，当超过岩层承载力和极限变形后，聚集的能量就会集中释放，并以波动的形式向地表扩散或者地壳中的空穴顶板塌陷等原因都会造成地面颠簸和摇晃，形成构造地震。地震的类型包括火山爆发引起的地震、陷落地震和人工诱发的地震以及构造地震。构造地震是全球地震中发生概率最高、破坏作用最强的地震，工程抗震研究的主要对象是构造地震。

2. 地震震级是衡量一次地震释放能量大小的尺度。目前世界上通用的是里希特震级。里氏震级是指：在距离震中 100km 处坚硬平坦的地面，用武德—安德生标准地震仪（周期 0.8s，阻尼系数 0.8，放大倍数 2800 倍）测得的地面振幅的微米数的常用对数值。地震烈度是指地震对地表和建筑物造成影响的强烈程度。一次地震只有一个震级，但造成的烈度在不同地区就各不相同。

3. 抗震设防烈度是按国家规定的权限批准的作为一个地区抗震设防依据的烈度。设防烈度是指在 50 年以内、该地区一般场地条件下，可能遭遇的超越概率为 10% 的地震烈度，它相当于 474 年一遇的烈度值。众值烈度是指在 50 年以内、该地区一般场地条件下，可能遭遇的超越概率为 63% 的地震烈度，它相当于 50 年一遇的烈度值。罕遇烈度是指在

50年以内、该地区一般场地条件下，可能遭遇的超越概率为2%～3%的地震烈度，它相当于1600～2500年一遇的烈度值。我国《抗震规范》规定，6度及以上地区必须进行抗震设防。

4. 我国《抗震规范》规定的抗震设防是概念设计和数值计算相结合的方法。概念设计是指为了保证结构具有足够的抗震可靠度，综合考虑多种因素对结构抗震性能的影响，**依据地震灾害调查分析研究和工程设计经验、基本抗震设计原则和设计思想，进行建筑和结构总体设计和确定细部构造的过程**。概念设计可以弥补和解决许多数值计算所不能解决的漏洞和问题。数值计算是在结构简化后的力学模型基础上运用力学原理分析结构薄弱层内力和位移，并以此作为设计参考和控制依据的设计方法。

5. 我国《抗震规范》设定的抗震设防目标是"小震不坏、中震可修、大震不倒"，为了实现这个目标采用了"三水准两阶段设计法"。第一阶段是用小震作用下弹性地震作用引起的内力和位移不超过《抗震规范》给定的弹性内力与位移限值的设计原则，满足第一水准的要求，做到"小震不坏"。第二阶段是大震作用下产生的弹塑性位移不超过《抗震规范》给定的大震弹塑性位移限值的设计原则，满足第二水准的要求，做到"大震不倒"。

6. 我国《抗震规范》依据建筑在地震发生造成破坏时后果的严重性程度和建筑的经济、政治、历史文化价值的高低，将建筑物抗震类别由高到低分为特殊设防类，俗称为甲级；重点设防类，俗称乙级；标准设防类，俗称丙级；适度设防类，俗称丁级四个等级。每个等级建筑抗震设防的基本要求和抗震构造措施不同。

7. 《抗震规范》规定，对抗震安全性和使用功能有较高要求和专门要求的建筑，可按隔震与消能减震的建筑进行设计。

8. 建筑性能化设计是建筑抗震设计的新内容和发展方向，对有特殊要求的建筑应进行建筑性能化设计。

复习思考题

一、名词解释

地震　构造地震　地震带　震源　震中　震中距　浅源地震　中源地震　深源地震　地震波　里氏震级　烈度　基本烈度　设防烈度　罕遇地震　多遇地震　次生灾害　抗震设防　概念设计

二、问答题

1. 地震按成因不同分几类？构造地震的成因是什么？
2. 地震波分几类？各有什么特性？
3. 地震台站距震中不足100km时震级怎样确定？震级上升一级地震释放的能量怎样变化？
4. 我国《抗震规范》规定的建筑抗震设防目标是什么？
5. 建筑抗震设计的"三水准两阶段设计法"的具体含义是什么？
6. 什么是抗震概念设计？它包含哪些内容？它和抗震数值计算的关系是什么？
7. 建筑抗震设防分为哪几类？各类房屋抗震设防的标准是什么？

第二章 场地、地基及基础

学习要求与目标
1. 了解场地土、场地的概念。
2. 掌握场地土类别的划分方法和场地类别的确定方法。
3. 理解地基土液化的概念以及液化土的判别方法。
4. 了解抗液化的措施。
5. 理解地基基础对房屋抗震性能的影响。
6. 掌握地基基础抗震验算的方法。

第一节 场 地

建筑抗震中的场地是指建筑物所在地一个较大的区域，一般在城市是一个大的街区、大的厂区，在农村为一个自然村。

震害调查表明，地震发生后同一地区的不同场地条件产生的震害截然不同。场地、地基的作用一方面是将其受到的地震作用通过振动传递给附着在其上部的建筑物，引起房屋结构产生强迫振动，使房屋结构受到惯性力影响出现内力和变形；另一方面场地和地基承受房屋结构施加给它的各种作用。从以往震害分析看，地震引起的建筑物破坏有两类，一类是建筑场地和地基在强烈地震作用下发生破坏，引发附着在其上的建筑物破坏；另一类是场地和地基本身没有破坏，而是附着在场地上的建筑物在地震作用影响下的破坏。

理论分析及震害调查证实，场地条件对建筑物震害大小影响的主要因素包括：场地土的刚性（即坚硬或密实程度）大小和在坚硬土层上附着覆盖土层的厚度。场地土越软、覆盖层越厚，建筑物的震害就越严重；在坚硬场地上通常发生的震害是上部结构的破坏；在软土地基上，大部分是由地基失效引起的建筑结构破坏。

场地土的刚性越大，密实度就越高，剪切波在土中的传播速度就越快。根据场地土剪切波速的大小来反映场地土的动力特性、划分土的类别是世界各国普遍采用的方法。

一、场地土的类型

场地土的类型按土层剪切波速划分。

1. 剪切波速的测定

通常采用速度检测法，是在原位测试土层剪切波速度的一个常用方法。速度检测法的工作原理如下：在地勘钻孔附近设置一个震源，一般采用敲板法。在离钻孔 1~1.5m 处铺设一块木板并打入地面，该木板长 2~3m，宽 0.3~0.5m，厚 0.05m，板上压 0.5t 左右的重物，然后用大锤沿板的纵向猛烈敲击，使板和地面之间因摩擦力的作用产生一个水平剪力，从而在板的纵轴垂直方向（即土层的横向）形成强烈的剪切波。

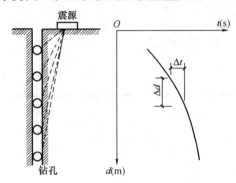

图 2-1 场地土速度检层法示意图

检测时用绞车或人提钢丝绳将附壁式检波组探头缓慢放入检测钻孔内。检控探头是一个外径小于 90mm 的钢筒，内部安装三个互相垂直的小拾振器，放置在检测土层的下界，由井口的打气筒向探头外壁的胶囊充气，使探头被挤紧在朝向震源一侧的孔壁上，便可收到试验时发出的地震波。利用附壁式检测探头测得的剪切波到达检测点的时间，作出相应的时距曲线，如图 2-1 所示，纵轴为测点深度 d，横轴为波到达时间 t。当地基土分成若干层明显的土层时，相应的时间距离曲线是一条折线，每一段的斜率就是该土层的剪切波速。

$$v_{si} = d_i/t_i \tag{2-1}$$

场地土类型的划分见表 2-1。《抗震规范》规定，对于 10 层以下、高度在 24m 以下的丙类建筑，当无实测剪切波速时，可根据场地土的岩土名称和形状按表 2-1 划分土的类型，并利用场地周边的既往经验在表 2-1 的范围内估计各种土的剪切波速，其中岩土的鉴别可按现行国家标准《岩土工程勘察规范》GB 50021 进行。《抗震规范》将场地土划分为岩石、坚硬土、中硬土、中软土、软弱土，如表 2-1 所示。

土的类型划分和剪切波速范围　　　　　　　　　　表 2-1

土的类型	岩土名称和性状	土层剪切波速（m/s）
岩石	坚硬、较硬且完整的岩石	$v_s > 800$
坚硬土或岩石	破碎、较破碎的岩石或软和较软的岩石，密实的碎石土	$800 \geqslant v_s > 500$
中硬土	中密、稍密的碎石土，密实、中密的砾、粗、中砂，$f_{ak} > 150$ 的黏性土和粉土，$f_{ak} > 130$ 的填土，可塑新黄土	$500 \geqslant v_s > 250$
中软土	稍密的砾、粗、中砂，除松散外的细、粉砂，$f_{ak} \leqslant 150$ 的黏性土和粉土，$f_{ak} > 130$ 填土、可塑黄土	$250 \geqslant v_s > 150$
软弱土	淤泥和淤泥质土，松散的砂，新近沉积的黏性土和粉土，$f_{ak} \leqslant 130$ 填土、流塑黄土	$v_s \leqslant 150$

注：f_{ak} 为由荷载试验等方法得到的地基承载力特征值（kPa），v_s 为岩土剪切波速。

2. 等效剪切波速 v_{se}

一般场地在抗震验算时考虑的土深度是在覆盖土层与 20m 两者中的较小值，在此范围内可能会有多层剪切波速不同的土层，需要求出剪切波速在土层内的等效波速（平均波速），才能结合坚硬土层上面覆盖土层的厚度综合评判场地类别。等效剪切波速 v_{se} 的计算公式为：

$$v_{se} = \frac{\sum_{i=1}^{n} v_{si} d_i}{d} \tag{2-2}$$

式中　v_{si}——第 i 层土的实测剪切波速（m/s）；

d_i——第 i 层土的厚度（m）；

d——场地土计算厚度,取地面以下 20m 与覆盖土层厚度两者之间的较小值(m);

n——场地土计算厚度范围内土层的数目。

场地土土层等效剪切波速 v_{se} 也可根据剪切波通过多层土层的时间等于通过折算土层所需的时间相等的条件求得,如图 2-2 所示。

当表层土由 n 种性质不同的土组成时,折算土层厚度应按场地土计算厚度确定。设剪切波通过各个土层的波速分别为 v_{s1}、v_{s2}、…、v_{sn},对应的各个土层的厚度分别为 d_1、d_2、…、d_n,折算前后土层厚度相等,则:

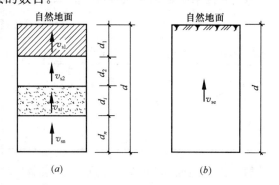

图 2-2 场地土等效剪切波速计算示意

$$t = \sum_{i=1}^{n} \frac{d_i}{v_{si}} = \frac{d}{v_{se}} \tag{2-3}$$

$$v_{se} = \frac{d}{\sum_{i=1}^{n} \frac{d_i}{v_{si}}} \tag{2-4}$$

式中符号的意义同前面解释。

3. 场地土覆盖层的厚度

覆盖土层厚度是指从地面至剪切波速度大于规定值的土层顶面的距离。《抗震规范》规定,工程场地覆盖层厚度的确定应符合下列要求:

(1)一般情况下,应按地面至剪切波速大于 500m/s 且其下卧各层岩石的剪切波速均不小于 500m/s 的土层顶面的距离确定。

(2)当地面 5m 以下存在剪切波速大于其上部各土层剪切波速 2.5 倍的土层,且该层及其下卧岩土层的剪切波速均不小于 400m/s 时,可按地面至该土层顶面的距离确定。

(3)剪切波速大于 500m/s 的孤石、透镜石,应视同周围土层。

(4)土层中的火山岩硬夹层,应视为刚体,其厚度应从覆盖土层中扣除。

二、场地类别的划分

根据《抗震规范》规定,建筑场地类别应根据土层等效剪切波速和场地覆盖土层厚度按表 2-2 划分为四类,其中Ⅰ类分为 I_0、I_1 两个亚类。当有可靠剪切波速和覆盖层厚度且其值介于表 2-2 所列场地类别的分界线附近时,应允许按插值方法确定地震作用计算所用的特征周期。

各类建筑场地的覆盖土层厚度　　　　表 2-2

等效剪切波速(m/s)	场 地 类 别				
	I_0	I_1	Ⅱ	Ⅲ	Ⅳ
$v_s > 800$	0				
$800 \geqslant v_s > 500$		0			
$500 \geqslant v_s > 250$		<5	≥5		
$250 \geqslant v_s > 150$		<3	3~50	>50	
$v_s \leqslant 150$		<3	3~15	15~80	>80

【例题 2-1】

表 2-3 为某场地钻孔地质资料。试判别该场地类别。

场地钻孔资料汇总表　　　　　　　　　　　　　　　　　　表 2-3

土层底部深度（m）	土层厚度 d_i（m）	岩土名称	剪切波速（m/s）
3.2	3.2	可塑性黄土	180
4.6	1.4	杂填土	190
5.8	1.2	中砂	320
7.4	1.6	砾砂	500

解： 因为地面 5.8m 以下为坚硬土层剪切波速 $v_{se}=500\text{m/s}$，因此，该场地的额定计算深度为 5.8m，于是按式（2-3）可得：

$$t = \sum_{i=1}^{n} \frac{d_i}{v_{si}} = \frac{3.2}{180} + \frac{1.4}{190} + \frac{1.2}{320} = 0.029 \text{ s}$$

$$v_{se} = \frac{d}{t} = \frac{5.8}{0.029} = 200\text{m/s}$$

查表 2-2 得知，该场地为 Ⅱ 类场地。

三、主断裂带避让距离

发震断裂带附近地表，在地震影响下可能产生新的错动，使建筑物遭受较大的破坏，在选择场地时应尽量避开，避开的距离见表 2-4。

发震断裂的最小避让距离　　　　　　　　　　　　　　　　表 2-4

烈　度	建 筑 抗 震 设 防 类 别			
	甲	乙	丙	丁
8	专门研究	200m	100m	—
9	专门研究	400m	200m	—

若场地内存在发震断层时，《抗震规范》规定，对符合下列规定情况之一时，可以忽略发震断层错动对地面建筑物和构筑物的影响：

(1) 抗震设防烈度小于 8 度。
(2) 非全新世活动断裂。
(3) 抗震设防烈度为 8 度和 9 度时，隐伏断裂的土层覆盖厚度分别大于 60m 和 90m。

《抗震规范》同时强调，当需要在条状突出的山嘴、高耸风化石的陡坡、河岸和边坡的边缘等不利地段建造丙类及丙类以上建筑时，除保证其在地震作用下的稳定性外，尚应估计不利地段对设计地震动参数可能产生的放大作用，其水平地震影响系数最大值应乘以增大系数。其值应根据不利地段的具体情况确定，在 1.1～1.6 范围内采用。

场地岩土工程勘察，应根据实际需要划分的对建筑有利、一般、不利和危险地段，提供建筑场地类别和岩土地震稳定性（含滑坡、崩塌、液化和震陷特性）评价，对需要采用时程分析法补充计算的建筑，尚应根据设计要求提供土层剖面、场地覆盖层厚度和有关的动力参数。

第二节 地基基础的抗震验算

一、验算原则

地基和基础是建筑结构的重要组成部分，在房屋建筑中起承上启下的作用，无论是在平时还是地震作用影响下，对房屋结构的安全使用都起到根本性作用。地震发生后地基承受的作用不仅包括上部荷载作用还包括地震作用对地基的影响，地震发生后地基基础和结构受力变形过程比较复杂，目前还做不到对地基变形进行精确地定量计算。地基在地震作用影响和上部荷载作用下，要求同时满足地基承载力和变形两方面的要求。《抗震规范》规定，只要求对地基的抗震承载力进行验算，至于地基的变形条件，则通过对上部结构或地基基础采取一定的抗震措施来弥补。由于地震作用对地基的影响经历的时间短暂，在地基抗震验算时需对地基承载力特征值调整后才能使用。

历次震害表明，一般天然地基上的下列一些建筑很少因为地基丧失承载力和出现大变形而破坏。因此《抗震规范》规定，下列建筑可以不进行天然地基及基础的抗震承载力验算。

(1)《抗震规范》规定可不进行上部结构抗震验算的建筑。

(2) 地基主要受力层范围内不存在软弱黏性土层的下列建筑：

1) 一般的单层厂房和单层空旷房屋；

2) 砌体房屋；

3) 不超过 8 层且高度 24m 以下的一般民用框架和框架—抗震墙房屋；

4) 基础荷载与 3) 相当的多层框架厂房和多层混凝土抗震墙房屋。

软弱土层是指 7 度时地基土静承载力特征值小于 80kPa，8 度时地基土静承载力特征值小于 100kPa，9 度时地基土静承载力特征值小于 120kPa 的土层。

二、天然地基及基础抗震承载力验算

1. 天然地基基础在地震作用下的抗震承载力

在地震作用影响下地基土承载力与其静力荷载作用下的承载力是有差异的。主要表现在以下几个方面：一是在通常静载作用下，地基将产生弹性变形和不可恢复的残余变形。这里的弹性变形可在短时间里完成，而不可恢复的残余变形则需要较长的时间才能完成。因此，在静载长期作用下，地基中将产生较大的变形。地震作用对地基的影响表现在一方面是随机性大、另一方面是作用时间短。地震作用是有限次数不等幅的随机荷载，其等效循环次数也就十几次到几十次，由于作用时间短，只能在土层内产生弹性变形，持续缓慢发生的残余变形来不及产生。所以由地震作用产生的地基变形较同样静载作用下产生的变形值要小许多。从变形的角度考虑，地震作用的地基抗震承载力要比地基静承载力大，即地基土在短时动力荷载作用下发挥的强度比静荷载作用时要高。二是从荷载特性和结构安全的角度考虑，因为地震是一种随机的偶发事件，它是一种惯性作用，不可能每次和任一时刻都达到自身的最大值，考虑到这个因素，地基抗震验算时可以略微偏高的估计地基的承载力值，也就是地基抗震承载力要比通常静力荷载作用下的静承载力高。

在总结国内外地基抗震验算经验的基础上，我国《抗震规范》规定：天然地基基础抗震验算时，应采用地震作用效应标准组合，且地基抗震承载力应取地基承载力特征值乘以

地基抗震承载力调整系数,计算公式为:

$$f_{aE} = \zeta_a f_a \tag{2-5}$$

式中 f_{aE} ——调整后的地基承载力设计值(kPa);

ζ_a ——地基抗震承载力调整系数,应按表2-5采用;

f_a ——深度和宽度修正后的地基承载力特征值,应按现行《建筑地基基础设计规范》采用。

由式(2-5)可知,要想求得调整后的地基的抗震承载力设计值 f_{aE},首先得根据《建筑地基基础设计规范》查得根据深度和宽度修正后的地基承载力特征值 f_a,再查表2-5得到地基抗震承载力调整系数 ζ_a。ζ_a 的取值主要根据国内外抗震勘测资料和其他有关《规范》的规定,考虑了地基土在有限次数循环动力作用下强度比常规静力荷载作用下要高的特性,以及地震作用的特性及其对房屋结构可能造成的影响,按岩土的名称、性能及其承载力特征值 f_{ak} 来确定。

地基土承载力调整系数　　　　　　　表 2-5

岩 土 名 称 和 形 状	ζ_a
岩土,密实的碎石土,密实的砾、粗、中砂,$f_{ak} \geqslant 300$kPa 的黏土和粉土	1.5
中密、稍密的碎石土,中密稍密的砾、粗、中砂,密实的中密的细、粉砂,150kPa$\leqslant f_{ak}<300$kPa 的黏土和粉土,坚硬黄土	1.3
稍密的细、粉砂,100kPa$\leqslant f_{ak}<150$kPa 的黏土和粉土,可塑黄土	1.1
淤泥、淤泥质土、松散的砂、杂填土、新近堆积黄土及流塑黄土	1.0

2. 天然地基抗震承载力验算

《抗震规范》规定,验算天然地基基础抗震承载力时,按地震作用效应标准组合的基础底面平均压力应符合式(2-6),基础偏心受压时边缘最大压力应满足式(2-7)的要求。

$$p_0 \leqslant f_{aE} \tag{2-6}$$

$$p_{max} \leqslant 1.2 f_{aE} \tag{2-7}$$

式中 p_0 ——地震作用效应标准组合的基础底面平均压力;

p_{max} ——地震作用效应标准组合的基础边缘的最大压力。

《抗震规范》规定,高宽比大于 4 的高层建筑,在地震作用下基础底面不宜出现脱离区(零应力区);其他建筑,基础底面与地基土之间脱离区(零应力区)面积不应超过基础底面面积的 15%。

【例题 2-2】

某单层工业厂房采用阶梯形杯形基础,作用于杯口顶面的荷载 $F=1800$kN;$M=720$kN·m;$V=45$kN。预制钢筋混凝土柱的断面尺寸为 500mm×1000mm。基础采用 C20 混凝土,钢筋采用 HPB300 级,基础埋深 $d=1.6$m。地基持力层为粉质黏土,$\gamma=18.5$kN/m³,地基承载力特征值 $f_{aE}=210$kPa,基础底面以上土的平均重度

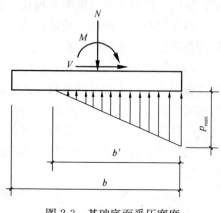

图 2-3 基础底面受压宽度

$\gamma_m = 18.0 \text{kN/m}^3$。地下水位在天然地面以下 0.5m 处。试验算地基土抗震承载力是否满足要求。

解: 1) 基础底面尺寸的确定

在轴向荷载 F 作用下,基础的底面积为 A_j 为:

$$A_j = \frac{F}{f_{ak} - \gamma_G \times d} = \frac{1800}{210 - 20 \times 1.6} = 10.11 \text{m}^2$$

式中地基土的承载力特征值 f_a 先用未修正的 f_{aE} 进行估算。考虑到偏心弯矩 M 作用的影响,基础底面积乘以 1.2 适当放大,即

$$1.2 A_j = 1.2 \times 10.11 = 12.132 \text{m}^2$$

选取基础宽度 $b = 3.5\text{m}$,长度 $l = 4.4\text{m}$,则基础底面积 A 为:

$$A = 3.5 \times 4.4 = 15.4 \text{m}^2$$

2) 地基承载力验算

经修正后地基承载力特征值 f_a 为:

$$\begin{aligned} f_a &= f_{ak} + \eta_b \gamma (b-3) + \eta_b \gamma_m (d - 0.5) \\ &= 210 + 0.3 \times 18.5 \times (3.5 - 3) + 1.6 \times 18.0 \times (1.5 - 0.5) \\ &= 241.575 \text{kPa} \end{aligned}$$

基础底面积对形心轴的抵抗矩:

$$W = \frac{bl^2}{6} = 11.29 \text{m}^3$$

基础底面的最大压力 p_{max} 及最小压力 p_{min} 为:

$$\begin{aligned} p_{max} &= \frac{F+G}{A} + \frac{M}{W} \\ &= \frac{1800 + 20 \times 1.6 \times 15.4}{15.4} + \frac{720 + 45 \times 1.4}{11.29} \\ &= 218.23 \text{kPa} \end{aligned}$$

上式里分子中的 1.4 是指台阶形杯口基础高度为 1.4m,第一阶高 0.4m,下面两阶高均为 0.5m,共计 1.4m 高。

$$\begin{aligned} p_{min} &= \frac{F+G}{A} - \frac{M}{W} \\ &= \frac{1800 + 20 \times 1.6 \times 15.4}{15.4} - \frac{720 + 45 \times 1.4}{11.29} = 79.53 \text{kPa} \end{aligned}$$

$p_{max} = 218.23 \text{kPa} < 1.2 f_{aE} = 1.2 \times 241.575 = 289.89 \text{kPa}$,满足要求。
$p_{min} = 79.53 \text{kPa} > 0$,满足要求。

第三节 场地土的液化

一、地基土的液化

1. 地基土液化的原因及其危害

处在地下水位以下的饱和松砂、粉土在地震作用影响下，土体颗粒有压密的趋势，但因土体本身渗透系数小，短时间内孔隙水来不及排出，一方面可能引起地面发生喷砂冒水现象，另一方面使土体颗粒处于悬浮状态，形成如液体一样的状态，这种现象就称为土的液化。

1966年的邢台地震，1975年的海城地震以及1976年的唐山地震，2008年的汶川地震等，场地土都发生过液化现象，致使建筑物遭到不同程度的破坏，在我国唐山地震后场地土的液化及防治问题得到特别重视，这方面的研究也取得了长足的进展。国外近代地震史上，最典型的场地土液化发生在1964年6月日本新潟地震，由于该城市的低洼地区出现大面积砂层液化，地面多处喷砂冒水，在大面积液化地区上的汽车和建筑逐渐下沉，使很多建筑物的地基失效，引起房屋倾斜，最严重的倾角竟达80°之多，水池一类的构筑物浮出地面。据资料记载，据目击者讲，房屋的倾斜是在地震发生后的第4分钟开始的，到倾斜结束共经历10多分钟。

2. 地基土液化的机理及液化的初步判别

（1）地基土液化的机理

根据土力学原理可知，砂土液化乃是由于饱和砂土在地震时短时间内抗剪强度为0所致。饱和砂土的抗剪强度可写成：

$$\tau = (\sigma - u)\tan\varphi \tag{2-8}$$

式中　σ——剪切面上总的法向应力；

u——剪切面上孔隙水压力；

φ——土的内摩擦角。

地震时由于场地土剧烈振动，孔隙水压力u就会急剧增高，直到可以达到或超过土体颗粒之间的法向压力，即$\sigma - u = 0$，砂土颗粒便呈现悬浮状态，此时，土的抗剪强度为0，导致场地土丧失承载力。

（2）土液化的初步判别

造成场地土液化的因素较多，例如场地土的类别、地下水位的高低、土的地质年代、粉土内黏粒含量等，实用中需要综合分析和评价才能确定场地土是否发生液化。震害调查表明，当某项指标达到一定数值时，不论其他因素情况如何，场地土都不会发生液化，即便有轻微液化也不会危及房屋安全，我们称这个数值为这个指标的界限值。根据各个影响因素的界限值我们就可以将没有到界限值的情况排斥掉，剩下未被排斥的场地土才有可能初步判定为可能液化的土。符合下列条件之一时场地土可以判别为不液化土或可不考虑液化影响。

1）土的地质年代的新老表示土沉积时间的长短。一般饱和砂土的地质年代越古老，长期的固结作用使土的密实度增大，上层的固结度、密实度和结构性越稳定。因此，土的地质年代越久远土层抗液化的能力越强，越不易液化。细砂与粉砂相比由于细砂的透水性差，地震时孔隙水压就会急剧升高，因此，细砂较粗砂容易液化。国内外历次大地震调查表明，尚未发现地质年代属于第四纪晚更新世（Q_3）及其以前的饱和土层发生液化。

2）土中黏粒含量

黏粒是指粒径≤0.005mm的土颗粒。理论分析和实践表明，当粉土中黏粒含量超过某一限值时，粉土就不液化。这是随着土中黏粒增加，土的黏聚力增大，导致抗液化能力增加的缘故。反之，如果黏粒含量少，土的力学性质就接近砂土，大地震发生后就有可能液化。同理，细砂较粗砂的透水性差，较易液化，颗粒均匀的较颗粒级配好的砂土容易液化。由海城地震和唐山地震液化场地震害分析得知,不同烈度情况下不发生液化的场地土黏粒含量百分率是随着震级的提高而增加的,也就是说如果黏粒含量超过表 2-6 中所列数值,场地土就不会液化。

粉土不发生液化的黏粒含量界限值　　　　　　　　表 2-6

烈　度	黏粒含量 ρ_c（%）	烈　度	黏粒含量 ρ_c（%）	烈　度	黏粒含量 ρ_c（%）
7	10	8	13	9	16

3）根据地震特点判别

烈度越高的地区,地面运动越剧烈,土体内的孔隙水压力上升就越高,土就越容易液化。在地震烈度低于 6 度的地区尚未发现有场地土液化的先例,所以在 6 度以下地区也就不考虑液化问题。

4）地下水位深度和上覆非液化土层厚度

上覆非液化土层厚度是从地表到可能发生液化的土层顶面的土层总厚度,上覆非液化土层它在地震时能抑制可液化土层喷砂冒水现象的发生或减缓液化程度。构成覆盖层的非液化层除天然地层外,还包括堆积 5 年以上,或地基承载力大于 100kPa 的人工填土层。当覆盖土层中夹有软土层时,软土对抑制喷砂冒水作用很小,且其本身在地震中很可能发生软化现象时,该土层应从覆盖层中扣除。覆盖厚度是指地面到第一层可液化土层顶面的距离。根据对饱和土液化的调查资料分析可得,非液化土覆盖厚度在 8 度、9 度区超过 7m 没有发现液化现象。

在砂土液化区内地下水位深度在 4.0m 以下;在粉土液化区以内地震烈度 7 度时地下水位在 1.5m 以下,8 度时地下水位在 2.5m 以下,9 度时地下水位在 6m 以下,都没有场地土液化现象出现。

《抗震规范》规定,天然地基上的建筑,当上覆非液化土层厚度和地下水位深度符合下列条件之一时可以不考虑液化影响:

$$d_u > d_0 + d_b - 2 \tag{2-9}$$

$$d_w > d_0 + d_b - 3 \tag{2-10}$$

$$d_u + d_w > 1.5d_0 + 2d_b - 4.5 \tag{2-11}$$

式中　d_w——地下水位的深度（m）,宜按设计基准期内年平均最高水位取用,也可按近几年最高水位采用;

d_u——上覆非液化土层厚度（m）,计算时宜将淤泥和淤泥质土层扣除;

d_b——基础埋置深度（m）,不超过 2m 时应采用 2m;

d_0——液化土特征深度（m）,可由表 2-7 查取。

液化土特征深度 d_0（m）　　　　　　　　表 2-7

饱和土类别	烈　度		
	7 度	8 度	9 度
粉土	6	7	8
砂土	7	8	9

【例题 2-3】

某五层住宅楼,经岩土工程勘察,已知地基土为第四纪全新世的沉积土。基础埋置深度为3.5m，岩土工程钻孔深度为15m。自上而下可以分为5层：第1层为粉质黏土，稍湿—饱和，松散，厚度$h_1=3.8$m；第二层为细砂，饱和松散，层厚度$h_2=3.1$m；第3层为中粗砂，稍密—中密，层厚$h_3=2.7$m；第4层为粉质黏土，可塑—硬塑状态，厚度$h_4=1.9$m；第5层为粉土，硬塑状态。地下水位2.6m，位于第一层粉细砂的中部。当设防烈度为8度时，判别该地基是否会液化？

解： 初步判别：由于地基土为第四纪全新世的沉积土，属于晚更新世，有可能会产生液化。

查表2-8得知粉土场地8度时特征深度$d_0=7$m；建筑基础埋深$d_b=3.5$m；

$$d_0+d_b-2=7+3.5-2=8.5\text{m};$$

$d_u=3.8\text{m}<d_0+d_b-2=8.5\text{m}$，不满足式（2-10）的要求。

需按式（2-11）判别，

$d_0+d_b-3=7.5\text{m}>d_u=3.5\text{m}$，不满足式（2-11）；

再按（2-12）判别，

$d_u+d_w=3.8+2.6=6.4\text{m}<1.5d_0+2d_b-4.5=13\text{m}$，不满足要求。

初步判别该场地需要考虑液化的问题。

（3）标准贯入试验判别法

根据以上条件的判别，不能同时满足上述几个条件时初步判别为可液化土，此时应采用标准贯入试验法进一步判别地面以下20m深度范围内可能发生液化的场地土是否液化。当按《抗震规范》规定可不进行天然地基及基础的抗震承载力验算的各类建筑，可判别地面下15m范围内的液化。

标准贯入试验设备主要由贯入器、触探杆和穿心锤三部分组成。触探杆一般采用直径42mm的钻杆，63.5kg的穿心锤。详见图2-4所示，在标准贯入试验的第一阶段先用钻具钻至试验土层标高以上150mm，然后在锤自由落距760mm的条件下，打入试验土层300mm深度的锤击数记作$N_{63.5}$。当$N_{63.5}<N_{cr}$时可判别为液化土；当$N_{63.5}\geqslant N_{cr}$时判别为非液化土。N_{cr}为标准贯入临界锤击数，可按式（2-12）求得。

在地面以下20m深度范围内，液化判别标准贯入锤击数临界值可按下式计算：

$$N_{cr}=N_0\beta[\ln(0.6d_s+1.5)-0.1d_w]\sqrt{3/\rho_c} \quad (2\text{-}12)$$

式中 N_{cr}——液化判别标准贯入锤击数临界值；

N_0——液化判别标准贯入锤击数基准值，从表2-8中查取；

d_s——饱和土标准贯入点深度（m）；

ρ_c——黏粒含量百分率，当小于3或为砂土时，应取为3；

d_w——地下水位（m）；

β——调整系数，设计地震第一组取0.8，第二组取0.95，第三组取1.05。

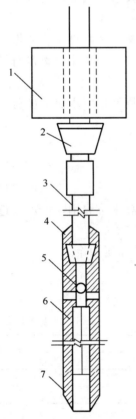

图2-4 标准贯入试验设备示意图

液化判别标准贯入锤击数基准值 N_0 表 2-8

设计基本地震加速度（g）	0.1	0.15	0.20	0.30	0.40
液化判别标准贯入锤击数基准值	7	10	12	16	19

3. 液化地基的评价

（1）评价的目的和意义

对场地土液化评价目的在于对液化危害性做出定量评价，根据评价得出的液化严重性程度的等级，采取合理可行的抗液化措施，达到降低液化震害的目的。

（2）液化指数

在同一烈度下，液化层的厚度越厚、液化土层埋深越浅、地下水位越高、实测标准贯入锤击数越是比标准贯入临界锤击数小，液化就越严重。为了科学反映这些因素对场地土液化影响的程度，用一个综合指标评价液化的严重性程度，《抗震规范》用液化指数来定量表示液化的严重性程度。液化指数的计算公式如下：

$$I_{lE} = \sum_{i=1}^{n} \left(1 - \frac{N_i}{N_{cri}}\right) d_i \omega_i \tag{2-13}$$

式中 I_{lE}——液化指数；

n——20m 深以内所有钻孔标准贯入试验点总数；

N_i——为 i 点标准贯入锤击数实测值，当 $N_i > N_{cri}$ 时，取 $N_i = N_{cri}$；

N_{cri}——为 i 点标准贯入锤击数临界值，由式（2-12）计算所得；

d_i——i 点所代表的土层的厚度（m），可采用与该标准贯入试验点相邻的上、下两标准贯入试验点深度差的一半，当上界不小于地下水位深度，下界不大于液化深度；

ω_i——第 i 层土考虑单位土层厚度的层位影响权函数（单位 m^{-1}）。当该层中点深度不大于 5m 时应采用 10，等于 20m 时应采用零值，5～20m 时应按线性内插法取值，ω_i 的取值见图 2-5。

液化指数计算公式中 $1 - \frac{N_i}{N_{cri}} = \frac{N_{cri} - N_i}{N_{cri}}$ 的含义分析如下：

上式中分子表示标准贯入试验中的第 i 点标准贯入临界锤击数和实测锤击数之间的差值，分母为临界锤击数。分子越大，说明实测锤击数比临界锤击数小得越多，上式计算值也就越大，其他条件不变的情况下该点液化的程度也就越严重。

从式（2-13）中可以看到，其他条件不变的情况下，液化土层的厚度 d_i 越厚，计算所得的液化指数越大，液化越严重，对地基基础和房屋上部结构的危害越严重。同理，液化土层埋深越浅考虑单位土层厚度的层位影响权函数值 ω_i 越大（0～5 内均为最大值），计算所得的液化指数越大，液化越严重，地基土液化对地基基础和房屋上部结构的危害越严重。

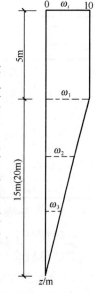

图 2-5 ω_i 取值计算示意图

（3）液化等级

震害调查得知，液化指数越大液化越严重，场地土液化造成的破坏就越严重，对房屋的地基基础的危害就严重。分析总结唐山强烈地震、汶川特大地震等历次震害情况，《抗震规范》按液化指数的大小将液化程度由低到高分为轻微、中等和严重三个等级，如表 2-9 所示。

液 化 等 级　　　　　　　　　　　　　　表 2-9

液化等级	为 轻 微	中 等	严 重
液化指数 I_{lE}	$0 \leqslant I_{lE} \leqslant 6$	$6 < I_{lE} \leqslant 18$	$I_{lE} > 18$

在地震时不同的液化等级的场地对应不同的震害情况，轻微液化时，地面无喷砂冒水现象或仅在洼地、河边有零星的喷砂冒水点出现；对建筑的危害性小，一般不致引起明显的震害。中等微液化时，地面喷砂冒水可能性大，程度属于中等情况，对建筑的危害性较大，可能造成不均匀沉陷和开裂，有时不均匀沉陷可达 200mm。严重液化时，一般喷砂冒水现象普遍很严重，地面变形很严重；对建筑的危害性大，不均匀沉陷可大于 200mm，高重心的建筑可能产生不容许的倾斜。

第四节　地基抗震措施及处理

一、液化地基的抗震措施及处理

地震时，饱和的砂土、饱和粉土的液化将引起地基的不均匀沉降，导致建筑物的破坏。倾斜场地的土层液化也常常引起大体积土体滑动而造成严重的灾害。为了保证建筑物的安全，《抗震规范》规定，在场地选址时就应避开属于不利地段的液化场地，客观上无法避开时，应根据建筑物的重要性等级、场地土的液化等级、结合当地经济、技术、和施工设备、施工工艺等具体情况综合考虑，选择技术上可行、经济上合理、效果能满足要求的抗液化措施。

当液化土层较平坦、均匀时，可按表 2-10 选择适当的抗液化措施。

地基抗液化措施　　　　　　　　　　　　　　表 2-10

建筑抗震设防类别	地基的液化等级		
	轻 微	中 等	严 重
乙类	部分消除液化沉陷，或对基础和上部结构处理	全部消除液化沉陷，或部分消除液化沉陷对基础和上部结构处理	全部消除液化沉陷
丙类	基础和上部结构处理，亦可不采取措施	基础和上部结构处理，或更高要求的措施	全部消除液化沉陷，或部分消除液化沉陷且对基础和上部结构处理
丁类	可不采取措施	可不采取措施	对基础和上部结构处理，或其他经济的措施

注：甲类建筑的地基抗液化措施应进行专门研究，但不宜低于乙类的相应要求。

一般情况下，除丁类建筑外，不应将未经处理的液化土层作为天然地基的持力层。

二、可液化地基抗震处理的要求

1. 全部消除地基液化沉陷

当要求全部消除液化沉陷时，可采用桩基、深基础、土层加密或挖除全部液化土层等措施。

(1) 采用桩基时，桩端伸入液化深度以下稳定土层中的长度（不包括桩尖部分），应按计算确定，且对碎石土，砾、粗、中砂，坚硬黏性土和密实粉土尚不应小于0.5m，对其他非岩石土不应小于1.5m。

(2) 采用深基础时，基础底面应埋入液化深度以下稳定土层中，其深度不小于0.5m。

(3) 采用加密法（如振冲、振动加密、挤密碎石桩、强夯等）加固时，应处理至液化的下界；振冲或挤密碎石桩加固后，桩间土的标准贯入锤击数不宜小于由式（2-12）计算得到的标准贯入锤击数临界值。

振冲法通常采用的是用水冲。施工时，先启动振冲器电机带动偏心块高速旋转，同时喷射高压水，使形成孔洞，待到一定深度后，则边填5～40mm碎石边振实，形成图2-6所示的碎石桩。振冲的主要原理是先使土体颗粒重新排列而加密，碎石桩可以消除地震时产生的超孔隙水压力，从而使液化消除。孔洞间距一般为1.5～2m，深度可达18m。这种施工方法会产生一定的震动，与邻近建筑物要有8～15m的间距为宜。

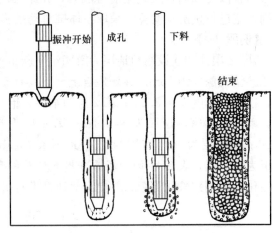

图2-6 振冲法施工工艺示意图

强夯是用5～20t的吊锤，从吊车或吊架上由10～40m高处自由落下，对地基土产生强大的冲击能（一般为50～80t·m），在土中形成很大的冲击波和应力。它可以使土中孔隙压缩，土体局部液化后增密，夯实点附近产生裂缝，形成排水通道，便于孔隙水逸出，固结土体。缺点是施工噪声和震动大。

砂桩挤密适用于处理深层松砂和黏粒含量不高的粉土，它是通过震动和冲击，将砂挤入土层而形成柱体。在其形成过程中，通过将砂层挤实，增加土体密度，从而提高其抗液化能力。通常砂桩的直径约为0.6～0.8m，间距为1～2m。

(4) 用非液化土层替换全部液化土层。

(5) 采用加密法或换土法处理时，在基础边缘以外的处理宽度，应超过基础底面下处理深度的1/2且不应小于基础宽度的1/5。

2. 部分消除地基液化沉陷

(1) 处理深度应使处理后的地基液化指数减少，当判别深度为15m时，其值不宜大于4，当判别深度为20m时，其值不大于5；对独立基础和条形基础，尚不应小于基础底面下液化特征深度和基础宽度的较大值。

(2) 采用振冲挤密碎石桩加固后，桩间土的标准贯入锤击数不宜小于由式（2-12）计算得到的标准贯入锤击数临界值。

(3) 基础边缘以外的处理宽度，应超过基础底面下处理深度的1/2且不应小于基础宽度的1/5。

3. 为了减轻液化造成的不利影响，基础和上部结构处理可综合采取下列措施：

(1) 选择合适的基础埋置深度；

(2) 调整基础底面积，减少基础偏心；

(3) 加强基础的整体性和刚度，如采用箱基、筏基和钢筋混凝土交叉条形基础，如加设基础圈梁等；

(4) 减轻荷载增加上部结构的整体刚度和均匀对称性，合理设置沉降缝，避免采用对不均匀沉降敏感的结构形式；

(5) 管道穿过建筑处应留够足够尺寸或采用柔性接头等。

4. 对于液化等级达到中等液化和严重液化的故河道、现代河滨、海滨、自然或人工边坡当有液化倾向扩展或流滑可能时，在距常时水线约 100m 以内不宜修建永久性建筑，否则，应进行抗滑动验算、采取土体抗滑动措施或结构抗裂措施。

【例题 2-4】

某 12 层住宅建设场地地层为第四纪全新世冲积层，基础埋置深度 $d=4.8m$，岩土工程勘察钻孔深度为 15m。该场地自上至下共有 5 层：第一层第 1 层为粉细砂土，稍湿－饱和，松散，厚度 $h_1=3.5m$；第 2 层为细砂，饱和松散，层厚度 $h_2=3.7m$；第 3 层为中粗砂，稍密－中密，层厚 $h_3=3.1m$；第 4 层为粉质黏土，可塑－硬塑状态，厚度 $h_4=3.2m$；第 5 层为粉土，硬塑状态。地下水位 2.8m。当设防烈度为 8 度时基本地震加速度分组为第一组，表 2-11 为现场标准贯入试验的参数。试判别该地基是否会液化？如有可能液化，请判别液化等级，并提出对地基进行抗液化处理的措施。

现场标准贯入试验数据　　　　　　　　　表 2-11

编号	1	2	3	4	5	6	7
深度（m）	2.15~2.45	3.15~3.45	4.15~4.45	5.65~5.95	6.65~6.95	7.65~7.95	8.65~8.95
实测 N	6	2	2	4	8	13	18

解：1. 液化判别：

(1) 初步判别：从地质年代判别，但场地土为第四纪全新世冲积层，在第四季晚更新世之后，因此，可初步判别为液化土。

(2) 根据场地土的构成，表层为粉细砂，地下水位离地表 2.8m，上覆非液化土层厚度 2.8m。液化土特征深度 $d_0=7m$。

按式 (2-10)，$d_u > d_0 + d_b - 2$ 验算

$$d_u = 2.8m < d_0 + d_b - 2 = 7 + 4.8 - 2 = 9.8m$$

不满足式 (2-10)，应按式 (2-11) 验算

$$d_w = 2.8m < d_0 + d_b - 3 = 7 + 4.8 - 3 = 8.8m$$

不满足式 (2-11)，应按式 (2-12) 进行验算

$$d_u + d_w = 5.6m < 1.5d_0 + 2d_b - 4.5 = 1.5 \times 7 + 2 \times 2.8 - 4.5 = 11.6m$$

不满足非液化的要求，地震时场地土会发生液化。需要根据实测值按标准贯入试验判别液化的等级。

2. 标准贯入试验判别

(1) 试验 1 点：深度 2.15~2.45m 之间，位于地下水位 $d_w=2.8m$ 以上，因此不会液化。

(2) 试验 2 点：深度 3.15~3.45m 之间，位于地下水位 $d_w=2.8m$ 以下，需要判别。

计算标准贯入临界锤击数 N_{cr}：查表 2-7 可得标准贯入锤击数的基准值 $N_0=10$，$\beta=0.8$。

由于是砂土，所以 $\rho_c = 3$

$$N_{or2} = N_0\beta[\ln(0.6d_{s2} + 1.5) - 0.1d_w]\sqrt{3/\rho_c}$$
$$= 10 \times 0.8[\ln(0.6 \times 3.3 + 1.5) - 0.1 \times 2.8]\sqrt{3/3} = 7.73$$

因为标准贯入实测锤击数 $N_{cr2} = 9.5 > N_2 = 2$，该点为液化土

(3) 同理可得其余 5 个试验点的计算评判结果

试验点 3：$N_{cr3} = 9 > N_3 = 2$，　　　该点为液化土；
试验点 4：$N_{cr4} = 10.6 > N_4 = 4$，　　该点为液化土；
试验点 5：$N_{cr5} = 11.51 > N_5 = 8$，　　该点为液化土；
试验点 6：$N_{cr6} = 12.33 > N_6 = 13$，　该点为液化土；
试验点 7：$N_{cr7} = 16.8 < N_7 = 18$，　　该点为不液化土。

3. 液化等级评价

(1) 计算液化指数　根据式（2-13）计算：

$$I_{lE} = \sum_{i=1}^{n}\left(1 - \frac{N_i}{N_{cri}}\right)d_i\omega_i$$
$$= \left(1 - \frac{6}{7.73}\right) \times 1.0 \times 10 + \left(1 - \frac{2}{9}\right) \times 1.25 \times 10 + \left(1 - \frac{4}{10.6}\right) \times 1.25 \times 9.32$$
$$+ \left(1 - \frac{8}{11.51}\right) \times 1.0 \times 8.2 + \left(1 - \frac{11}{12.33}\right) \times 1.0 \times 10 = 22.81$$

(2) 液化等级

查表 2-9 知，$I_{lE} = 22.81 > 18$，为严重液化。

4. 应采取的抗液化措施

(1) 抗液化措施要求

根据《抗震规范》要求，液化等级为严重液化时应全部消除液化，或部分消除液化沉陷且对基础和上部结构进行处理。

根据岩土工程勘察结果：场地第一层和第二层为细砂，处于松散状态。标准贯入实测锤击数远小于标准贯入临界锤击数，部分消除液化不够安全；第 3 层中粗砂在 8.65m 处已为不液化土，因此，需要全部消除液化沉陷。

(2) 工程措施分析

1) 挖除全部液化土，深度 8.65m，地下水位以下 5~6m 深，会产生流砂，人工降水费用太高，不经济。

2) 采用化学加固法，大量使用化学药品费用更贵，不经济。

3) 采用强夯法，邻近无建筑、无振动危害，加固 9m 深容易达到技术要求。

4) 其他深基础形式，如沉井、地下连续墙等经济性能不高。

5) 砂桩挤密法：处理 9m 深，质量不易保证，外运大量的中粗砂成本会大幅上升。

6) 振冲法：需要大量外购碎石，费用会上升。

7) 采用桩基：桩长 9m，进入第三层不液化中粗砂层，技术上可靠。

综上所述，3) 和 7) 两种方案可行，最后确定，可在进一步对照分析后确定。

三、其他地基的抗震措施及处理

1. 软土地基的抗震措施

当建筑物地基主要受力层范围内存在软弱黏性土层时，由于其容许承载力低，压缩性大，地震时房屋不均匀沉降大，如果设计不周，将会使房屋大量下沉，造成上部结构开裂，震害加剧。因此，首先要做好通常情况下的静力荷载作用条件下的地基基础设计，并结合具体情况，综合考虑适当的抗震措施。包括采用桩基或人工地基，其他人工地基如换土垫层时将基础下部的范围内的软弱土挖去，换以压缩性小的其他材料，分层夯实作为基础下的垫层（如砂、碎石、灰土、矿渣等），借以提高持力层的承载力，并通过垫层压力扩散减少垫层下天然土层承受的压力。减少地基的沉降量。此外，也可采用化学加固的方法，对软弱地基土进行处理，但这种方案效果一般价格昂贵，实用性差。

2. 建筑物地基位于半挖半填地段，或不均匀地基的抗震措施

山区的岩土地基或局部不均匀的液化土层，以及其他成因、岩性或状态明显不同的严重不均匀地层，应根据地质地貌地形条件及具体情况采取适当的抗震措施。

3. 不均匀、不密实的地基的抗震措施

对于杂填土地基，因均匀性差、密实度低、压缩性高，应采用重锤夯实、振动压实，灰土挤密桩、灰土井桩等方法解决。

应尽量避免在故河道、暗藏沟坑边缘等地震时可能导致滑移地裂的地段建造丙级以上建筑物。无法避开时，可采用上述处理不均匀地基的办法解决。

小　　结

1. 场地是建筑物所在地一个具有共性的较大区域，一个厂区、一个街区、一个自然村属于同一场地。场地土的性状和传播剪切波的波速是划分场地土的依据，《抗震规范》将场地土划分为岩石、坚硬土、中硬土、中软土和软弱土五类。建筑场地类别确定的依据是场地土的类别和地下坚硬土层上面覆盖的较为软弱的土层（覆盖土层）厚度。划分场地土的目的在于抗震验算时取用的有关地震动参数不同，《抗震规范》将场地划分为I_0、I_1、II、III、IV共四大类五小类。

2. 《抗震规范》将可用于建设的场地地段类别划分为：有利地段、一般地段、不利地段和危险地段四大类。选择建设场地时宜选择有利地段、避开不利地段、但无法避开时应采取适当的抗震措施；不应在危险地段建造甲、乙、丙级建筑。

3. 地基及基础抗震验算是房屋结构抗震的重要组成部分。天然地基及基础的抗震承载力设计值是在《建筑地基基础设计规范》给定的地基承载力特征值的基础上修正后得到的。天然地基基础在地震作用下承载力验算须满足《抗震规范》的要求。

4. 饱和砂土和饱和粉土，在地震作用下孔隙水压急剧上升，当水压平衡了土体之间的黏聚作用后土体就处在悬浮状态，随着压力进一步上升出现喷砂冒水现象，使地基和基础受到不同程度的影响，严重的会引起地基不均匀沉降，导致房屋结构及构筑物破坏。

场地土液化的判别先采用初判，当判别为可能液化的同时，采用标准贯入试验法进一步判别，然后依据液化指数大小区分液化的严重性程度，根据《抗震规范》规定的抗液化措施进行抗液化处理。

5. 在软弱场地、不均匀场地和危险地段建设房屋时，需要根据不同情况采取不同的地基处理方法和工艺，尽量避免或减少震害损失。

复 习 思 考 题

一、名词解释

场地　危险地段　不利地段　有利地段　地基抗震承载力调整系数　场地土的液化　标准贯入试验　液化指数　中等液化　严重液化　振冲法施工工艺　软弱土地基　不均匀地基土

二、问答题

1. 什么是场地？它和场地土有什么区别？为什么要划分场地类别？怎样划分？
2. 怎样划分场地土？场地土可分为几类？
3. 建设场地的地段怎样划分？建设场地的选择要考虑哪些因素？
4. 场地土液化对房屋结构有哪些不利影响？
5. 标准贯入试验法的工作流程是什么？注意事项有哪些？
6. 液化指数的确切含义是什么？根据它评价的液化严重性程度各分为哪几类？不同液化等级下各自的抗液化措施是什么？
7. 软土地基和不均匀地基的处理方法各有哪些？

三、计算题

试按表 2-12 计算场地的等效剪切波速，并判断场地类别。

土 层 剪 切 波 速　　　　　　　　　　表 2-12

土层厚度/m	2.1	5.2	7.4	3.5	4.3
V_s/ (m/s)	190	220	270	410	510

第三章　结构地震反应分析与抗震验算

学习要求与目标
1. 了解单自由度弹性体系反应分析的基本理论与方法。
2. 理解结构基本周期、场地土的卓越周期、地震系数、动力系数、地震影响系数、反应谱理论、地震作用、地震作用效应等基本术语。
3. 理解单质点弹性体系的水平地震作用计算方法。
4. 熟练掌握底部剪力法的概念、适用范围、思路计算公式。
5. 理解"三水准两阶段设计法"在结构抗震验算时的内容、方法和步骤。

第一节　概　　述

地震时释放的能量一部分以波的形式向震源的四周扩散，地震波传到地面后引起处于静止状态的地面发生振动，附着在地面上建筑物跟随地面运动也产生了强迫振动，在振动过程中建筑物承受惯性力的作用，它是由地面振动引起的动态作用，这种由地震引起的对房屋结构的外加动态作用称为地震作用，它属于间接作用，它的特性不仅取决于地震特性，同时还与建筑物自身的特性密切相关。地震引起建筑结构产生内力和变形的动态反映称为地震反应。地震作用和地震反应是紧密关联的，可以形象地理解为作用和作用效应的关系。

地震作用与施加于结构上的其他作用不同，主要表现在随机性与复杂性等方面。它的大小与地震烈度大小有关，也与结构的动力特性（结构自振周期、阻尼等）、结构所处的场地条件等其他因素有关。而通常情况下作用于结构的荷载，与结构的动力特性无关，比较单调也容易确定。地震作用的确定比确定其他各种作用都要复杂得多。

我国《抗震规范》和国际上许多国家的《抗震规范》一样，采用反应谱理论来确定地震作用。最常用的是加速度反应谱，就是单质点弹性体系在一定的地面运动作用下，最大反应加速度（一般用相对值）与体系自振周期的变化曲线。假如通过计算已知结构自振周期，利用反应谱曲线和相应曲线上不同区段对应的计算公式，就可以方便地求出结构体系的地震影响系数，进而求出所要得到的地震作用。

应用反应谱理论不仅可以解决单质点体系的地震反用计算问题，而且通过振型分解法还可以解决多质点体系的地震反应。

在工程设计中，对于高层建筑超过一定限度和特别不规则建筑，《抗震规范》规定，用振型分解反应谱法计算地震反应的同时，还需要用时程分析法补充计算结构的地震反应。时程分析法是根据选定的具有代表性的某次特大地震时记录的地震加速度曲线,依据结构的实际组成简化得到的力学模型,建立多质点体系的动力平衡方程组,然后求解所需地震动参数的方法。这里建立的动力平衡方程组中的每一个方程是一个二阶常系数线性非齐次方程,简化后的多质点体系中有多少个质点,方程组中就有多少个方程。计算时运用逐步积分法借助于计算机专用程序求解该方程组,便可得到所需的各个质点的最大加速度、速度和位移值,为计算结构地震反应提供可靠保证。

本教材限于本课程教学大纲限定的范围,重点介绍底部剪力法,简单介绍振型分解反应谱法。

第二节 单质点弹性体系的地震反应分析

在结构动力学中把确定物体在空间位置所需的最少独立坐标数称为动力自由度,简称自由度。实际工程中,像水塔、单层房屋都可以简化为单自由度的单质点体系,所谓单质点弹性体系,是指可以将结构参与振动的全部质量集中于一点,用无重量的弹性杆支承于地面上的体系,如图 3-1 所示。

一、运动方程的建立

建立单质点体系的结构动力平衡方程,是求解其地震作用的前提。图 3-2 表示单质点弹性体系在地震发生后动力计算简图。

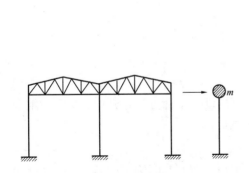

图 3-1 单质点体系

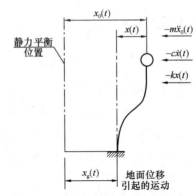

图 3-2 单质点体系地面水平运动的动力计算简图

如图 3-2 所示,假设地震发生后地面产生的水平位移为 $x_g(t)$,加速度为 $\ddot{x}_g(t)$,质点相对于发震前静止的地面产生的绝对位移为 $x(t)$,质点相对于发震前静止的地面产生的绝对加速度为 $\ddot{x}(t)$,质点发震后相对于处在运动状态的地面绝对加速度为 $\ddot{x}_0(t)$,即 $\ddot{x}_0(t) = \ddot{x}_g(t) + \ddot{x}(t)$,则作用于质点 m 上的惯性力为:

$$F(t) = -m\ddot{x}_0(t) = -m[\ddot{x}_g(t) + \ddot{x}(t)] \tag{3-1}$$

式中 m——质点的质量,负号表示惯性力方向与质点加速度方向相反。

取质点 m 为隔离体,地震发生后作用于质点 m 上的力包括:

1. 弹性恢复力 S

这种力是使质点从振动开始的 t 时刻位置 $x(t)$ 弹回平衡位置的一种力,其大小与质点 m 的位移 $x(t)$ 成正比,与质点的振动方向相反,即

$$S(t) = -kx(t) \tag{3-2}$$

式中 k 为弹性直杆的刚度系数，即质点发生单位位移时在质点处所施加的力，式中负号表示弹性恢复力 S 的指向总是和位移方向相反。

2. 阻尼力 R

体系在振动过程中，由于外部介质阻力，构件和支座部分在连接处的摩擦和材料的非弹性变形，以及通过地基散失能量（由地基振动引起）等原因，结构的振动将逐渐衰减。综上所列的各种因素总和形成的使结构振动衰减的力称为阻尼力，一般情况下阻尼力与质点运动速度成正比，即

$$R(t) = -c\dot{x}(t) \tag{3-3}$$

式中 c 为阻尼系数，$\dot{x}(t)$ 为 t 时刻质点运动的速度，负号表示阻尼力 R 与质点运动速度 $\dot{x}(t)$ 的方向相反。

如前所示，在地震作用下，质点绝对加速度为：$\ddot{x}_g(t) + \ddot{x}(t)$。

由达朗伯原理得

$$F(t) + S(t) + R(t) = 0 \tag{3-4}$$

根据牛顿第二定律质点的运动方程可写作：

$$m[\ddot{x}_g(t) + \ddot{x}(t)] = -kx(t) - c\dot{x}(t) \tag{3-5}$$

经整理后得

$$m\ddot{x}(t) + c\dot{x}(t) + kx(t) = -m\ddot{x}_g(t) \tag{3-6}$$

为了使方程进一步简化，设

$$\omega = \sqrt{\frac{k}{m}} \quad \zeta = \frac{c}{2\omega m} = \frac{c}{2\sqrt{km}}$$

将上列假设代入（3-6）得：

$$\ddot{x}(t) + 2\zeta\omega\dot{x}(t) + \omega^2 x(t) = -\ddot{x}_g(t) \tag{3-7}$$

上式就是要建立的单质点弹性体系在地震作用下的动力平衡方程，其中 $\ddot{x}_g(t)$ 为地面运动加速度，可由地震时实测的地面运动加速度记录得到。

二、运动方程的求解

式（3-7）是一个二阶常系数线性非齐次微分方程，它可分解为两部分，一部分为表示自由振动的方程的通解；另一部分为表示强迫振动的特解。

1. 齐次微分方程的通解

对应于方程（3-7）的齐次方程为

$$\ddot{x}(t) + 2\zeta\omega\dot{x}(t) + \omega^2 x(t) = 0 \tag{3-8}$$

令

$$\omega' = \omega\sqrt{1-\zeta^2}$$

根据微分方程求解的结果，其通解为

$$x(t) = e^{-\zeta\omega t}(A\cos\omega't + B\sin\omega't) \tag{3-9}$$

式中 A、B 为常数，其值可按问题的初始条件确定，即

$$A = x(0), \quad B = \frac{\dot{x}(0) + \zeta\omega x(0)}{\omega'}$$

于是式（3-9）可写为

$$x(t) = e^{-\zeta\omega t}[x(0)\cos\omega' t + \frac{\dot{x}(0) + \zeta\omega x(0)}{\omega'}\sin\omega' t] \qquad (3-10)$$

式中 $x(0)$、$\dot{x}(0)$ ——分别为当 $t=0$ 时的初始位移和初始速度，如图 3-3 所示。

由上述解答结果可知

(1) 当 $\zeta=0$ 时，方程的解变为

$$x(t) = x(0)\cos\omega t + \frac{\dot{x}(0)}{\omega}\sin\omega t \qquad (3-11)$$

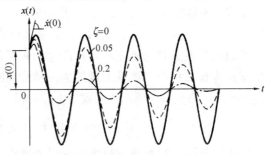

图 3-3 单质点弹性体系自由振动曲线

这是无阻尼单质点体系自由振动的通解，表示质点做间谐振动。这里 ω 为无阻尼自振频率，无阻尼自振周期为 $T = 2\pi/\omega$。

(2) 由式（3-9）可知，有阻尼单质点体系的自由振动为按指数函数衰减的等时振动，其周期为 $T' = 2\pi/\omega'$，故 ω' 称为有阻尼的自振频率。有阻尼时，振幅随时间推移逐渐减小。阻尼越大，振幅越小，且衰减越快。

(3) 由 $\omega' = \omega\sqrt{1-\zeta^2}$ 和 $\zeta = \frac{c}{2\omega m} = \frac{c}{2\sqrt{km}}$ 可以看出，有阻尼自振频率，随阻尼系数增大而减小，阻尼越大，自振频率越低。当阻尼系数达到某一值 c_r 时，也就是

$$c = c_r = 2\omega m = 2\sqrt{km} \qquad (3-12)$$

即 $\zeta=1$ 时，则 $\omega'=0$，表示结构不再产生振动。这使得阻尼系数 c_r 称为临界阻尼系数。它是由结构的质量 m 和刚度 k 决定的。不同的结构有不同的临界阻尼系数，根据以上分析，把表示结构的阻尼系数 c 与临界阻尼系数 c_r 之比，简称阻尼比。

在建筑抗震设计中，常采用阻尼比 ζ 表示结构的阻尼参数，由于阻尼比 ζ 的数值很小，它在 0.01~0.1 之间，计算时通常取 $\zeta=0.05$。因此，有阻尼自振频率 ω 和无阻尼自振频率 ω' 很接近，即 $\omega = \omega'$。因此在计算体系自振频率时，通常可不考虑阻尼的影响。

阻尼比 ζ 值可通过对结构的振动试验确定。

2. 运动方程的特解

根据微分方程求解的结果，式（3-7）的特解为：

$$x(t) = -\frac{1}{\omega}\int_0^t \ddot{x}_g(t) e^{-\zeta\omega(t-\tau)}\sin\omega'(t-\tau)\mathrm{d}\tau \qquad (3-13)$$

式（3-13）与式（3-9）之和就是运动方程（3-7）的通解。由于结构阻尼的影响，自由振动很快就会衰减，故式（3-9）的影响通常可以忽略不计。于是，单质点弹性体系的地震位移反应可按式（3-13）计算。

第三节　单质点弹性体系的水平地震作用计算

一、水平地震作用基本公式

作用在质点上的惯性力等于质点质量乘以它的绝对加速度，质点受到的惯性力与质点运动加速度的方向相反，即

$$F(t) = -S(t) - R(t) = kx(t) + c\dot{x}(t) \tag{3-14}$$

式中　$F(t)$——作用在质点上的惯性力。

其余各项意义同前。

将式（3-12）代入式（3-14），并考虑到 $c(x) \ll kx(t)$ 而将 $c(x)$ 略去不计，则得：

$$F(t) = kx(t) = m\omega^2 x(t) \tag{3-15}$$

可以认为在某瞬时地震使结构产生的相对位移是由该瞬时质点受到的惯性力引起的。这也就是为什么可以将惯性力理解为一种能反映地震影响的等效水平地震作用的原因。近似取 $\omega = \omega'$，将式（3-13）代入式（3-15）得

$$F(t) = m\omega \int_0^t \ddot{x}_g(\tau) e^{-\zeta\omega(t-\tau)} \sin\omega'(t-\tau) \mathrm{d}\tau \tag{3-16}$$

抗震设计时，需要求出最大的水平地震作用 F，即

$$F = mS_d \tag{3-17}$$

式中　S_d——质点运动加速度最大值，公式为

$$S_d = \omega \left| \int_0^t \ddot{x}_g(\tau) e^{-\zeta\omega(t-\tau)} \sin\omega'(t-\tau) \mathrm{d}\tau \right| \tag{3-18}$$

由上式可知，质点运动最大加速度 S_d 不但取决于地震时地面运动加速度 $\ddot{x}_g(t)$，而且与结构自振频率或自振周期 T 以及阻尼比 ζ 有关。因此，称 T、ω、ζ 为结构动力特性。

二、地震系数、动力系数、地震影响系数、反应谱

将式（3-18）中 S_d 改写为

$$S_d = \beta \left| \ddot{x}_g \right|_{\max} \tag{3-19}$$

$$\left| \ddot{x}_g \right|_{\max} = kg \tag{3-20}$$

将其代入 $F = mS_d$，同时以 F_{Ek} 代替 F，则得

$$F_{Ek} = m\beta kg = k\beta G \tag{3-21}$$

式中　F_{Ek}——水平地震作用标准值；

　　　S_d——质点加速度最大值；

　　　$\left| \ddot{x}_g \right|_{\max}$——地震时地面运动加速度最大值；

　　　k——地震系数；

　　　β——动力系数；

　　　G——建筑的重力荷载代表值。

1. 地震系数 k

设地震时地面运动加速度最大值为 $\left| \ddot{x}_g \right|_{\max}$，令

$$\left| \ddot{x}_g \right|_{\max} = kg$$

或

$$k = \frac{\left| \ddot{x}_g \right|_{\max}}{g} \tag{3-22}$$

式中　k——地震系数，它是地面运动最大加速度与重力加速度的比值；

　　　g——重力加速度（$g = 9.81 \mathrm{m/s^2}$）。

因此，可见地震系数是用重力加速度反映地面运动加速度的一个系数，即地震系数说明地震时地面运动最大加速度是重力加速度的倍数。

2. 动力系数 β

设地震时地面运动最大加速度 $S_d = \beta |\ddot{x}_g|_{max}$，则

$$\beta = \frac{S_d}{|\ddot{x}_g|_{max}} \quad (3-23)$$

式中 β——动力系数，它是质点运动最大加速度与地面地震时运动最大加速度的比值。

动力系数说明质点运动最大加速度是地面运动最大加速度的倍数。

3. 地震影响系数 α

为了简化计算，将上述地震系数 k 和动力系数 β 以乘积表示，称为地震影响系数，即

$$\alpha = k\beta \quad (3-24)$$

这样，式 (3-21) 可以写成

$$F = \alpha G \quad (3-25)$$

因为

$$\alpha = k\beta = \frac{|\ddot{x}_g|_{max}}{g} \frac{S_d}{|\ddot{x}_g|_{max}} = \frac{S_d}{g} \quad (3-26)$$

式中 G——建筑的重力荷载代表值，取结构和构件自重标准值和各可变荷载组合值之和。各可变荷载组合值系数，应按表 3-1 采用。

可变荷载组合系数　　　　　　　　　　　　表 3-1

可变荷载种类		组合值系数
雪荷载		0.5
屋面积灰荷载		0.5
屋面可变荷载		不计入
按实际情况计算的楼面可变荷载		1.0
按等效均布荷载计算的楼面可变荷载	藏书库、档案库	0.8
	其他民用建筑	0.5
吊车悬吊物重力	硬钩吊车	0.3
	软钩吊车	不计入

注：硬钩吊车的吊重较大时，组合值系数应按实际情况采用。

4. 反应谱

根据地面运动加速度记录和体系的阻尼比，则地面水平加速度、最大速度、最大位移仅是体系自振周期的函数。以地面运动最大加速度 S_d 为例，对应每一个自由度弹性体系的自振周期 T 都可求得一个对应最大的加速度 $S_d(T)$。以 T 为横坐标，以 S_d 为纵坐标，可以绘成 S_d-T 曲线，这类 S_d-T 曲线被称为加速度反应谱。同样可以绘出速度和位移反应谱曲线。

综上所述，在给定地震作用期间、单质点运动最大加速度反应、速度反应、位移反应和阻尼比，所绘出的随周期 T 变化的曲线称为反应谱。图 3-4 是根据 1940 年美国埃尔森特罗地震时地面加速度记录求得的动力系数绘制的动力系数反应谱曲线。

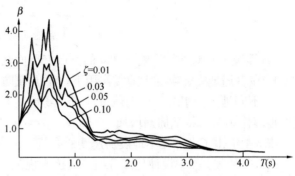

图 3-4　1940 年美国埃尔森特罗地震时动力系数反应谱曲线

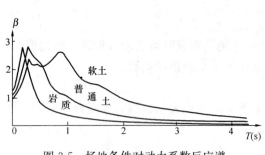

图 3-5 场地条件对动力系数反应谱曲线的影响

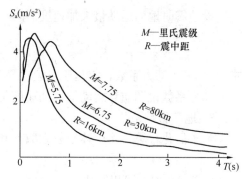

图 3-6 同等烈度下震中距对加速度反应谱的影响

分析上述反应谱曲线，可以看到具有下列共同特征：

(1) 动力系数峰值随着阻尼比 ζ 值的增大而减小（图 3-4）；

(2) 动力系数峰值的大小，随场地土的软硬程度等不同条件而变化，如图 3-5 所示。

(3) 动力系数反应谱在短周期范围内波动剧烈且幅值较大，当结构自振周期较长时谱值逐渐衰减，图 3-4～图 3-6 均可显示这一特性。

从图上还可以看到，结构自振周期与场地在微小振动情况下出现的最大周期分量（卓越周期）接近时，结构地震反应最大。

三、地震影响系数曲线

由于地震影响系数 $\alpha = k\beta$，为了简化计算，《抗震规范》采用地震影响系数曲线作为抗震设计反应谱，地震影响系数应根据地震烈度、场地类别和结构自振周期按图 3-7 求得。

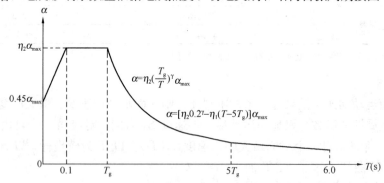

图 3-7 地震影响系数曲线

《抗震规范》对地震影响系数 α 的查取有下面几条规定：

1. 在多遇地震、罕遇大地震作用下，不同设防烈度对应的地震影响系数最大值见表 3-2；在不同地震分组和不同场地条件下，场地土对应的特征周期见表 3-3，计算 8、9 度罕遇地震作用时，特征周期增加 0.05s。

表 3-4 给出了设计基本地震加速度的取值。

表 3-3 和表 3-4 中设计地震分组按《抗震规范》附录 A 规定取值。

2. 除有专门规定外，建筑结构的阻尼比应取 ζ＝0.05，地震影响系数曲线的阻尼调整系数应按 1.0 采用，形状参数应符合下列规定：

水平地震影响系数最大值 α_{max} 表 3-2

地震影响	烈 度			
	6	7	8	9
多遇地震	0.04	0.08（0.12）	0.16（0.24）	0.32
罕遇地震时	0.28	0.50（0.72）	0.90（1.20）	1.40

注：括号中的数值分别用于设计基本地震加速度为 0.15g 和 0.3g 的地区。

特征周期（s）   表 3-3

设计地震分组	场 地 类 别				
	I_0	I_1	II	III	IV
第一组	0.20	0.25	0.35	0.45	0.65
第二组	0.25	0.30	0.40	0.55	0.75
第三组	0.30	0.35	0.45	0.65	0.90

设计基本地震加速度值   表 3-4

抗震设防烈度	6	7	8	9
设计基本地震加速度值	0.05g	0.10（0.15）g	0.2（0.3g）	0.4g

（1）直线上升段，周期 T 小于 0.1s 的区段，地震影响系数的计算公式应该为：
$$\alpha = (0.45 + 5.5T)\alpha_{max} \quad (3-27)$$

（2）水平段，周期 T 自 0.1s 至特征周期（T_g）区段，地震影响系数应取最大值 α_{max}，即
$$\alpha = \alpha_{max} \quad (3-28)$$

（3）曲线下降段，结构自振周期 T 自特征周期（T_g）至 $5T_g$ 区段，衰减指数 r 应取 0.9，地震影响系数的计算公式应该为：
$$\alpha = \left(\frac{T_g}{T}\right)^\gamma \eta_2 \alpha_{max} \quad (3-29)$$

（4）直线下降段，自 $5T_g$ 至 6s 的区段，地震影响系数的计算公式应该为：
$$\alpha = [\eta_2 0.2^\gamma - \eta_1(T - 5T_g)]\alpha_{max} \quad (3-30)$$

3. 当建筑结构阻尼比按有关规定不等于 0.05 时，地震影响系数的阻尼调整系数和形状参数应符合下列规定：

（1）曲线下降段的衰减指数应按下式确定：
$$\gamma = 0.9 + \frac{0.05 - \zeta}{0.3 + 6\zeta} \quad (3-31)$$

式中　γ——曲线下降段的衰减指数；
　　　ζ——阻尼比。

（2）直线下降段的下降斜率调整系数应按下式确定：
$$\eta_1 = 0.02 + \frac{0.05 - \zeta}{4 + 32\zeta} \quad (3-32)$$

式中　η_1——直线下降段的下降斜率调整系数，小于 0 时取 0。

（3）阻尼调整系数应按下式确定：

$$\eta_2 = 1 + \frac{0.05 - \zeta}{0.08 + 1.6\zeta} \tag{3-33}$$

式中 η_2——阻尼调整系数，当小于 0.55 时取 0.55。

【例题 3-1】

如图 3-8 所示单层钢筋混凝土刚架，抗震设防烈度为 8 度，Ⅱ类场地，设计地震分组为第二组，设计基本加地震速度值为 $0.3g$，结构阻尼比 $\zeta = 0.05$。混凝土强度等级为 C20，弹性模量 $E_c = 2.55 \times 10^{10}$ Pa。设：折算集中在屋盖处的重力荷载代表值 $G = 1600$kN，横梁刚度 $E_c I = \infty$；柱的截面尺寸 $bh = 350\text{mm} \times 350\text{mm}$。试计算多遇地震作用下水平地震作用标准值，并绘制该刚架在水平地震作用下的弯矩图。

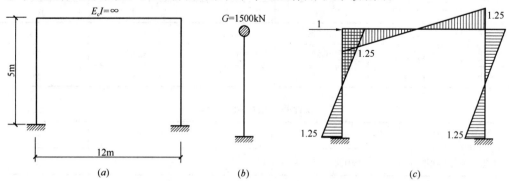

图 3-8 例题 3-1 图

解：(1) 确定计算简图 [图 3-8 (b)]

$$I = \frac{bh^3}{12} = \frac{1}{12} \times 0.35 \times 0.35^3 = 1.25 \times 10^{-3}\,\text{m}^4$$

$$E_c = 25.5 \times 10^6\,\text{Pa} = 25.5 \times 10^6\,\text{kN/m}^2$$

(2) 求体系刚度系数 k

由结构力学方法，在柱顶施加一单位力 [图 3-8 (c)]，则结构柔度系数 δ 为

$$\delta = \frac{1}{E_c I} \int \overline{M}^2 dx = \frac{1}{25.5 \times 10^6\,\text{kN/m}^2 \times 1.25 \times 10^{-3}\,\text{m}^4} \times \frac{1}{2} \times 1.25\,\text{m}$$

$$\times 2.5\,\text{m} \times \frac{2}{3} \times 1.25\,\text{m} \times 4 = 1.6 \times 10^{-4}\,\text{kN/m}$$

则 $k = \dfrac{1}{\delta} = 6.25 \times 10^3\,\text{kN/m}$

(3) 求结构自振周期 T

$$T = 2\pi\sqrt{\frac{m}{k}} = 2\pi\sqrt{\frac{1500\,\text{kN}}{9.81\,\text{m/s}^2 \times 6.25 \times 10^3\,\text{kN/m}}} = 0.98\,\text{s}$$

$$T = 2\pi\sqrt{\frac{G\delta}{g}} = 2\pi\sqrt{\frac{1500\,\text{kN} \times 1.6 \times 10^{-4}\,\text{m/kN}}{9.81\,\text{m/s}^2}} = 0.98\,\text{s}$$

(4) 计算地震水平作用标准值 F_{Ek}

查表 3-3 得知Ⅱ类场地，场地土特征周期 $T_g = 0.4$s。

结构自振周期 $T_g = 0.4$s $< T = 0.98$s $< 5T_g = 2$s，α 值的计算需按地震影响系数曲线第三段曲线下降段的公式计算。当结构阻尼比取 $\zeta = 0.05$ 时，曲线下降段的衰减指数

应按下式确定：

$$\gamma = 0.9 + \frac{0.05 - \zeta}{0.3 + 6\zeta} = 0.9$$

阻尼调整系数应按下式计算：

$$\eta_2 = 1 + \frac{0.05 - \zeta}{0.08 + 1.6\zeta} = 1.0$$

查表 3-2 得知 8 度区多遇地震第二组 $\alpha_{\max} = 0.24$
地震影响系为

$$\alpha = \left(\frac{T_g}{T}\right)^\gamma \eta_2 \alpha_{\max} = \left(\frac{0.4}{0.9}\right)^{0.9} \times 1.0 \times 0.24 = 0.1157$$

多遇地震作用时水平地震作用标准值为

$$F_{Ek} = \alpha G = 0.1157 \times 1600 = 185 \text{kN}$$

刚架在水平地震作用下的弯矩图见图 3-9。

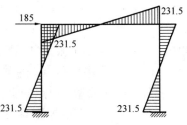

图 3-9 刚架在水平地震作用下的弯矩图

第四节 多质点弹性体系水平地震作用计算

多质点体系是指质点数量在两个以上，质点振动的自由度多于两个的体系。对于多层和高层房屋结构，在分析其地震作用时以楼盖为中心简化为多质点体系，如图 3-10 所示。由振型分解法可知，多质点弹性体系在水平地震作用下的振动有多个振型，每个振型都对应着各自的自振周期 T_i 和自振频率 ω_i。其中最长的自振周期称为基本周期，用 T_1 表示，对应的振型称为第一振型。

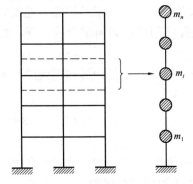

图 3-10 多质点弹性体系

多自由度弹性体系的水平地震作用可采用振型分解反应谱法求得。在房屋高度较低，比较规则的情况下简化成的多质点体系可以采用底部剪力法求解。

一、振型分解反应谱法简介

振型分解反应谱法是在振型分解法和反应谱法基础上发展起来的一种计算多质点弹性体系地震作用的重要方法，它的主要思路就是利用振型分解法的概念，将多自由度体系分解成若干个单自由度体系的组合，然后利用单自由度体系的反应谱理论来计算各振型的地震作用。

1. 振型的最大地震作用

多自由度弹性体系中第 i 质点在 t 时刻受到的水平地震作用即为质点所受到的惯性力，即

$$F_i(t) = -m_i[\ddot{x}_0(t) + \ddot{x}_i(t)] \tag{3-34}$$

由结构动力学知识可得

$$\sum_{j=1}^{n} \gamma_j X_{ji} = 1 \tag{3-35}$$

结合振型分解法推导的结果，可知

$$F_i(t) = -m_i \sum_{j=1}^{n} \gamma_j X_{ji} [\ddot{x}_0(t) + \ddot{\Delta}_j(t)] \tag{3-36}$$

则第 j 振型第 i 质点上的水平地震作用绝对最大标准值为

$$F_{ji}(t) = |F_{ji}(t)| = -m_i \sum_{j=1}^{n} \gamma_j X_{ji} [\ddot{x}_0(t) + \ddot{\Delta}_i(t)]_{\max} \tag{3-37}$$

式中的 $[\ddot{x}_0(t) + \ddot{\Delta}_i(t)]_{\max}$ 为阻尼比 ζ_j、自振频率 ω_j 的单自由度体系的最大绝对加速度反应 $S_a(\zeta_j, \omega_j)$，由式（3-26）可知，$\alpha_j = S_a(\zeta_j, \omega_j)/g$，则式（3-37）可写成

$$F_{ji}(t) = \alpha_j \gamma_j X_{ji} G_i \quad (i,j = 1,2,3,\cdots,n) \tag{3-38}$$

式中　α_j——与第 j 振型自振周期 T_j 相应的地震影响系数；
　　　G_i——集中于质点 i 的重力荷载代表值；
　　　X_{ji}——j 振型 i 质点的水平相对位移；
　　　γ_j——j 振型的振型参与系数。

$$\gamma_j = \frac{\sum_{i=1}^{n} m_i X_{ji}}{\sum_{i=1}^{n} m_i X_{ji}^2} \tag{3-39}$$

式（3-38）即为振型分解反应谱法计算多自由度弹性体系地震作用的一般表达式，由此可得各振型下各个质点上的最大水平地震作用。

2. 地震作用效应的组合

求得相应于第 j 振型 i 质点上的地震作用 F_{ji} 后，就可以按结构力学的方法计算相应于各振型时结构的地震作用效应 S_j，包括弯矩、剪力、轴向力和变形等。根据振型分解法，结构任一时刻所受的地震作用为该时刻各振型地震作用之和，并且所求得的相应于各振型的地震作用 F_{ji} 均为最大值。这样，按 F_{ji} 求得的地震作用效应 S_j 也是最大值。但结构振动时，相应于各振型的最大作用效应一般不会同时发生。因此，在求结构总的地震效应时不应是各振型效应 S_j 的简单代数和，由此产生了地震作用效应如何组合的问题，即振型组合问题。

如假定地震时地面运动为平稳随机过程，则对于各平动振型产生的地震作用效应可近似地采用平方和开方的方法来确定，即

$$S_{Ek} = \sqrt{\sum S_j^2} \tag{3-40}$$

式中　S_{Ek}——水平地震作用标准值的效应；
　　　S_j——j 振型水平地震作用标准值的效应，可只取前 2～3 个振型，当基本自振周期大于 1.5s 或房屋高宽比大于 5 时，振型个数应适当增加。

二、底部剪力法

1. 计算简图

对于多层和高层房屋可以每个楼层为中心简化成多质点体系，由结构动力学知识可知，多质点体系在水平地震作用影响下可有多个振型。每个振型都对应自己的自振周期和自振频率，在所有自振周期中最长的成为基本周期，用 T_1 表示，它对应的振型称为第一振型，如图 3-10 所示。

2. 多质点弹性体系水平地震作用计算 F_{Ek}

（1）底部剪力法的适用范围：如前所述，多质点体系用振型分解反应谱法计算精度高，但计算比较复杂，不便于手算。为了简化计算《抗震规范》规定：对于高度不超过 40m，以剪切变形为主，且质量重心和刚度重心沿房屋高度分布均匀的结构，可采用底部

剪力法分析其地震作用。

经过对较为规则的以剪切变形为主的结构用振型分解反应谱法分析，在建筑物的下部明显表现出以第一振型为主的特性，而在建筑物顶部高振型的影响不能忽略。因此，各质点的水平地震作用 F_i 沿房屋高度分布可近似的认为符合直线规律，即各质点受到的地震作用可以认为与质点所在的高度成正比。在考虑建筑物顶部高振型影响时，水平地震作用应予修正加大，通常是在顶部质点处附加一个地震作用 ΔF_n。

（2）用底部剪力法求解各个质点水平地震作用的思路：

1）把多质点体系各质点的质量求和后乘以 0.85 的系数，并假定它为一个等效单质点体系，假定等效单质点体系的重力荷载作用在体系顶部质点的作用点；2）按照单质点体系的思路求得等效单质点体系总的重力荷载代表值 F_{Ek}；3）然后按地震作用分配公式将 F_{Ek} 分配到个质点上去。

（3）总的水平地震作用标准值 F_{Ek}

根据上述思路首先求出等效单质点体系的总的水平地震作用，此时要求地震影响系数，等效单质点体系的周期，就需要取多质点体系的基本周期，即多自由度质点体系的所有自振周期中最长的一个自振周期。因此，等效单质点体系的总水平地震作用标准值可按下式确定：

$$F_{Ek} = \alpha_1 G_{eq} \tag{3-41}$$

式中　α_1 ——相当于结构基本周期 T_1 的水平地震影响系数，砌体房屋底层框架取 $\alpha_1 = \alpha_{max}$；

　　　G_{eq} ——多质点体系等效总重力荷载，为多质点体系总重力荷载代表值的 0.85 倍。

（4）质点水平地震作用标准值 F_i

在确定第 i 质点的水平地震作用标准值时，假定地震时各质点的加速度 $S_{ai}(i=1,2,\cdots,n)$ 呈倒三角形分布，如图 3-11 所示，于是 i 质点的加速度可写成：

$$S_{ai} = \eta H_i (i=1,2,\cdots,n) \tag{3-42}$$

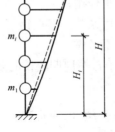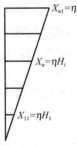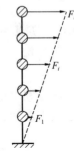

图 3-11　底部剪力法

式中 η 为比例常数。根据牛顿第二定律，质点 i 受到的水平地震作用为：

$$F_i = \eta \frac{G_i}{g} H_i \tag{3-43}$$

因此，多质点体系总的水平地震作用标准值（即结构底部总的剪力）可写成

$$F_{Ek} = \sum_{i=1}^{n} F_i = \frac{\eta}{g} \sum_{i=1}^{n} G_i H_i \tag{3-44}$$

或写成

$$\frac{\eta}{g} = \frac{1}{\sum_{i=1}^{n} G_i H_i} F_{Ek} \tag{3-45}$$

将式（3-45）代入式（3-43）得

$$F_i = \frac{G_i H_i}{\sum_{j=1}^{n} G_j H_j} F_{Ek} \quad (3\text{-}46)$$

式中 F_{Ek}——结构总水平地震作用标准值；

F_i——质点 i 的水平地震作用标准值；

G_i、G_j——集中于质点 i、j 重力荷载代表值；

H_i、H_j——质点 i、j 的计算高度。

由式（3-46）可见，质点 i 的水平地震作用标准值，等于结构总水平地震作用标准值乘以分配系数 $\dfrac{G_i H_i}{\sum_{j=1}^{n} G_j H_j}$。

(5) 地震作用下各楼层水平地震层间剪力标准值 V_i

$$V_i = \sum_{j=i}^{n} F_j \quad (i = 1, 2, \cdots, n) \quad (3\text{-}47)$$

式中 i——楼层号；

j——楼层序号；

F_j——第 j 楼层质点受到的水平地震作用标准值。

对于自振周期较长的多层钢筋混凝土房屋、经计算房屋顶部的地震剪力按底部剪力法计算的结果较精确法偏小，为了减少这一误差，《抗震规范》采用了调整地震作用的方法，使顶层地震剪力有所增加。对于上述建筑，《抗震规范》给定，当结构自振周期 $T_1 > 1.4 T_g$ 时，需在结构顶部附加如下集中水平地震作用：

$$\Delta F_n = \delta_n F_{Ek} \quad (3\text{-}48)$$

式中 ΔF_n——顶部附加水平地震作用；

δ_n——顶部附加地震作用系数，多层钢筋混凝土房屋附加地震作用系数按表 3-5 采用，其他房屋不考虑。

考虑到上述因素的影响，对于自振周期较长的多层钢筋混凝土房屋，应用底部剪力法时公式就改为：

$$F_i = \frac{G_i H_i}{\sum_{j=1}^{n} G_j H_j} F_{Ek}(1 - \delta_n) \quad (i = 1, 2, \cdots, n) \quad (3\text{-}49)$$

顶部附加地震作用系数 δ_n 表 3-5

$T_g(s)$	$T_1 > 1.4 T_g$	$T_1 \leqslant 1.4 T_g$
$T_g \leqslant 0.35$	$0.08 T_1 + 0.07$	
$0.35 < T_g \leqslant 0.55$	$0.08 T_1 + 0.01$	0
$T_g > 0.55$	$0.08 T_1 - 0.02$	

注：T_1 为结构基本自振周期。

【例题 3-2】

某四层钢筋混凝土框架结构，层高均为 4.0m，重力荷载代表值 $G_1 = 450\text{kN}$，$G_2 = G_3 = 440\text{kN}$，$G_4 = 380\text{kN}$。经计算该体系的自振周期为 $T = 0.383\text{s}$，$\zeta = 0.05$，I_1 类建筑场地，设计地震分组为第一组，抗震设防烈度为 8 度，设计基本地震加速度分组为第一组（0.2g）。试按底部剪力法确定该框架结构在多遇地震时的最大底部剪力。

解：(1) 计算地震影响系数

查表 3-2 得知，抗震设防烈度为 8 度（设计基本加速度为 0.2g），在多遇地震时，$\alpha_{max} = 0.16$；由表 3-3 查得 I_1 类场地，设计地震分组为第一组时，$T_g = 0.25\text{s}$。

当阻尼比 $\zeta = 0.05$ 时，由式 (3-31) 计算可得 $\gamma = 0.9$，由式 (3-33) 得 $\eta_2 = 1.0$。

因为 $T_g < T \leqslant 5T_g$

故 $\alpha_1 = \left(\dfrac{T_g}{T}\right)^\gamma \eta_2 \alpha_{max} = \left(\dfrac{0.25}{0.383}\right)^{0.9} \times 1.0 \times 0.16 = 0.109$

(2) 计算结构等效总重力荷载

$$G_{eq} = 0.85 \sum_{i=1}^{4} G_i = 0.85 \times (450 + 440 + 440 + 380) = 1453.5\text{kN}$$

(3) 计算底部剪力

$$F_{Ek} = \alpha_1 G_{eq} = 0.109 \times 1453.5 = 158.43\text{kN}$$

(4) 计算各质点的水平地震作用

因 $T = 0.383\text{s} > 1.4T_g = 0.35\text{s}$，所以需要考虑底部附加地震作用。由表 3-5 得

$$\delta_n = 0.08T + 0.07 = 0.101$$
$$\Delta F_n = \delta_n F_{Ek} = 0.101 \times 158.43 = 16\text{kN}$$
$$(1 - \delta_n) F_{Ek} = (1 - 0.101) \times 158.43 = 142.43\text{kN}$$

由式 (3-48) 和式 (3-49) 计算各层地震作用和地震剪力，计算结果列于表 3-6。

底部剪力法计算结果 表 3-6

层数	G_i (kN)	H_i (m)	$G_i H_i$ (kN·m)	$\Sigma G_i H_i$ (kN·m)	$(1-\delta_n)F_{Ek}$ (kN)	F_i (kN)	ΔF_n (kN)	V_i (kN)
4	380	16	6080			51.92		67.92
3	440	12	5280	16680	142.43	45.09	16.0	113.01
2	440	8	3520			30.06		143.07
1	450	4	1800			15.37		158.44

历次震害调查得知，突出屋面的屋顶间（电梯间、水箱间、楼梯间、女儿墙和烟囱），由于该部分重力荷载与主体相连的墙柱等抗侧构件刚度的急剧减小，地震时将产生振幅增大、提前破坏的所谓鞭端效应，鞭端效应的大小取决于突出屋面部分的质量与建筑物总的质量比、主体结构的抗侧刚度与突出部分抗侧刚度的比以及场地条件等。为了方便计算，《抗震规范》规定，当采用底部剪力法计算突出屋面的屋顶间地震作用时，宜对其计算所得的水平地震作用乘以增大系数 3，计算屋顶间以下各层时此系数不往下传递，即仍然按原计算的值考虑而不得放大。

(6) 楼层水平地震剪力限值

《抗震规范》规定，抗震验算时，结构任一层的水平地震剪力应符合下式要求：

$$V_{eki} = \lambda \sum_{j=i}^{n} G_j \tag{3-50}$$

式中 V_{eki}——第 i 层对应于水平地震作用标准值的楼层剪力；

λ——剪力系数，不应小于表 3-7 规定的楼层最小地震剪力系数值，对竖向不规则结构的薄弱层，尚应乘以 1.15 的增大系数；

G_j——第 j 层的重力荷载代表值。

楼层最小地震剪力系数值　　　　　表 3-7

类　别	6 度	7 度	8 度	9 度
扭转效应明显或基本周期小于 3.5s 的结构	0.008	0.016（0.024）	0.032（0.048）	0.064
基本周期大于 5.0s 的结构	0.006	0.012（0.018）	0.024（0.036）	0.048

注：1. 基本周期介于 3.5s 和 5s 之间的结构，应按插入法取值；
　　2. 括号内的数值分别用于设计基本地震加速度为 0.15g 和 0.3g 的地区。

(7) 结构基本周期的计算方法

用结构自由振动的方程求解基本周期的方法工作量大，也不实用。工程设计中通常采用以下三种方法确定结构的基本自振周期 T_1。

1）能量法

$$T_1 = 2\psi_T \sqrt{\sum G_i u_i^2 / \sum G_i u_i} \tag{3-51}$$

式中　u_i——假想把各楼面处的重力荷载代表值 G_i 视作水平荷载，按弹性阶段计算所得的各层位移（m）。

　　　ψ_T——考虑非承重砖墙影响的周期折减系数，民用框架结构取 0.5～0.7；工业厂房框架结构取 0.8～0.9。

2）顶点位移法

$$T_1 = 1.7\psi_T \sqrt{u_n} \tag{3-52}$$

式中　u_n——计算基本周期用的结构顶点的假想侧移（m），即假想把集中于楼面出的重力荷载代表值 G_i 视作水平荷载，按弹性阶段计算所得的顶点位移。

3）经验公式法

$$T_1 = 0.22 + 0.035H\sqrt[3]{B} \tag{3-53}$$

式中　H——房屋的总高度（m）；

　　　B——房屋的总宽度（m）。

第五节　竖向地震作用计算

如前所述，地震可以引起地面平动，转动和竖直方向运动，地面竖直方向的运动分量会带动建筑物产生竖向振动。历次震害调查分析证明，在高烈度区的高层建筑、长悬臂结构和大跨结构受到竖向地震作用的影响比较显著，对于高耸结构的计算结果发现，在高烈度的 9 度区，竖向地震作用引起的应力还会超过重力荷载引起的应力，由于结构受到重力荷载和竖向地震作用的共同影响，结构上部产生拉应力，加重了上部结构的震害。对于大跨结构，竖向地震作用使结构产生上、下方向的惯性力，相当于增加了结构承受的竖向荷载作用。因此，我国《抗震规范》规定，9 度时的高层建筑，跨度大于 24m 的屋架、屋盖横梁及托架，和长悬臂结构都应计算竖向地震作用。

一、高层建筑与高耸结构的竖向地震作用计算

通过国内一些地震观测台站历次大地震记录到的水平与竖向地震波，按场地条件分类，求出各类场地竖向和水平向平均反应谱，发现二者现状相差不大，因此在竖向地震作用计算中，可以近似借用水平地震作用反应谱曲线。考虑到竖向地震加速度峰值平均约为水平地震加速度峰值的 1/1～2/3，《抗震规范》规定竖向地震影响系数的最大值，近似取为水平地震影响系数的最大值的 65%。

根据对高层结构和高耸构筑物采用时程分析和竖向反应谱分析发现有以下规律：

1. 高层建筑、高耸构筑物的竖向地震作用沿结构高度由下往上逐渐增加；
2. 竖向地震反应以基本振型为主，而且第一振型接近直线；
3. 一般高层建筑和高耸构筑物竖向基本振动周期均在 0.1～0.2s 之间，即处在地震影响系数最大值的区间。

《抗震规范》规定，9 度时的高层建筑，其竖向地震作用标准值应按式（3-54）、式（3-55）确定；楼层的竖向地震作用效应可按各构件承受的重力荷载代表值的比例分配，并乘以增大系数 1.5。

$$F_{Evk} = \alpha_{vmax} G_{eq} \tag{3-54}$$

$$F_{Vi} = \frac{G_i H_i}{\sum_{i=1}^{n} G_j H_j} F_{Evk} \tag{3-55}$$

式中 F_{Evk}——结构总竖向地震作用标准值；

F_{Vi}——质点 i 的竖向地震作用标准值；

α_{vmax}——竖向地震影响系数的最大值，可取水平地震影响系数最大值的 65%；

G_{eq}——结构等效总重力荷载，可取其重力荷载代表值的 75%。

二、大跨结构的竖向地震作用计算

跨度大于 24m 的屋架、屋盖横梁及托架和长悬臂结构竖向地震作用标准值，宜取其重力荷载代表值和竖向地震作用系数的乘积，计算公式见式（3-56）；竖向地震作用系数可按表 3-8 采用。

$$F_{Vi} = \lambda G_i \tag{3-56}$$

式中 λ——竖向地震作用系数；对于平板型网架和跨度大于 24m 的屋架，按表 3-8 采用，对于长悬臂和其他大跨结构，8 度时取 $\lambda=0.10$，9 度时取 $\lambda=0.20$，当设计基本地震加速度为 0.3g 时，取 $\lambda=0.15$。

G_i——构件重力荷载代表值。

竖向地震作用系数　　　　　　　　　　　　　　　　　表 3-8

结构类型	烈　度	场　地　类　别		
		Ⅰ	Ⅱ	Ⅲ、Ⅳ
平板型网架、钢屋架	8	可不计算（0.10）	0.08（0.12）	0.10（0.15）
	9	0.15	0.15	0.20
钢筋混凝土屋架	8	0.10（0.15）	0.13（0.19）	0.13（0.19）
	9	0.20	0.25	0.25

注：括号中的数值用于设计基本地震加速度为 0.3g 的地区。

第六节 结构抗震验算

一、结构抗震验算的一般规定

我国《抗震规范》规定,各类建筑结构的地震作用,应符合下列规定:

(1) 一般情况下,应至少在建筑结构的两个主轴方向分别计算水平地震作用,各方向的水平地震作用应该由该方向抗侧力构件承担。

(2) 有斜交抗侧力构件的结构,当相交角度大于15°时,应分别计算各抗侧力构件方向的水平地震作用。

(3) 质量和刚度分布明显不对称的结构,应计入双向水平地震作用下的扭转影响;其他情况,应允许采用调整地震作用效应的方法计入扭转影响。

(4) 8、9度时的大跨结构和长悬臂结构及9度时的高层建筑,应计算竖向地震作用。

(5) 8、9度时采用隔震设计的建筑结构,应按有关规定计算竖向地震作用。

二、结构验算方法

我国《抗震规范》规定,各类建筑结构的抗震计算,应采用下列方法:

(1) 高度不超过40m,以剪切变形为主,且质量和刚度沿高度分布比较均匀的结构,以及近似于单质点体系的结构,可采用底部剪力法等简化方法。

(2) 除第一条外的建筑结构,宜采用振型分解反应谱法。

(3) 特别不规则的建筑、甲类建筑和表3-9所列高度范围的高层建筑,应采用时程分析法进行多遇地震下的补充验算。

常用时程分析的房屋高度范围　　　　　　　表3-9

烈度、场地类别	房屋高度范围(m)
8度1、2类场地	>100
8度3、4类场地	>80
9度	>60

三、截面抗震验算

1. 基本规定

我国《抗震规范》规定,结构截面抗震验算,应符合下列规定:

(1) 6度时的建筑(不规则建筑及建造于Ⅳ类场地土上的较高的高层建筑除外),以及生土房屋和木结构房屋等,应符合有关抗震措施要求,但应允许不进行截面抗震验算。

(2) 6度时不规则建筑,建造于Ⅳ类场地土上较高的高层建筑,7度和7度以上的建筑结构(生土房屋和木结构房屋除外),应进行多遇地震作用下的截面抗震验算。

(3) 采用隔震设计的建筑结构,其抗震验算应符合有关规定。

2. 结构构件截面抗震验算设计表达式

$$S \leqslant R/\gamma_{RE} \tag{3-57}$$

式中　γ_{RE}——承载力抗震调整系数,除另有规定外,应按表3-10采用;

　　　R——结构构件承载力设计值;

　　　S——结构构件的地震作用效应和其他荷载效应的基本组合,应按式(3-58)计算。

承载力抗震调整系数 γ_{RE}　　　　　　　　　　　　　　　表 3-10

材料	结构构件	受力状态	γ_{RE}
钢	柱，梁，支撑，节点板件，螺栓，焊缝	强度	0.75
	柱，支撑	稳定	0.8
砌体	两端均有构造柱、芯柱的抗震墙	受剪	0.9
	其他抗震墙	受剪	1.0
混凝土	梁	受弯	0.75
	轴压比小于 0.15 的柱	偏压	0.75
	轴压比不小于 0.15 的柱	偏压	0.80
	抗震墙	偏压	0.85
	各类构件	受剪、偏拉	0.85

$$S = \gamma_G S_{GE} + \gamma_{Eh} S_{Ehk} + \gamma_{Ev} S_{Evk} + \psi_w \gamma_w S_{wk} \quad (3\text{-}58)$$

式中　S——结构构件内力组合的设计值，包括组合的弯矩、轴力和剪力设计值等；

　　　γ_G——重力荷载分项系数，一般情况应采用 1.2，当重力荷载效应对构件承载能力有利时，不应大于 1.0；

γ_{Eh}、γ_{Ev}——分别为水平、竖向地震作用分项系数，应按表 3-11 采用；

　　　γ_w——风荷载分项系数，应采用 1.4；

　　　S_{GE}——重力荷载代表值的效应，可按第三节的规定采用，但有吊车时，尚应包括悬吊物重力标准值的效应；

　　　S_{Ehk}——水平地震作用标准值的效应，尚应乘以相应的增大系数或调整系数；

　　　S_{Evk}——竖向地震作用标准值的效应，尚应乘以相应的增大系数或调整系数；

　　　S_{wk}——风荷载标准值的效应；

　　　ψ_w——风荷载组合系数，一般结构取 0.0，风荷载起控制作用的建筑应取 0.2。

地震作用分项系数　　　　　　　　　　　　　　　表 3-11

地 震 作 用	γ_{Eh}	γ_{Ev}
仅计算水平地震作用	1.3	0.0
仅计算竖向地震作用	0.0	1.3
同时计算水平和竖向地震作用（水平地震为主）	1.3	0.5
同时计算水平和竖向地震作用（竖向地震为主）	0.5	1.3

四、多遇地震作用下结构的弹性变形验算

为了实现抗震设防"三水准两阶段"的设防总目标，要求结构在多遇地震作用下保持弹性工作阶段，避免建筑物的非结构构件（包括维护墙、填充墙和各类装饰物等）在多遇地震作用下出现破坏，同时也为了控制重要的抗侧力构件的开裂程度，《抗震规范》要求对表 3-10 所列的各类构件进行多遇地震作用下的抗震变形验算，以确保使它们在多遇地震作用下最大层间弹性位移小于规定的限值，故应满足式（3-59）。

$$\Delta u_e \leqslant [\theta_e] h \quad (3\text{-}59)$$

式中　Δu_e——多遇地震作用标准值产生的楼层最大弹性层间位移，计算时，除弯曲变形为主的高层建筑外，可不扣除结构整体弯曲变形；应计入扭转变形，各作用分项系数均应采用 1.0；钢筋混凝土构件截面刚度可采用弹性刚度。

$[\theta_e]$ ——弹性层间位移角限值,宜按表 3-12 采用。

h ——计算楼层层高。

弹性层间角位移限值　　　　　　　　表 3-12

结构类型	$[\theta_e]$
框架混凝土框架	1/550
钢筋混凝土—抗震墙,板柱—抗震墙,框架—核心筒	1/800
钢筋混凝土抗震墙,筒中筒	1/1000
钢筋混凝土框支层	1/1000
多、高层钢结构	1/250

五、罕遇地震作用下结构的弹塑性变形验算

实测结果证明,罕遇地震的地面运动加速度峰值是多遇地震加速度峰值的 4~6 倍,在罕遇地震峰值加速度影响下,结构处在弹塑性工作阶段,甚至接近或达到屈服状态。此状态下,结构已无强度储备,为了承受地震作用的持续影响,要求结构通过塑性变形来消耗地震引起的振动能量。结构由于组成和构造等方面的原因,某些部位或某些楼层可能变形能力不足,是抗震的薄弱层,在罕遇地震作用下可能会产生超过《抗震规范》的限定,产生过大塑性变形甚至倒塌。在抗震验算时,结构根据第一阶段弹性变形验算满足要求后,具备了"小震不坏"性能要求,但要确保结构在罕遇地震影响下弹塑性变形性能满足要求,做到"大震不倒",依据《抗震规范》的规定,对结构进行第二阶段验算是抗震设计必不可少的一步。

1.《抗震规范》规定应进行弹塑性变形验算的结构:

(1) 8 度Ⅲ、Ⅳ类场地和 9 度时,高大的单层钢筋混凝土柱厂房的横向排架;

(2) 7~9 度时楼层屈服系数小于 0.5 的钢筋混凝土框架结构和框排架结构;

(3) 高度大于 150m 的结构;

(4) 甲类建筑和 9 度时乙类建筑中的钢筋混凝土结构和钢结构;

(5) 采用隔震和消能减震设计的结构。

2.《抗震规范》规定宜进行弹塑性变形验算的结构:

(1) 8 度时Ⅰ、Ⅱ类场地和 7 度时高度大于 100m 的建筑,8 度时Ⅲ、Ⅳ类场地高度大于 80m 的建筑和 9 度时高度大于 60m 的建筑;

(2) 7 度Ⅲ、Ⅳ类场地和 8 度时乙类建筑中的钢筋混凝土结构和钢结构;

(3) 板柱-抗震墙结构和底部框架砌体房屋;

(4) 高度不大于 150m 的其他高层钢结构;

(5) 不规则的地下建筑结构及地下空间综合体。

3. 结构的弹塑性变形验算

结构在罕遇地震作用下的弹塑性地震反应分析是复杂的非线性动力分析问题,用时程分析法计算难度较大。因此,《抗震规范》规定,结构在罕遇地震作用下薄弱层(部位)弹塑性变形的计算,对不超过 12 层且刚度无突变的钢筋混凝土框架和框排架结构、单层钢筋混凝土柱厂房可按下列简化方法计算。

(1) 结构薄弱层(部位)的位置可按下列情况确定:

1) 楼层屈服强度系数沿房屋高度分布均匀的结构,可取底层;

2) 楼层屈服强度系数沿房屋高度分布不均匀的结构，可取楼层屈服强度系数最小的楼层（部位）和相对较小的楼层，一般不超过2~3处；

3) 单层厂房，可取上柱。

当楼层屈服强度系数符合下列要求时，可以认为该结构是楼层屈服强度系数沿房屋高度分布均匀的结构，即

对标准层　　$\xi_y(i) \geqslant 0.8[\xi_y(i+1)+\xi_y(i-1)]/2$

对顶层　　　$\xi_y(n) \geqslant 0.8\xi_y(n-1)$

对底层　　　$\xi_y(1) \geqslant 0.8\xi_y(2)$

(2) 计算楼层屈服强度系数

结构在罕遇地震作用下塑性变形较大或首先屈服的楼层（部位）称为结构的薄弱层（薄弱部位）。抗震薄弱层变形能力的大小将直接影响整个结构的抗震能力和抗倒塌性能。楼层屈服强度系数的大小和沿房屋高度的分布情况是判断结构薄弱层的重要指标。楼层屈服强度系数定义为：

$$\xi_y(i) = V_y(i)/V_e(i) \tag{3-60}$$

式中　$\xi_y(i)$——结构第 i 层楼层屈服强度系数；

　　　$V_y(i)$——按框架或框架梁、柱实际截面、实际配筋和材料强度标准值计算的第 i 层的实际抗剪能力；

　　　$V_e(i)$——按罕遇地震作用标准值计算的楼层弹性地震剪力。

(3) 计算薄弱层弹塑性层间位移

薄弱层弹塑性层间位移计算公式如下：

$$\Delta u_p = \eta_p \Delta u_e \tag{3-61}$$

$$\Delta u_p = \mu \Delta u_y = \frac{\eta_p}{\xi_y}\Delta u_y \tag{3-62}$$

式中　Δu_e——罕遇地震作用下按弹性分析的层间位移；

　　　Δu_p——罕遇地震作用下弹塑性层间位移；

　　　Δu_y——层间屈服位移；

　　　μ——楼层延性系数；

　　　η_p——弹塑性层间位移增大系数。对钢筋混凝土结构，当薄弱层（部位）的屈服强度系数不小于相邻层（部位）该系数平均值的0.8时，可按表3-13采用，当不大于该系数平均值的0.5时。可按表内相应数值的1.5倍采用；其他情况采用内插法取值。

　　　ξ_y——楼层屈服系数。

4. 弹塑性层间位移验算

结构薄弱层（部位）弹塑性层间位移应符合下列要求：

$$\Delta u_p \leqslant [\theta_p]h \tag{3-63}$$

式中　$[\theta_p]$——弹塑性层间位移角限值，可按表3-14采用；对钢筋混凝土框架结构，当轴压比小于0.4时，可提高10%；当柱子全高的箍筋构造比《抗震规范》6.3.9条规定的体积配箍率大30%时，可提高20%，但累计不超过25%。

　　　h——薄弱层楼层高度或单层厂房上柱高度。

弹塑性层间位移增大系数 η_p 表 3-13

结构类型	总层数 n 或部位	ξ_y 0.5	ξ_y 0.4	ξ_y 0.3
多层均匀框架结构	2～4	1.30	1.40	1.60
	5～7	1.50	1.65	1.80
	8～12	1.80	2.00	2.20
单层厂房	上柱	1.30	1.60	2.00

弹塑性层间角位移限值 表 3-14

结构类型	$[\theta_p]$
单层钢筋混凝土柱排架	1/30
钢筋混凝土框架	1/50
底部框架砌体房屋中的框架-抗震墙	1/100
钢筋混凝土框架-抗震墙、板柱-抗震墙、框架核心筒	1/100
钢筋混凝土抗震墙、筒中筒	1/120
多、高层钢结构	1/50

小　结

1. 地震时附着在地面上建筑物跟随地面运动也产生了强迫振动，在振动过程中建筑物承受惯性力的作用，它是由地面引起的动态作用，这种由地震引起的对房屋结构的外加动态作用称为地震作用。

2. 单质点弹性体系是指可以将结构参与振动的全部质量集中于一点，用无重量的弹性杆支承于地面上的体系。单质点体系的地震作用计算，通过求解结构二阶常系数线性非齐次方程得到。

3. 多质点体系是指结构体系的质点多于两个，结构的自由度多于两个的体系。它的地震作用分析可以采用振型分解反应谱法和底部剪力法进行，特别不规则和高度很高的简化为多质点体系的结构可以用时程分析法补充进行弹塑性阶段的受力变形验算。

4. 结构基本周期、场地土的卓越周期、地震系数、动力系数、地震影响系数、反应谱理论、地震作用、地震作用效应是分析结构地震作用时必须理解和掌握的概念。

5. 结构自振频率的实用计算方法包括能量法、折算质点法及顶点位移法。

6. 高层建筑、大跨结构和长悬臂结构应进行结构的竖向地震作用计算。

7. 结构抗震验算包括抗震验算的一般原则、计算方法的确定、截面验算和变形验算。

复 习 思 考 题

一、解释下列概念

地震作用效应　地震作用　单质点体系　多质点体系　结构基本周期　场地土的卓越周期　地震系数　动力系数　地震影响系数　反应谱理论　底部剪力法　振型分解反应谱

法　时程分析法　等效重力荷载　楼层屈服强度系数

二、问答题

1. 什么是反应谱？怎样用反应谱法确定单质点弹性体系的水平地震作用？
2. 动力系数、地震系数和地震影响系数三者之间有何关系？
3. 底部剪力法的适用范围是什么？主要计算步骤和公式各有哪些？
4. 哪些结构不需要进行截面抗震验算？哪些结构仅需进行截面验算？哪些结构除应进行截面抗震验算外，还应（宜）进行抗震变形验算？
5. 哪些建筑需要进行结构的弹性或弹塑性变形验算？怎样进行结构的弹性和弹塑性变形验算？
6. 什么是楼层屈服强度系数？如何确定楼层屈服强度系数？

三、计算题

1. 单自由度体系，结构自振周期 $T=0.49s$，质点质量 $G=280kN$，抗震设防烈度 8 度，场地土为Ⅱ类，设计基本地震加速度为 $0.3g$，设计地震分组为第二组，试计算结构在多遇地震作用下的水平地震作用。
2. 某四层框架结构单跨，位于抗震设防烈度 8 度，场地土为Ⅱ类的场地土上，设计基本地震加速度为 $0.3g$，设计地震分组为第一组，层高 3.6m，梁的跨度为 6.0m，屋盖质量经计算为 2100kN，标准层质量为 2900kN。试用底部剪力法求解结构底部剪力和楼层剪力。

第四章　混凝土框架结构的抗震设计

学习目标与要求

1. 了解钢筋混凝土框架结构的震害特点。
2. 熟悉钢筋混凝土框架结构房屋选型与结构布置原则；能正确划分钢筋混凝土框架结构房屋的抗震等级。
3. 掌握钢筋混凝土框架结构房屋的抗震验算方法；能进行多层框架结构的抗震验算。
4. 熟悉钢筋混凝土框架结构的抗震构造措施，能应用所学的知识解决工程抗震的实际问题。

第一节　概　述

钢筋混凝土结框架构房屋是我国大中城市房屋建筑的主要形式之一。钢筋混凝土框架结构（以下简称为框架结构）房屋是指由钢筋混凝土横梁、纵梁、柱和基础等所组成的房屋结构体系。最简单的框架房屋平面布置如图 4-1 所示。

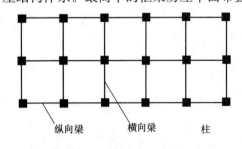

图 4-1　框架房屋平面布置图

从使用功能方面看，框架结构具有建筑平面布置灵活、可以任意分割房间，容易满足日常使用和生产工艺要求的特点。从结构抗震的角度看，由于钢筋混凝土材料的强度高、延性好，框架结构在承受荷载作用尤其是地震作用方面的优势，决定了框架结构既可以广泛用于大空间的商场、多层工业厂房，也可用于住宅、办公楼、公寓、医院和学校建筑等工业民用建筑几乎所有的领域。

震害调查表明，设计合理、施工质量保证的框架结构很少在地震时发生严重破坏，绝大多数能够满足"三水准两阶段"设计目标的要求。但是，框架房屋超过一定高度后，房屋在地震作用下侧向位移随高度的增加上升很快，震害急剧增加，难以满足设计要求。实践中一般情况下框架房屋总层数多数在10层以内，少数情况也有超过10层的框架建筑。力学基础知识表明，房屋越高层数越多、竖向承重构件受到的轴力、弯矩和地震发生后框架受到的水平剪切力就越大，当框架房屋高度超过《抗震规范》的限高后，为满足竖向和水平方向的受力及变形需要，梁、柱等主要受力构件截面尺寸和配筋数量就需要加大很多，结果导致一方面房屋造价就会大幅度上升，另一方面震害也会急剧加重。

第二节 框架结构震害现象及其分析

震害调查表明框架结构的破坏主要发生在梁柱连接部位，即柱的上下端截面、梁两端截面以及节点区。一般情况是柱的震害重于梁，角柱的震害重于内柱，短柱的震害重于一般长柱；不规则的结构震害重于规则结构；框架结构中的砌体填充墙作为第二道防线与柱和梁等的拉结等构造措施不到位容易产生破坏。

一、框架梁、柱的震害

(1) 柱顶周围有水平裂缝、斜裂缝或交叉裂缝

在节点部位弯矩、剪力和轴力都比较大，在柱的箍筋配置不足或锚固不好的情况下，由于弯矩和剪力共同作用，使箍筋失效，混凝土剥落，纵向力使箍筋压屈，破坏严重者混凝土压碎剥落，柱内箍筋拉断，纵筋压屈后呈灯笼状，上部梁、板倾斜，如图4-2所示。在高烈度区发生这种破坏的现象十分普遍，震后修复非常困难。

(2) 柱底部环向的水平裂缝

根据结构力学知识得知，框架节点集中力作用下，节点弯矩为 M，则该柱下部节点承受的传递下来的弯矩就为 $0.5M$，虽然柱底和柱顶受力类型相似，但受力稍小，柱底箍筋配置较密，破坏就比较轻微。通常柱底是在离地面和楼面 100~400mm 处出现环向水平裂缝。

图 4-2 柱顶地震破坏

(3) 柱身出现交叉裂缝

由于柱内配置的箍筋数量不足、柱的轴压比大、箍筋的弯钩长度不足或弯折角度不够，在往复地震剪力作用下，柱的主拉应力超过混凝土抗拉强度设计值后导致柱身开裂，随着地震剪切力持续作用，不够牢靠的箍筋对斜裂缝的发展抑制作用不强，最终柱身出现交叉裂缝。

(4) 角柱的破坏

地震时房屋会受到扭转作用的影响，同时，角柱还承受房屋两个主轴方向的弯矩的影响，所以，角柱比内柱受力要大也要复杂；角柱受到的约束作用比边柱差，边柱又比内柱差，所以，角柱受到的约束作用最差，因此，角柱震害重于内柱。

(5) 短柱的破坏

当框架房屋中有错层、夹层或有半高填充墙，或不适当地设置某些联系梁（如楼梯间平台梁）时，容易形成 $H/b<4$（其中 H 为柱高，b 为柱截面的边长）的短柱。短柱受弯变形能力不足，在地震作用下它可以吸收较大的地震剪力，在往复地震作用下形成上述交叉裂缝或被剪断。

二、填充墙的破坏

框架结构在地震发生后首先是框架梁柱作为第一道防线抵抗地震作用，当第一道防线不能满足要求时，框架梁柱将会把一部分地震作用转由填充墙承担，所以填充墙作为抗震

设防的第二道防线在抗震过程的作用不能缺失。地震烈度越高，框架变形越大，框架转加给填充墙的内力就越大，由脆性材料组成的填充墙的破坏就越明显。

震害资料显示，端墙、窗间墙及门窗洞口边角部分裂缝较多。9度时填充墙大部分倒塌，原因是，烈度高、地震造成的房屋层间位移和总位移都很大，填充墙在受到往复剪力作用下发生开裂后，在垂直墙平面方向地震分量影响下容易出现外闪倒塌。

三、结构刚度突变引起的震害

震害调查和理论分析均证明，结构刚度沿竖向或平面有突变时，震害加重。房屋沿竖向发生尺寸急剧变化时，刚度会急剧变化，此时会在变化部位形成薄弱部位，在地震时出现应力集中或塑性变形集中，导致结构发生倒塌。当建筑平面形状复杂，结构刚度分布不均匀、不对称，地震时容易引起扭转和应力集中，从而加重震害。

四、防震缝宽度不足引起的破坏

大地震发生后不同的结构单元将产生各自较大的振动，尤其是相邻两单元当结构振动周期差异较大，防震缝宽度不足时，两单元会发生碰撞，使两单元相邻部分发生破坏。

五、楼面板的破坏

地震时现浇板的破坏不太多，但是，在板角部位由于沿板的双向荷载作用，板的四角出现45°斜裂缝，在竖向振动作用下沿平行于梁的通长方向由于梁对板的嵌固作用，出现水平裂缝。

第三节 框架结构的抗震概念设计

一、结构体系选择

1. 房屋的最大适用高度

不同结构类型结构的变形特性、抗震性能各不相同，所以《抗震规范》在具有大致相似的抗震水准的前提下，从安全及经济等方面考虑，对不同烈度时现浇钢筋混凝土框架房屋最大适用高度作了强制性的要求，如表4-1所示。

现浇钢筋混凝土结构适用的房屋最大高度（m） 表4-1

结构类型	烈 度				
	6	7	8(0.2g)	8(0.3g)	9
框架	60	50	40	35	24

注：1. 房屋的高度指室外地面到主要屋面板顶的高度（不包括局部突出屋顶部分）；
2. 表中框架不包括异形柱框架；
3. 超过表内高度的房屋，应进行专门的研究和论证，采取有效地加强措施。

平面和竖向均不规则的结构或建造于Ⅳ类场地上的结构，适用的最大高度应降低。平面和竖向不规则的结构，适宜的最大高度宜降低，一般为10%左右。甲类建筑，属于重大建筑和地震时可能发生严重次生灾害的建筑，宜提高一度后符合上述要求。

选择结构体系时还应注意：1）结构的自重周期应避开场地的卓越周期，以免发生共振而加重震害；2）选择合理的基础形式，保证基础有足够的埋置深度，有条件时宜设置地下室，在软弱场地上宜选用桩基、片筏基础、箱型基础或桩-箱、桩-筏联合基础。

2. 抗震等级

（1）抗震等级的基本概念

《抗震规范》不仅对不同设防烈度时同类建筑采用不同的抗震设计要求，而且在相同设防烈度时，根据不同建筑设防分类、不同的结构体系或同一单元中的分体系，同一结构单元中的不同高度的建筑以及不同的场地类别等条件下，也要求采用各自不同的抗震措施。为了在工程实践中分类实施抗震要求，《抗震规范》引入了抗震等级的概念，根据抗震措施的严格性程度从高到低的顺序，将建筑物抗震等级分为一到四级。

钢筋混凝土框架结构房屋应根据当地设防类别、烈度、结构类型和房屋的高度采用不同的抗震等级，并应符合相应的计算和构造措施要求。丙类框架结构的房屋的抗震等级应按表4-2确定。

现浇钢筋混凝土房屋的抗震等级　　　　　　　　　　表4-2

结构类型		设防烈度						
		6		7		8		9
	高度（m）	≤24	>24	≤24	>24	≤24	>24	≤24
框架结构	框架	四	三	三	二	二	一	一
	大跨度框架	三		二		一		一

注：1. 建筑场地为Ⅰ类时，除6度外允许按表内降低一度所对应的抗震等级采取抗震构造措施，但相应的计算要求不应降低；
　　2. 接近或等于高度分界时，应允许结合房屋不规则程度及场地、地基条件确定抗震等级；
　　3. 大跨度框架指跨度不小于18m的框架。

（2）抗震等级的确定

《抗震规范》规定，钢筋混凝土框架结构房屋的抗震等级的确定，应符合下列要求：

1）设置少量抗震墙的框架结构，在规定的水平力作用下，底层框架部分所承担的地震倾覆力矩大于结构总倾覆力矩的50%时，其框架的抗震等级应按框架结构确定，抗震墙的抗震等级可与其框架的抗震等级相同。

2）裙房与主楼相连，除应按裙房本身特点确定抗震等级外，相关范围不应低于主楼的抗震等级；主楼结构在裙房顶板对应的相邻上下各一层应适当加强抗震构造措施。裙房与主楼分离式，应按裙房本身确定抗震等级。

3）当地下室顶板作为上部结构的嵌固部位时，地下一层的抗震等级应与上部结构相同，地下一层以下抗震构造措施的抗震等级可逐层降低一级，但不应低于四级。地下室中无上部结构的部分，抗震构造措施的抗震等级可根据具体情况采用三级或四级。

4）当甲、乙类建筑按规定等级提高一度确定其抗震等级而房屋的高度超过表4-2相应规定的上界时，应采用比一级更有效的抗震构造措施。乙类的混凝土框架结构房屋可按本地区抗震设防烈度确定其适用的最大高度。8度乙类框架结构房屋提高一度后，其高度超过表4-2中抗震等级为一级的高度上界时，内力调整不提高，只要求抗震构造措施高于一级，这大体与《高层建筑混凝土结构技术规程》JGJ3中特一级的构造要求相当。

二、防震缝的设置

高层钢筋混凝土房屋应避免采用平面不规则的建筑，宜采用合理的结构方案尽可能不设防震缝，确保房屋结构在地震作用影响下不发生受力复杂的情况和不可预防的破坏。工程实际中无法采用规则建筑时，宜将结构不同刚度部分用防震缝截然分开，以免大地震发生后，相邻振动周期不同的部分之间产生相互碰撞或产生复杂受力状态，造成房屋防震缝处两侧严重破坏。

由于平面或立面不规整时往往伴随重力荷载在基础顶面的分布也不均匀，为了减少不均匀沉降带来的不利影响，往往需要通过设置沉降缝将不同单元分开，此时，如果需要设置防震缝时，可以结合沉降缝要求贯通到基础，当无不均匀沉降问题时也可以从基础或地下室以上贯通。当有多层地下室形成大底盘，上部结构为带裙房的单塔或多塔的结构时，可将裙房用防震缝自地下室以上分隔，地下室顶部应有良好的整体性和刚度，能将上部结构地震作用分布到地下室结构上去。

框架结构当需要设置防震缝时，应根据《抗震规范》的规定确定：

（1）防震缝的宽度，当高度不超过15m时可采用100mm；超过15m时，6度时房屋高度每增加5m，宽度增加20mm；7度时房屋超过15m每增加4m，宽度增加20mm；8度时房屋超过15m每增加3m，宽度增加20mm；9度时房屋超过15m每增加2m，宽度增加20mm。

（2）防震缝两侧结构类型不同时，宜按需要较宽防震缝的结构类型和较低房屋高度确定缝宽，缝宽的计算公式为：

$$\max\left\{\left(70+\frac{H-15}{\alpha}\times 20\right)\beta, 70\right\} \quad (\text{mm}) \tag{4-1}$$

式中 H——为缝两侧较低房屋的高度，单位为 m；

α——与烈度有关，6、7、8、9度时分别为 5、4、3、2；

β——与结构形式有关的系数，框架结构取 1.0，框架—抗震墙结构取 0.7，抗震墙结构取 0.5，防震缝两侧结构形式不同时，β 取较大值。

三、结构布置

地震作用对房屋结构的影响具有很大的随机性和不确定性，为了便于计算一般它可以分解为沿房屋纵、横两个方向的分量对房屋结构施加影响。为了有效抵御地震作用对房屋的破坏作用，《抗震规范》规定：

在框架结构中，框架均应双向设置，柱中线与梁中线之间偏心距大于柱宽的1/4时，应计入偏心的影响。高层的框架结构不应采用单跨框架结构，多层框架结构不宜采用单跨框架结构。

四、基础系梁的设置

框架结构单独基础有下列情况之一时，宜沿两个主轴方向设置基础系梁：

（1）一级抗震等级的框架和Ⅳ类场地上的二级框架。

（2）各柱基础承受的重力荷载代表值差别较大。

（3）基础埋置深度较深，或基础埋置深度差别较大。

（4）地基主要受力层范围内存在软弱黏性土、液化土和严重不均匀土层。

（5）桩基窗承台之间。

五、框架结构设计时的其他问题

（1）楼电梯间不宜设置在房屋的两端或凹角处。

(2) 砌体填充墙宜采取措施减少其对结构产生的不利影响。在平面和竖向的布置宜均匀对称，避免形成薄弱层和短柱现象。

(3) 应尽量避免夹层、错层以及不适当地设置梁使框架柱形成短柱现象。

(4) 地下室顶板作为上部结构的嵌固部位时，应避免在地下室顶板开设大洞口。

第四节　框架结构抗震设计

框架结构设计是在结构平面布置确定后，根据实际经验或参考以往的工程设计，初步确定柱的轴压比，梁、柱的截面尺寸和材料强度等级；接下来再计算地震作用力和重力荷载下的框架内力（考虑地震作用时一般不考虑风荷载的影响），并将二者组合后进行结构水平地震作用和位移计算，和竖向地震荷载组合下结构抗震强度验算，这一系列的工作过程就是抗震设计。

抗震设计一般情况下可在建筑结构的两个主轴方向分别考虑水平地震作用并进行验算。纵向地震作用由纵向抗侧力框架承担，横向地震作用由横向抗侧力框架承担。

一、地震作用计算方法

地震作用计算的方法如前所述有底部剪力法、振型分解反应谱法和时程分析法三种。当房屋高度不超过 40m，以剪切变形为主且质量和刚度沿高度分布比较均匀的结构，通常采用底部剪力法。对于平面形状复杂、竖向质量和刚度分布不均匀，地震时受力变形复杂的结构可用振型分解反应谱法分析其地震作用。对于高度很大、层数很多、结构极不规则或甲级建筑，可采用时程分析法进行多遇地震下的补充计算，计算时可取根据多条时程曲线分析计算结果的平均值与振型分解反应谱法计算结果比较，选择二者之间的较大值进行结构设计。

当采用底部剪力法计算结构底部总剪力时，首先要确定结构自振周期，查表 3-2 得到 α_{max}，然后才能应用图 3-7 公式计算出和 α_1，然后用底部剪力法的公式求出等效单质点体系的重力荷载代表值 F_{Ek}，最后求出楼层地震剪力 F_i 为抗震承载力验算和侧移验算做好准备。

结构自振周期实用近似计算法，通常采用能量法和顶点位移法。《建筑结构荷载规范》根据大量建筑物周期的实测结果，给出了混凝土框架和框架-抗震墙结构基本自振周期的经验公式：

$$T_1 = 0.25 + 0.53 \times 10^{-3} \frac{H^2}{\sqrt[3]{B}} \tag{4-2}$$

二、水平地震作用下框架内力分析

框架结构地震作用计算，一般只考虑水平地震作用，并沿框架两个主轴方向分别进行计算。在据结构内力分析时，框架在水平荷载作用下的内力计算一般采用反弯点法或 D 值法，反弯点法和 D 值法二者的不同之处是反弯点法适用于求解规则框架内力，对梁柱线刚度之比 3 以上，计算时可不考虑框架节点转动和反弯点位置变化，层高沿高度基本不变的结构，用它求解具有较高的计算精度。对于层高沿高度变化，梁、柱线刚度之比在 3 以内且不规则框架结构，计算时需要考虑节点转动影响和反弯点位置的变化，按 D 值法（修正的反弯点法）计算其地震作用产生的内力具有较高的精度。需要说明的是，用 D 值法可以准确求解反弯点法求解的范围内框架结构的内力和位移，但用反弯点法不能求解适用 D 值法求解的框架的内力和位移。所以 D 值法比反弯点法更具合理性和宽泛性。因此，本书只介绍 D 值法。

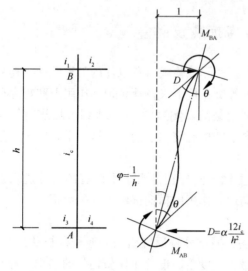

图 4-3 框架节点转角位移

1. 求解框架柱在水平地震作用下内力的 D 值法

（1）修正后的侧移刚度 D

在用反弯点法求解框架内力时，假定梁的线刚度为无穷大，柱的上下端为固端且无转动（只有侧移），柱的侧移刚度为 K_{cij}，当框架在水平荷载作用下，框架节点有转动时，对抗侧移刚度须加以修正，修正后柱的侧移刚度用 D_{ij} 表示，所以修正后的反弯点法就叫 D 值法。由结构力学知识得知，当柱的两端均转动 θ 角时，柱顶的侧移 Δ=1 时，柱顶的剪力（即抗侧移刚度 D_{ij}）如图 4-3 所示。

柱的转动刚度计算公式为：

$$D_{ij} = \alpha \frac{12 i_{cij}}{h_{cij}^2} \tag{4-3}$$

式中　α——考虑梁柱线刚度比值对柱抗侧移刚度的修正系数，详见表 4-3 所列。

梁柱线刚度之比 K 和柱抗侧移刚度修正系 α　　　　表 4-3

楼层	计算简图		$\overline{K}$	α
	边柱	中柱		
一般层	k_1 ─┤├─ k_2	k_1 ─┤├─ k_2　k_3 ─┤├─ k_4	$\overline{K} = \dfrac{k_1 + k_2}{2k_c}$　$\overline{K} = \dfrac{k_1 + k_2 + k_3 + k_4}{2k_c}$	$\alpha = \dfrac{\overline{K}}{2 + \overline{K}}$
首层	k_2 ─┤	k_1 ─┤├─ k_2	$\overline{K} = \dfrac{k_2}{k_c}$　$\overline{K} = \dfrac{k_1 + k_2}{k_c}$	$\alpha = \dfrac{0.5 + \overline{K}}{2 + \overline{K}}$

表中 k_1、k_2、k_3、k_4 为与讨论的柱上下相连梁的线刚度 k，$k = \dfrac{EI}{l}$。

（2）计算各柱所分配的地震剪力

当得到柱的抗侧移刚度修正值 D_{ij} 之后，以下步骤与反弯点法相似，可按式（4-4）计算同层各柱的剪力：

$$V_{ij} = \frac{D_{ij}}{\sum_{j=1}^{n} D_{ij}} V_i = \frac{D_{ij}}{\sum_{j=1}^{n} D_{ij}} \sum_{j=i}^{n} F_j \qquad (4\text{-}4)$$

式中　V_{ij}——第 i 层第 j 根柱承受的剪力；

D_{ij}——第 i 层第 j 根柱的抗侧移刚度值；

$\sum_{j=1}^{n} D_{ij}$——第 i 层所有柱的抗侧移刚度值总和；

V_i——第 i 层柱承受的剪力值总和，$V_i = \sum_{j=i}^{n} F_j$。

（3）修正后的柱反弯点高度

影响柱的反弯点高度比 y 的主要因素有以下几点：该柱所在的楼层位置，框架的总层数，计算层梁柱线刚度比；上、下梁的相对线刚度比；上下层层高的变化。

1）楼层位置的影响及标准反弯点高度比 y_0

y_0 是假定框架各层梁的线刚度、柱的线刚度和各层的层高都相同时计算出的反弯点高度比。y_0 的取值与结构总层数 n、该柱所在的层数 j、梁柱线刚度比以及水平荷载的形式等因素有关，由表 4-4 查取。

规则框架承受倒三角形分布力作用时标准反弯点的高度比 y_0　　　表 4-4

m	$\overline{K}$ \ n	0.1	0.2	0.3	0.4	0.5	0.6	0.7	0.8	0.9	1.0	2.0	3.0	4.0	5.0
1	1	0.80	0.75	0.70	0.65	0.65	0.60	0.60	0.60	0.60	0.55	0.55	0.55	0.55	0.55
2	2	0.50	0.45	0.40	0.40	0.40	0.40	0.40	0.40	0.40	0.45	0.45	0.45	0.45	0.50
	1	1.00	0.85	0.75	0.70	0.70	0.65	0.65	0.65	0.60	0.60	0.55	0.55	0.55	0.55
3	3	0.25	0.25	0.25	0.30	0.30	0.35	0.35	0.35	0.40	0.40	0.45	0.45	0.45	0.50
	2	0.60	0.50	0.50	0.50	0.50	0.45	0.45	0.45	0.45	0.45	0.50	0.50	0.50	0.50
	1	1.15	0.90	0.80	0.75	0.75	0.70	0.70	0.65	0.65	0.65	0.60	0.55	0.55	0.55
4	4	0.10	0.15	0.20	0.25	0.30	0.30	0.35	0.35	0.35	0.40	0.45	0.45	0.45	0.45
	3	0.35	0.35	0.35	0.40	0.40	0.40	0.40	0.45	0.45	0.45	0.50	0.50	0.50	0.50
	2	0.70	0.60	0.55	0.50	0.50	0.50	0.50	0.50	0.50	0.50	0.50	0.50	0.50	0.50
	1	1.20	0.95	0.85	0.80	0.75	0.70	0.70	0.70	0.65	0.65	0.55	0.55	0.55	0.55
5	5	−0.05	0.10	0.20	0.25	0.30	0.30	0.35	0.35	0.35	0.35	0.40	0.45	0.45	0.45
	4	0.20	0.25	0.35	0.35	0.40	0.40	0.40	0.40	0.40	0.45	0.45	0.50	0.50	0.50
	3	0.40	0.40	0.45	0.45	0.45	0.45	0.45	0.45	0.45	0.45	0.50	0.50	0.50	0.50
	2	0.75	0.60	0.55	0.55	0.50	0.50	0.50	0.50	0.50	0.50	0.50	0.50	0.50	0.50
	1	1.30	1.00	0.85	0.80	0.75	0.70	0.70	0.65	0.65	0.65	0.55	0.55	0.55	0.55
6	6	−0.15	0.05	0.15	0.20	0.25	0.30	0.30	0.35	0.35	0.35	0.40	0.45	0.45	0.45
	5	0.10	0.25	0.30	0.35	0.35	0.40	0.40	0.40	0.40	0.45	0.45	0.50	0.50	0.50
	4	0.30	0.35	0.40	0.40	0.45	0.45	0.45	0.45	0.45	0.45	0.50	0.50	0.50	0.50
	3	0.50	0.45	0.45	0.45	0.45	0.45	0.45	0.45	0.50	0.50	0.50	0.50	0.50	0.50
	2	0.80	0.65	0.55	0.55	0.55	0.50	0.50	0.50	0.50	0.50	0.50	0.50	0.50	0.50
	1	1.30	1.00	0.85	0.80	0.75	0.70	0.70	0.65	0.65	0.65	0.60	0.55	0.55	0.55

续表

m	n \ $\overline{K}$	0.1	0.2	0.3	0.4	0.5	0.6	0.7	0.8	0.9	1.0	2.0	3.0	4.0	5.0
7	7	−0.20	0.05	0.15	0.20	0.25	0.30	0.30	0.35	0.35	0.35	0.45	0.45	0.45	0.45
	6	0.05	0.20	0.30	0.35	0.35	0.40	0.40	0.40	0.40	0.45	0.45	0.50	0.50	0.50
	5	0.20	0.30	0.35	0.40	0.40	0.45	0.45	0.45	0.45	0.45	0.50	0.50	0.50	0.50
	4	0.35	0.40	0.40	0.45	0.45	0.45	0.45	0.45	0.45	0.45	0.50	0.50	0.50	0.50
	3	0.55	0.50	0.50	0.50	0.50	0.50	0.50	0.50	0.50	0.50	0.50	0.50	0.50	0.50
	2	0.80	0.65	0.60	0.55	0.55	0.55	0.50	0.50	0.50	0.50	0.50	0.50	0.50	0.50
	1	1.30	1.00	0.90	0.80	0.75	0.70	0.70	0.70	0.65	0.65	0.60	0.55	0.55	0.55
8	8	−0.20	−0.05	0.15	0.20	0.25	0.30	0.30	0.35	0.35	0.35	0.45	0.45	0.45	0.45
	7	0.00	0.20	0.30	0.35	0.35	0.40	0.40	0.40	0.40	0.45	0.45	0.50	0.50	0.50
	6	0.15	0.30	0.35	0.40	0.40	0.45	0.45	0.45	0.45	0.45	0.50	0.50	0.50	0.50
	5	0.30	0.35	0.40	0.45	0.45	0.45	0.45	0.45	0.45	0.45	0.50	0.50	0.50	0.50
	4	0.40	0.45	0.45	0.45	0.45	0.45	0.45	0.50	0.50	0.50	0.50	0.50	0.50	0.50
	3	0.60	0.50	0.50	0.50	0.50	0.50	0.50	0.50	0.50	0.50	0.50	0.50	0.50	0.50
	2	0.85	0.65	0.60	0.55	0.55	0.55	0.50	0.50	0.50	0.50	0.50	0.50	0.50	0.50
	1	1.30	1.00	0.90	0.80	0.75	0.70	0.70	0.70	0.65	0.65	0.60	0.55	0.55	0.55
9	9	−0.25	0.00	0.15	0.20	0.25	0.30	0.30	0.35	0.35	0.40	0.45	0.45	0.45	0.45
	8	−0.00	0.20	0.30	0.35	0.35	0.40	0.40	0.40	0.40	0.45	0.45	0.50	0.50	0.50
	7	0.15	0.30	0.35	0.40	0.40	0.45	0.45	0.45	0.45	0.45	0.50	0.50	0.50	0.50
	6	0.25	0.35	0.40	0.40	0.45	0.45	0.45	0.45	0.45	0.50	0.50	0.50	0.50	0.50
	5	0.35	0.40	0.45	0.45	0.45	0.45	0.45	0.45	0.50	0.50	0.50	0.50	0.50	0.50
	4	0.45	0.45	0.45	0.45	0.45	0.50	0.50	0.50	0.50	0.50	0.50	0.50	0.50	0.50
	3	0.60	0.50	0.50	0.50	0.50	0.50	0.50	0.50	0.50	0.50	0.50	0.50	0.50	0.50
	2	0.85	0.65	0.60	0.55	0.55	0.55	0.55	0.50	0.50	0.50	0.50	0.50	0.50	0.50
	1	1.35	1.00	0.90	0.80	0.75	0.75	0.70	0.70	0.65	0.65	0.60	0.55	0.55	0.55
10	10	−0.25	0.00	0.15	0.20	0.25	0.30	0.30	0.35	0.35	0.40	0.45	0.45	0.45	0.45
	9	−0.05	0.20	0.30	0.35	0.35	0.40	0.40	0.40	0.40	0.45	0.45	0.50	0.50	0.50
	8	0.10	0.30	0.35	0.40	0.40	0.40	0.45	0.45	0.45	0.45	0.50	0.50	0.50	0.50
	7	0.20	0.35	0.40	0.40	0.45	0.45	0.45	0.45	0.45	0.50	0.50	0.50	0.50	0.50
	6	0.30	0.40	0.40	0.45	0.45	0.45	0.45	0.45	0.50	0.50	0.50	0.50	0.50	0.50
	5	0.40	0.45	0.45	0.45	0.45	0.45	0.50	0.50	0.50	0.50	0.50	0.50	0.50	0.50
	4	0.50	0.45	0.45	0.45	0.50	0.50	0.50	0.50	0.50	0.50	0.50	0.50	0.50	0.50
	3	0.60	0.50	0.50	0.50	0.50	0.50	0.50	0.50	0.50	0.50	0.50	0.50	0.50	0.50
	2	0.85	0.65	0.60	0.55	0.55	0.55	0.50	0.50	0.50	0.50	0.50	0.50	0.50	0.50
	1	1.35	1.00	0.90	0.80	0.75	0.75	0.70	0.70	0.65	0.65	0.60	0.55	0.55	0.55
11	11	−0.25	0.00	0.15	0.20	0.25	0.30	0.30	0.30	0.35	0.35	0.45	0.45	0.45	0.45
	10	−0.05	0.20	0.25	0.30	0.35	0.40	0.40	0.40	0.40	0.45	0.45	0.50	0.50	0.50
	9	0.10	0.30	0.35	0.40	0.40	0.40	0.45	0.45	0.45	0.45	0.50	0.50	0.50	0.50
	8	0.20	0.35	0.40	0.40	0.45	0.45	0.45	0.45	0.45	0.50	0.50	0.50	0.50	0.50
	7	0.25	0.40	0.40	0.45	0.45	0.45	0.45	0.45	0.45	0.50	0.50	0.50	0.50	0.50
	6	0.35	0.40	0.45	0.45	0.45	0.45	0.45	0.50	0.50	0.50	0.50	0.50	0.50	0.50
	5	0.40	0.45	0.45	0.45	0.45	0.50	0.50	0.50	0.50	0.50	0.50	0.50	0.50	0.50
	4	0.50	0.50	0.50	0.50	0.50	0.50	0.50	0.50	0.50	0.50	0.50	0.50	0.50	0.50
	3	0.65	0.55	0.50	0.50	0.50	0.50	0.50	0.50	0.50	0.50	0.50	0.50	0.50	0.50
	2	0.85	0.65	0.60	0.55	0.55	0.55	0.50	0.50	0.50	0.50	0.50	0.50	0.50	0.50
	1	1.35	1.05	0.90	0.80	0.75	0.75	0.70	0.70	0.65	0.65	0.60	0.55	0.55	0.55

续表

m	n \ $\overline{K}$	0.1	0.2	0.3	0.4	0.5	0.6	0.7	0.8	0.9	1.0	2.0	3.0	4.0	5.0
12	自上 1	−0.30	0.00	0.15	0.20	0.25	0.30	0.30	0.30	0.35	0.35	0.40	0.45	0.45	0.45
	自上 2	−0.10	0.20	0.25	0.30	0.35	0.40	0.40	0.40	0.40	0.40	0.45	0.45	0.45	0.50
	自上 3	0.05	0.25	0.35	0.40	0.40	0.40	0.45	0.45	0.45	0.45	0.50	0.50	0.50	0.50
	4	0.15	0.30	0.40	0.40	0.45	0.45	0.45	0.45	0.45	0.45	0.50	0.50	0.50	0.50
	5	0.25	0.35	0.40	0.45	0.45	0.45	0.45	0.45	0.45	0.45	0.50	0.50	0.50	0.50
	6	0.30	0.40	0.45	0.45	0.45	0.45	0.45	0.50	0.50	0.50	0.50	0.50	0.50	0.50
	7	0.35	0.40	0.45	0.45	0.45	0.45	0.50	0.50	0.50	0.50	0.50	0.50	0.50	0.50
	8	0.35	0.45	0.45	0.45	0.50	0.50	0.50	0.50	0.50	0.50	0.50	0.50	0.50	0.50
	中间	0.45	0.45	0.45	0.45	0.50	0.50	0.50	0.50	0.50	0.50	0.50	0.50	0.50	0.50
	自下 4	0.55	0.50	0.50	0.50	0.50	0.50	0.50	0.50	0.50	0.50	0.50	0.50	0.50	0.50
	自下 3	0.65	0.55	0.50	0.50	0.50	0.50	0.50	0.50	0.50	0.50	0.50	0.50	0.50	0.50
	自下 2	0.70	0.70	0.60	0.55	0.55	0.55	0.55	0.50	0.50	0.50	0.50	0.50	0.50	0.50
	1	1.35	1.05	0.90	0.80	0.75	0.70	0.70	0.70	0.65	0.65	0.60	0.55	0.55	0.55

2) 上下梁线刚度变化时的反弯点高度比修正值 y_1

当某层柱的上下梁的线刚度不同时，则该柱的反弯点就会在标准反弯点处上下变化，因此就必须对反弯点位置加以修正，这个修正值可由表 4-5 查得。

3) 上下层层高变化时的反弯点高度比修正值 y_2、y_3

当我们讨论的某层柱位于层高变化的楼层中，则柱的反弯点高度比就不是标准反弯点高度比，当上层较高时，反弯点上移 $y_2 h$，下层柱较高时，反弯点向下移动 $y_3 h$（此时 y_3 为负值）。y_2、y_3 由表 4-6 查得。

上下梁线刚度变化时的反弯点高度比修正值 y_1　　表 4-5

α_1 \ $\overline{K}$	0.1	0.2	0.3	0.4	0.5	0.6	0.7	0.8	0.9	1.0	2.0	3.0	4.0	5.0
0.4	0.55	0.40	0.30	0.25	0.20	0.20	0.20	0.15	0.15	0.15	0.05	0.05	0.05	0.05
0.5	0.45	0.30	0.20	0.20	0.15	0.15	0.15	0.10	0.10	0.10	0.05	0.05	0.05	0.05
0.6	0.30	0.20	0.15	0.15	0.10	0.10	0.10	0.10	0.05	0.05	0.05	0	0	0
0.7	0.20	0.15	0.10	0.10	0.10	0.05	0.05	0.05	0.05	0.05	0	0	0	0
0.8	0.15	0.10	0.05	0.05	0.05	0.05	0.05	0.05	0	0	0	0	0	0
0.9	0.05	0.05	0.05	0.05	0	0	0	0	0	0	0	0	0	0

上下层层高变化时的反弯点高度比修正值 y_2、y_3　　表 4-6

α_2	α_3	$\overline{K}$ 0.1	0.2	0.3	0.4	0.5	0.6	0.7	0.8	0.9	1.0	2.0	3.0	4.0	5.0
2.0		0.25	0.15	0.15	0.10	0.10	0.10	0.10	0.10	0.05	0.05	0.05	0.05	0.0	0.0
1.8		0.20	0.15	0.10	0.10	0.10	0.05	0.05	0.05	0.05	0.05	0.05	0.0	0.0	0.0
1.6	0.4	0.15	0.10	0.10	0.05	0.05	0.05	0.05	0.05	0.05	0.05	0.0	0.0	0.0	0.0
1.4	0.6	0.10	0.05	0.05	0.05	0.05	0.05	0.05	0.05	0.05	0.05	0.0	0.0	0.0	0.0
1.2	0.8	0.05	0.05	0.05	0.05	0.0	0.0	0.0	0.0	0.0	0.0	0.0	0.0	0.0	0.0

续表

α_2	$\overline{K}$ / α_3	0.1	0.2	0.3	0.4	0.5	0.6	0.7	0.8	0.9	1.0	2.0	3.0	4.0	5.0
1.0	1.0	0.0	0.0	0.0	0.0	0.0	0.0	0.0	0.0	0.0	0.0	0.0	0.0	0.0	0.0
0.8	1.2	−0.05	−0.05	−0.05	0.0	0.0	0.0	0.0	0.0	0.0	0.0	0.0	0.0	0.0	0.0
0.6	1.4	−0.10	−0.05	−0.05	−0.05	−0.05	−0.05	−0.05	−0.05	0.0	0.0	0.0	0.0	0.0	0.0
0.4	1.6	−0.15	−0.10	−0.10	−0.05	−0.05	−0.05	−0.05	−0.05	−0.05	0.0	0.0	0.0	0.0	0.0
	1.8	−0.20	−0.15	−0.10	−0.10	−0.10	−0.05	−0.05	−0.05	−0.05	−0.05	0.0	0.0	0.0	0.0
	2.0	−0.25	−0.15	−0.15	−0.10	−0.10	−0.10	−0.10	−0.10	−0.05	−0.05	−0.05	0.0	0.0	0.0

框架柱各层柱修正后的反弯点高度比由式（4-5）确定，反弯点位置由式（4-6）确定。

$$y = y_0 + y_1 + y_2 + y_3 \tag{4-5}$$

$$y' = yh = (y_0 + y_1 + y_2 + y_3)h \tag{4-6}$$

柱的反弯点修正值示意图由图 4-4 所示。

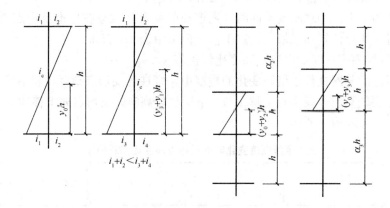

图 4-4 柱的反弯点修正值示意图

计算梁、柱线刚度比时可考虑楼板对刚度的有利影响，框架梁截面的折算惯性矩按表 4-7 取值，对装配式框架，当楼面板与梁之间无可靠现浇混凝土整体连接时，框架梁的惯性矩按实际截面计算。

框架梁截面的折算惯性矩　　表 4-7

结构类型	中框架	边框架
现浇整体梁板结构	$I = 2I_0$	$I = 1.5I_0$
装配整体式叠合梁	$I = 1.5I_0$	$I = 1.2I_0$

注：I_0 为框架梁矩形截面惯性矩。

在计算框架在地震影响下的位移时，考虑到混凝土弹性模量 E_c 由于混凝土塑性变形的影响下降的实际，刚度 $E_c I_c$ 要乘以表 4-8 中的混凝土刚度折减系数。

混凝土刚度折减系数　　　　　表 4-8

结构类型	框架及剪力墙	框架与剪力墙相连系的梁
现浇结构	0.65	0.35
装配整体式结构	0.5～0.65	0.25～0.35

(4) 柱端弯矩可由柱反弯点截面的地震剪力和反弯点高度求得。

$$M_c^t = V_{ij}(h - y') \tag{4-7}$$

$$M_c^b = V_{ij} y' \tag{4-8}$$

(5) 任意一节点处，梁端地震弯矩可由节点平衡条件求得，并按梁的线刚度比例关系分配到各梁端与反弯点法计算公式完全一致，即

边节点　　　　　　　$M_b^l = M_b^r = M_c^t + M_c^b$ 　　　　　　　(4-9)

中间节点　　　　　　$M_b^l = M_c^t + M_c^t \dfrac{k_{bl}}{k_{bl} + k_{br}}$ 　　　　　　(4-10)

$$M_b^r = M_c^t + M_c^t \dfrac{k_{br}}{k_{bl} + k_{br}} \tag{4-11}$$

(6) 计算梁端剪力 V_b　　根据梁的两端弯矩，按下式计算可得：

$$V_b = \dfrac{M_b^l + M_b^r}{l} \tag{4-12}$$

(7) 计算柱的轴力　　由梁端剪力可以计算出柱的轴力，边柱轴力为各层两端剪力按层叠加，中柱轴力为柱两侧梁剪力之差，也按层叠加。

由于风荷载也是作用于框架上的水平荷载，理应也需要讨论其对框架结构抗震的影响，基于地震发生时风荷载达到《建筑结构荷载规范》规定的标准值的概率较低，以及框架层数和高度有限，忽略风荷载参与的组合对框架抗震验算不会产生明显影响等原因，多层框架抗震验算时一般不考虑水平荷载的影响。

2. 竖向荷载作用下的内力计算

竖向荷载包括全部永久荷载与可变荷载，分析它们的组合值在框架内产生的内力一般用分层法和弯矩二次分配法等近似方法计算。这里只介绍弯矩二次分配法，其中弯矩分配与传递步骤为：

(1) 根据结构力学的方法计算框架梁、柱的转动刚度。

先求出框架中具有代表性框架的梁线刚度 k_b（$k_b = I_b E_b / l_b$），以及框架柱的线刚度 k_c（$k_c = I_c E_c / l_c$）再求出梁中间跨、边跨以及首层柱和中间楼层柱的转动刚度 S_{ik}，然后求出各杆件（同一节点处每根梁、柱）的相对转动刚度 S'_{ik}

$$S'_{ik} = S_{ik} / \Sigma S_{ik} \tag{4-13}$$

式中　　S_{ik}——为框架中节点上第 i 根杆件的相对转动刚度；

ΣS_{ik}——为节点 k 各杆件相对转动刚度之和。

(2) 计算各杆件弯矩分配系数

逐一列表从顶层到底层计算出对称截面以左部分，各节点上每根杆件的内力分配系数。

$$\mu_{ik} = S'_{ik} / \Sigma S'_{ik} \tag{4-14}$$

(3) 框架承受的竖向荷载计算

分别计算楼面梁、屋面梁各自承受的永久荷载的线荷载值和可变荷载的线荷载值，对楼面根据室内和走廊的荷载大小不同各自计算，并将计算所得的荷载满跨布置在框架简图上。

(4) 计算各对称截面以左所有框架梁的固端弯矩

根据结构力学方法，按顶层和其他层分别求出固接于柱上的梁端弯矩为：

$$M_F = \frac{1}{12}q_1 l_1^2 \tag{4-15}$$

一端固接于柱上一端滑动支座上的半跨梁的固端弯矩为：

$$M_F = \frac{1}{3}q_2 l_2^2 \tag{4-16}$$

(5) 进行弯矩的分配和传递

先将各节点的弯矩分配系数填写在节点上方的方框内；再将梁固端弯矩填写在框架横梁相应位置上；再将节点放松，把各节点不平衡弯矩同时进行第一次分配。假定梁端弯矩向另一固定端传递，不向滑动端传递；柱端弯矩可以上下相互传递。节点上弯矩第一次是左右梁之间、上下柱之间的传递，完成传递后将各节点承受的传递来的弯矩求和，并按分配系数分配各节点每个梁、柱承受的传递的弯矩求和；最后将各梁、柱的第一次分配弯矩，第二次传递弯矩、分配弯矩求和，便得到该梁或柱端弯矩。

3. 梁端弯矩的调幅

在竖向荷载作用下，梁端截面负弯矩较大、配筋较多、加上另一侧梁端配筋和竖直方向的柱的配筋都要穿过支座，支座钢筋配置太多，施工较为困难。由于超静定钢筋混凝土结构具有塑性内力重分布的特性，因此，对梁端较大的弯矩可乘以调幅系数 β，适当下调梁端弯矩。调幅原理如图4-5所示。

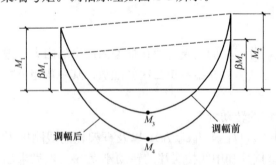

图4-5 框架梁在竖向荷载作用下的调幅原理图

根据工程经验和钢筋混凝土梁变形能力的实际，对现浇钢筋混凝土框架，可取 $\beta=0.8\sim0.9$；对装配式钢筋混凝土框架可取 $\beta=0.7\sim0.8$。梁端弯矩下调后，配筋数量减少，方便支座部位的施工，跨中弯矩增加，这样对提高柱的安全储备具有一定的帮助，可以满足"强柱弱梁"的设计要求。需要指出的是这里的调幅只针对竖向荷载作用下的弯矩，不考虑水平荷载作用下的弯矩，所以应先调幅后组合。

4. 框架结构的内力调整及其内力不利组合

框架结构抗震设计中，应考虑的荷载效应应与地震作用效应进行组合。对于高度60m以内，设防烈度9度以下的一般框架可不考虑风荷载的组合，只考虑水平地震作用和重力荷载代表值参与组合的情况。

框架结构设计的一般原则是，为了保证结构遭受中等烈度的地震影响时具有良好的耗能性能，以及当框架结构遭到高于本地区设防烈度的预估的罕遇地震影响时，不致倒塌或发生危及生命的严重破坏，要求结构具有足够的延性。要保证结构的延性就要保证结构构件具有足够大的延性,特别是重要构件的延性。构件的延性是以其截面塑性铰的转动能力来度量的,因此,在进行结构抗震设计时,应注意构件塑性铰的设计,以使结构具有较大的延性。《抗震规范》通过采用"强柱弱梁"、"强剪弱弯"和"强节点、弱杆件"的原则进行设计计算,以保证结构的延性。

"强柱弱梁"是使塑性铰首先在框架梁上出现,即按照节点处梁端实际受弯承载力小于柱端实际受弯承载力的思想进行计算,以争取使结构形成总体机制,避免结构形成层间机制。

(1) 框架结构的内力调整

杆件截面最不利内力组合值是截面抗震验算的依据。框架结构的最不利内力的可变荷载的布置及与永久荷载的组合计算工作量较大,根据工程设计经验,一般采用"满布荷载法"进行内力分析。经对比用"满布荷载法"计算的支座弯矩与考虑最不利内力的可变荷载布置计算结果很接近,但在跨中结果明显偏小。通常是将用"满布荷载法"计算所得的跨中弯矩值乘以 1.1~1.2 的调幅系数。

(2) 框架结构的构件内力不利组合

框架结构构件截面的强度设计,是针对控制截面的内力设计值进行的。框架梁的抗弯控制截面是梁的两端截面以及跨中截面;梁的抗剪强度计算的控制截面为支座截面。对于柱,根据水平荷载作用下和竖向荷载作用下的内力分析可以求得,抗弯设计选择柱的上、下端截面作为控制截面;抗剪验算一般将柱的下端截面作为本层柱的控制截面。

框架结构构件截面设计的重要依据是构件截面内力的最不利内力组合值,它是构件控制截面最大的内力组合值。对于对高层框架钢筋混凝土结构抗震设计时,应考虑以下两种组合。

1) 地震作用效应与重力荷载代表值效应的组合

对于框架结构,可不考虑风荷载组合,按承载力极限状态设计表达式如式(3-57),当只考虑水平地震作用不考虑风荷载时式(3-57)可简化为

$$S = \gamma_G S_{Gk} + \gamma_{Eh} S_{Ehk} \tag{4-17}$$

式中 S——结构构件考虑地震作用效应基本组合的设计值;

γ_G——重力荷载分项系数,一般情况取 1.2;当重力荷载效应对结构构件承载力有利时,不应大于 1.0;

S_{Gk}——重力荷载代表值的标准值;

γ_{Eh}——水平地震作用分项系数,取 $\gamma_{Eh}=1.3$;

S_{Ehk}——水平地震作用效应内力的标准值。

2) 无地震作用时竖向荷载效应(包括全部永久荷载和全部可变荷载的组合)

结构受到全部永久荷载和全部可变荷载的作用,其值一般要比考虑结构自重荷载标准值及可变荷载组合值的重力荷载代表值大。且非抗震设计时构件抗力计算时不引入抗力调整系数,因此,不考虑地震影响的情况下所设计得到的构件承载力有可能大于水平地震作用下所需的构件抗震承载力,无地震作用时竖向荷载作用下的内力组合,就有可能对框架中某些杆件截面起控制作用。计算公式为:

$$S = 1.2 S_{Gk} + 1.4 S_{Qk} \tag{4-18}$$

$$S = 1.35 S_{Gk} + 0.7 \times 1.4 S_{Qk} \tag{4-19}$$

式中 S_{Gk}、S_{Qk}——分别为结构承受的永久荷载效应标准值和可变荷载标准值效应。

不考虑风荷载参与组合时,框架梁、柱内力组合及控制截面的最大内力,可根据下列要求确定。

5. 框架梁、柱控制截面内力

(1) 框架梁截面内力

框架梁的控制截面为支座边缘截面及跨中截面。框架梁的控制截面内力组合如表 4-9 所列。

框架梁的控制截面内力组合　　　表 4-9

构件类型	截面位置	控制截面内力组合
框架梁	梁端负弯矩	$M = 1.3M_{Ek} + 1.2M_{GE}$
		$M = 1.2M_{Gk} + 1.4M_{Qk}$
		$M = 1.3M_{Gk} + 0.8M_{Qk}$
	梁端正弯矩	$M = 1.3M_{Ek} - 1.0M_{GE}$
	梁端剪力	$V = 1.3V_{Ek} + 1.2V_{GE}$
		$V = 1.2V_{Gk} + 1.4V_{Qk}$
		$V = 1.35V_{Gk} + 0.98V_{Qk}$
	梁跨中正弯矩	$M = 1.3M_{Ek} + 1.2M_{Gk}$
		$M = 1.2M_{Gk} + 1.4M_{Qk}$
		$M = 1.35M_{Gk} + 0.98M_{Qk}$

(2) 框架柱截面内力

框架柱的控制截面为柱的上下端截面。框架柱控制截面内力组合如表 4-10 所列。

框架柱控制截面内力组合表　　　表 4-10

构件类型	组合种类	控制截面内力组合
框架柱	有地震作用组合时	$M = 1.2M_{GE} \pm 1.3M_{Ek}$
		$N = 1.2N_{GE} \pm 1.3N_{Ek}$
	无地震作用组合时以可变荷载为主的组合	$M = 1.2M_{Gk} + 1.4M_{Qk}$
		$N = 1.2N_{Gk} \pm 1.4N_{Qk}$
	无地震作用组合时以永久荷载为主的组合	$M = 1.35M_{Gk} + 0.98M_{Qk}$
		$N = 1.35N_{Gk} + 0.98N_{Qk}$

6. 框架结构截面设计

框架梁、柱截面组合内力设计值确定之后,按《混凝土结构设计规范》进行承载力验算,并应分别满足地震作用下弯矩和剪力作用下的承载力要求。为了简便计算,一般按以下公式计算:

$$\gamma_0 S \leqslant R \tag{4-20}$$

其中式改写为 $S \leqslant \dfrac{R}{\gamma_{RE}}$

$$\gamma_{RE} S \leqslant R \tag{4-21}$$

比较 $\gamma_0 S$ 与 $\gamma_{RE} S$ 的数值后,选择控制内力。

框架结构地震时的抗倒塌能力与其破坏机制密切相关。实验研究表明,梁端屈服型框架有较大的内力重分布和能量消耗力,极限层间位移大,抗震性能较好;柱端屈服型框架容易形成倒塌机制。这就提醒人们框架设计时尽可能实现"强柱弱梁"的目标,尽可能避免出现"强梁弱柱"型框架。在强烈地震作用下,结构构件不存在承载力储备,梁端受弯承载力即为实际可能达到的最大弯矩,柱端实际可能达到的最大弯矩也与其偏心受压下受弯承载力相等,这是地震作用效应的一个特点。所谓"强柱弱梁"指的是:节点处梁端实际受弯承载力 M_{by}^b 和柱端实际受弯承载力 M_{cy}^b 之间满足下列不等式:

$$M_{cy}^b > M_{by}^a \tag{4-22}$$

上述思路属于概念设计的范畴,由于地震的复杂性、楼板的影响和钢筋屈服强度的超强,难以通过精确的承载力计算真正实现。《抗震规范》采用框架柱端弯矩增大系数来调整框架柱端设计弯矩,尽可能实现这一目标。

《抗震规范》规定:一、二、三、四级框架梁柱节点处,除框架顶层和柱轴压比小于 0.15 者框支架与框支柱的节点外,柱端组合的弯矩设计值应符合下式要求:

$$\Sigma M_c = \eta_c \Sigma M_b \tag{4-23}$$

一级框架结构和 9 度的一级框架可不符合上式要求,但应符合下列要求:

$$\Sigma M_c = 1.2 \Sigma M_{bua} \tag{4-24}$$

式中 ΣM_c ——节点上下柱端截面顺时针或反时针方向组合的弯矩设计值之和,上下柱端的弯矩设计值,可按弹性分析分配;

ΣM_b ——节点左右梁端截面反时针或顺时针方向组合的弯矩设计值之和,一级框架节点左右梁端均为负弯矩时,绝对值较小的弯矩应取零;

ΣM_{bua} ——节点左右梁端截面反时针或顺时针方向实配的正截面抗震受弯承载力所对应的弯矩值之和,根据实配钢筋面积(计入梁受压筋和相关楼板钢筋)和材料强度标准值确定;

η_c ——框架柱端弯矩增大系数,对框架结构,一级可取 1.7,二级可取 1.5,三级可取 1.3,四级可取 1.2;其他结构类型中的框架,一级可取 1.4,二级可取 1.2、三、四级可取 1.1。

当框架底层若干层框架梁相对较弱时,反弯点有可能不在楼层内,为避免在竖向荷载和地震共同作用下变形集中,产生压屈失稳,柱端弯矩也应该乘以上述增大系数 η_c。

框架结构计算嵌固端所在层即底层柱下端过早出现塑性屈服,将影响整个结构的抗地震倒塌能力。嵌固端截面乘以弯矩增大系数,是为了避免框架结构柱下端过早屈服。《抗震规范》规定:

一、二、三、四级框架结构的底层,柱下端截面组合的弯矩设计值,应分别乘以增大系数 1.7、1.5、1.3、1.2。底层柱纵向钢筋应按上下端的不利情况配置。

截面抗震配筋计算时因需要进行内力调整,故通常先确定梁的纵向受力钢筋,然后确定柱的纵向受力钢筋,最后进行梁、柱节点的抗剪承载力验算。

(1) 框架梁抗震承载力计算

1) 梁正截面抗震受弯承载力

考虑地震组合的框架梁其正截面受弯承载力应按非抗震设计的有关规定计算,但在受

弯计算公式的右边应除以相应的承载力抗震调整系数 γ_{RE} 即

$$M \leqslant M_u/\gamma_{RE} \tag{4-25}$$

式中字母含义同前。

这里的 $M(M_b)$ 应按表 4-9 中的控制截面梁端或梁跨中内力的组合值分别计算；M_u 为不考虑抗震时梁控制截面提供的抵抗弯矩，按混凝土结构的公式确定。

梁配筋要求：

① 为使截面有足够的变形能力，计入受压钢筋的梁端混凝土受压区高度应符合下列要求：

钢筋为 HPB300 级时 $\qquad x \leqslant 0.25h_0 \qquad$ (4-26)

钢筋为 HRB335 级及 HRB400 级时 $\quad x \leqslant 0.35h_0 \qquad$ (4-27)

式中 x——计入受压钢筋作用的梁端混凝土受压区高度；

h_0——梁截面的有效高度。

② 梁端截面底面和顶面纵向钢筋配筋量的比值，除按计算确定外，一级不小于 0.5，二、三级不应小于 0.3。

③ 梁端纵向受拉钢筋的配筋率不宜大于 2.5%。沿梁全长顶面、底面的配筋，一、二级不应少于 2φ14，且分别不应少于梁顶面、底面两端纵向配筋中较大截面面积的 1/4；三、四级不少于 2φ12。

④ 一、二、三级框架梁内贯通中柱的每根纵向钢筋直径，对框架结构不应大于矩形截面柱在该方向尺寸的 1/20，或纵向钢筋所在位置圆形截面柱弦长的 1/20。

且梁端纵向受拉钢筋的配筋率不应大于 2.5%。

【例题 4-1】 框架梁正截面受弯抗震承载力验算

已知：某办公楼框架梁 $b \times h = 250\text{mm} \times 550\text{mm}$，$a'_s = 40\text{mm}$，$h_0 = h - a'_s = 550 - 40 = 510\text{mm}$，经计算不考虑地震作用组合的梁端负弯矩设计值为 224.16kN·m，考虑地震作用组合的梁端负弯矩设计值 $M = 300$kN·m；混凝土采用 C30（$f_c = 14.3\text{N/mm}^2$），钢筋采用 HRB335 级（$f_y = 300\text{N/mm}^2$，$\xi_b = 0.550$）。求：(1) 验算截面受压区高度是否满足要求；(2) 求纵向受力钢筋。

解：(1) 验算截面受压高度

查表 3-10 得知，梁的正截面受弯承载力调整系数 $\gamma_{RE} = 0.75$，按式 (4-25) 计算：

$$M \leqslant \frac{M_u}{\gamma_{RE}} = \frac{\alpha_1 f_c bx(h_0 - x/2)}{\gamma_{RE}} \quad \text{由此可得梁端混凝土受压区高度为：}$$

$$h_0 - \sqrt{h_0^2 - \frac{2\gamma_{RE}M}{\alpha_1 f_c b}} = 510 - \sqrt{510^2 - \frac{2 \times 0.75 \times 300 \times 10^6}{1 \times 14.3 \times 250}}$$

$$= 111\text{mm} < 0.35h_0 = 0.35 \times 510 = 178\text{mm}$$

满足要求。

(2) 在不考虑地震作用下按《混凝土结构设计规范》的要求，计算所配的纵向受力钢筋的面积为：

$$x = h_0 - \sqrt{h_0^2 - \frac{2M}{\alpha_1 f_c b}} = 510 - \sqrt{510^2 - \frac{2 \times 224.16 \times 10^6}{1 \times 14.3 \times 250}} = 143\text{mm}$$

$$A_s = \frac{\alpha_1 f_c bx}{f_y} = \frac{1.0 \times 14.3 \times 250 \times 143}{300} = 1704\text{mm}^2$$

$$\rho = \frac{1704}{250 \times 510} = 1.24\% > \max\left\{0.2\%, \ 65\frac{f_c}{f_y} = \frac{65 \times 14.3}{300} = 0.31\%\right\}$$

满足最小配筋率的要求。

2) 梁斜截面受剪承载力验算

①剪压比的限制

梁内平均剪应力与混凝土抗压强度设计值之比称为剪压比 $\left(\frac{N}{f_c A}\right)$，其中 N 为组合的轴向压力设计值。梁支座附近斜裂缝出现之前所承受的剪力绝大部分由混凝土截面承担，箍筋提供的抗剪承载力很小。如果梁的剪压比大于3以上，梁在剪力作用下会过早产生斜压破坏。为了防止梁产生斜压破坏有必要对梁的剪压比加以限制，通常是用限制梁截面最小尺寸不小于某个值去满足的。

框架梁、柱和连梁的截面组合的剪力设计值应符合下列要求：

跨高比大于2.5的梁及剪跨比大于2的柱

$$V \leqslant \frac{1}{\gamma_{RE}}(0.20 f_c b h_0) \tag{4-28}$$

跨高比等于或小于2.5的梁及剪跨比大于2的柱

$$V \leqslant \frac{1}{\gamma_{RE}}(0.15 f_c b h_0) \tag{4-29}$$

剪跨比应按下式计算：

$$\lambda = M^c/(V^c h_0) \tag{4-30}$$

式中 λ——剪跨比，应按柱端截面组合的弯矩计算值 M^c（即内力调整前的弯矩）、对应的截面组合剪力 V^c（即内力调整前的剪力）及截面的有效高度 h_0 确定，并取上下端计算结果的较大值；反弯点位于柱高中部的框架柱，可取柱净高与计算方向2倍柱截面高度之比值。

②按"强剪弱弯"的原则调整梁的截面剪力

为避免梁在弯曲破坏之前发生剪切破坏，应按"强剪弱弯"的原则调整框架梁端部截面组合的剪力设计值：

一、二、三级框架梁，其梁端截面组合剪力设计值 V 应按下式调整：

$$V = \eta_{vb}(M_b^l + M_b^r)/l_n + V_{Gb} \tag{4-31}$$

一级框架结构和9度的一级框架梁、连续梁可不按上式调整，但应符合下列要求：

$$V = 1.1(M_{bua}^l + M_{bua}^r)/l_n + V_{Gb} \tag{4-32}$$

式中 V——梁截面组合的剪力设计值；

l_n——梁的净跨；

V_{Gb}——梁在重力荷载代表值（9度时高层建筑还要包括竖向地震作用标准值）作用下，按简支梁分析的梁截面剪力设计值；

M_b^l、M_b^r——分别为梁左、右端反时针或顺时针方向组合弯矩设计值，一级框架两端弯矩均为负弯矩时，绝对值较小的弯矩应取零；

M_{bua}^l、M_{bua}^r——分别为梁左、右端反时针或顺时针方向实配的正截面抗震受弯承载力所对应的弯矩值，根据实配钢筋面积（计入受压钢筋）和材料强度标准值确定；

η_{vb}——梁端剪力增大系数，一级可取 1.3，二级可取 1.2，三级可取 1.1。

③框架梁斜截面抗剪承载力计算

一般框架梁，其斜截面抗震抗剪承载力应按下列式（4-33）计算：

$$V \leqslant \frac{1}{\gamma_{RE}}\left[0.42f_t bh_0 + 1.25f_{yv}\frac{A_{sv}}{s}h\right] \tag{4-33}$$

式中　b——梁截面宽度；

γ_{RE}——承载力抗震调整系数，按表 3-10 取用；

f_t——混凝土轴心抗拉强度设计值；

f_{yv}——箍筋抗拉强度设计值；

s——沿构件跨度方向箍筋的间距。

对于集中荷载作用下的框架梁（包括多种荷载，其中集中荷载对节点边缘产生的剪力值占总剪力的 75% 以上的情况），其斜截面受剪承载能力应按下式计算：

$$V \leqslant \frac{1}{\gamma_{RE}}\left[\frac{1.05}{\lambda+1}f_t bh_0 + f_{yv}\frac{A_{sv}}{s}h_0\right] \tag{4-34}$$

式中　λ——抗剪计算截面的剪跨比，可取 $\lambda=a/h_0$，a 为计算集中荷载作用点至支座截面或节点边缘的距离；当 λ 小于 1.5 时，取 1.5；当 λ 大于 3.0 时，取 3.0。

【例题 4-2】 框架梁斜截面承载力验算

某办公楼框架梁，$b \times h = 250\text{mm} \times 600\text{mm}$，$a_s = 40\text{mm}$，$l = 7000\text{mm}$，抗震等级为二级，考虑抗震等级的梁端剪力设计值 $V = 260\text{kN}$；混凝土采用 C20，钢筋采用 HRB335 级（$f_y = 300\text{N/mm}^2$，$\xi_b = 0.550$，3Φ20），箍筋为 HPB300 级（$f_y = 270\text{N/mm}^2$）。求：(1) 验算支座边缘截面抗剪承载力是否满足要求；(2) 求梁端所需要的箍筋。

解：（1）验算受剪截面是否满足要求

$l/h = 7000/600 = 11.7 > 2.5$，$h_0 = h - a'_s = 600 - 40 = 560\text{mm}$

查表 3-10 得知，斜截面受剪承载力调整系数 $\gamma_{RE} = 0.85$，由式（4-28）可得：

$$\frac{1}{\gamma_{RE}}(0.20f_c bh_0) = \frac{0.2 \times 9.6 \times 250 \times 560}{0.85} = 316 \times 10^3 N > 260 \times 10^3 N$$

满足要求。

（2）由式（4-33）可得该梁箍筋的数量为：

$$\frac{A_{sv}}{s} = \frac{V \cdot \gamma_{RE} - 0.42f_t bh_0}{1.25f_{yv}h_0}$$

$$= \frac{260 \times 10^3 \times 0.85 - 0.42 \times 1.1 \times 250 \times 560}{1.25 \times 270 \times 560} = 0.824\text{mm}^2/\text{mm}$$

选用双肢箍 $\phi 8$，则箍筋的间距为：$\dfrac{A_{sv}}{0.824} = \dfrac{2 \times 78.5}{0.824} = 123\text{mm}$，实际选用 2$\phi$8@120 满足要求。

（2）框架柱抗震承载力验算

1) 框架柱正截面承载力验算

考虑地震作用组合的框架柱正截面承载力应按非抗震规定计算，但在其承载力计算公式的右边应除以相应的承载能力抗震调整系数γ_{RE}。即按$M \leqslant M_u/\gamma_{RE}$计算，截面弯矩设计值应采用经过各项调整后的值，柱端弯矩设计值，应根据"强柱弱梁"的原则确定。

一、二、三级框架梁柱节点处，除框架顶层和柱的轴压比小于0.15时，柱端组合弯矩设计值应符合下列公式（4-23）、式（4-24）及相关规定的要求。

2) 框架柱斜截面抗震受剪承载力验算

① 柱端剪力设计值

按照"强剪弱弯"的原则确定柱端剪力设计值，一、二、三级的框架柱组合的剪力设计值V可按下式调整：

$$V = \eta_{vc}(M_c^b + M_c^t)/H_n \tag{4-35}$$

$$V = 1.2(M_{cua}^b + M_{cua}^t)/H_n \tag{4-36}$$

式中　V——柱截面组合的剪力设计值；

H_n——柱的净高；

M_c^t、M_c^b——分别为柱的上下端顺时针或反时针方向截面组合的弯矩设计值；

M_{cua}^t、M_{cua}^b——分别为偏心受压柱的上下端顺时针或反时针方向实配的钢筋提供的正截面抗震抗弯承载力所对应的弯矩，根据实配钢筋面积材料强度标准值和轴向压力等确定；

η_{vc}——柱剪力增大系数，对框架结构，一、二、三、四级可分别为1.5、1.3、1.2、1.1；对其他结构类型的框架，一级可取1.4，二级可取1.2，三、四级可取1.1。

② 框架柱受剪时截面尺寸应符合公式（4-28）、式（4-29）、式（4-30）限定的要求。

③ 框架柱斜截面受剪承载能力应按下式计算。

和构件正截面抗弯承载力计算一样，在进行框架柱斜截面抗剪承载力验算时，仍然采用不考虑地震作用情况下承载力验算公式的基本形式，但对地震作用下斜截面抗剪承载力应除以承载力抗震调整系数γ_{RE}，同时，考虑地震作用对钢筋混凝土柱承载力降低的不利影响，即可得出框架柱斜截面抗震承载力计算公式：

$$V \leqslant \frac{1}{\gamma_{RE}}\left[\frac{1.05}{\lambda+1}f_t bh_0 + f_{yv}\frac{A_{sv}}{s}h_0 + 0.056N\right] \tag{4-37}$$

式中　λ——框架柱的计算剪跨比，按前述的要求计算，当λ小于1.0时，取1.0；当λ大于3.0时，取3.0；

N——考虑地震作用组合的框架柱的轴向压力设计值，当N大于$0.3f_cA$时，取$0.3f_cA$。

④ 当框架柱出现拉力时，其斜截面受剪承载能力应按下式计算：

$$V \leqslant \frac{1}{\gamma_{RE}}\left[\frac{1.05}{\lambda+1}f_t bh_0 + f_{yv}\frac{A_{sv}}{s}h - 0.2N\right] \tag{4-38}$$

当公式右边括号内的计算值小于 $f_{yv}\dfrac{A_{sv}}{s}h_0$ 时，取 $f_{yv}\dfrac{A_{sv}}{s}h_0$，且 $f_{yv}\dfrac{A_{sv}}{s}h_0$ 不应小于 $0.36f_t bh_0$。

式中　N——考虑地震作用组合的框架柱的轴向拉力设计值。

（3）框架节点核芯区抗震承载力验算

1）核芯区截面有效验算宽度

①核芯区截面有效验算宽度，当验算方向的梁截面宽度不小于该侧柱截面宽度的 1/2 时，可采用该侧柱截面宽度；当小于该侧柱截面宽度 1/2 时，可采用下列二者的较小值：

$$b_j = b_b + 0.5h_c \tag{4-39}$$

$$b_j = b_c \tag{4-40}$$

式中　b_j——节点核芯区的截面有效验算宽度；

　　　b_b——梁截面宽度；

　　　b_c——验算方向柱截面的宽度；

　　　h_c——验算方向的柱截面高度。

② 当梁、柱的中线不重合且偏心距不大于柱宽的 1/4 时，核芯区截面有效验算宽度可采用上式和下式计算结果的较小值：

$$b_j = 0.5(b_b + b_c) + 0.25h_c - e \tag{4-41}$$

式中　e——梁与柱的偏心距。

2）节点核芯区的截面抗震验算

①一、二级框架梁柱节点核芯区组合的剪力设计值，应按下式确定：

$$V_j = \frac{\eta_{jb}\sum M_b}{h_{b0} - \alpha'_s}\left(1 - \frac{h_{b0} - \alpha'_s}{H_c - h_b}\right) \tag{4-42}$$

9 度时和一级框架结构尚应符合下列要求：

$$V_j = \frac{1.15\sum M_{bua}}{h_{b0} - \alpha'_s}\left(1 - \frac{h_{b0} - \alpha'_s}{H_c - h_b}\right) \tag{4-43}$$

式中　V_j——梁柱核芯区组合的剪力设计值；

　　　h_{b0}——梁截面的有效高度，节点两侧梁截面高度不等时可采用平均值；

　　　α'_s——受压钢筋合力作用点至受压边缘的距离；

　　　H_c——柱的计算高度，可采用节点上、下柱反弯点之间的距离；

　　　h_b——梁的截面高度，节点两侧梁截面高度不等时可采用平均值；

　　$\sum M_b$——节点左右梁端截面逆时针或顺时针方向组合的弯矩设计值之和，一级框架节点左右梁端均为负弯矩时，绝对值较小的弯矩应取零；

　$\sum M_{bua}$——节点左右梁端截面逆时针或顺时针方向实配的正截面钢筋和混凝土提供的抗震受弯承载力所对应的弯矩值之和，根据实配钢筋面积（计入梁受压筋和相关楼板钢筋）和材料强度标准值确定；

　　　η_{jb}——节点核芯区剪力增大系数，对框架结构，一、二级可分别为 1.35、1.2。

② 节点核芯区组合的剪力设计值，应符合下列要求：

$$V_j \leqslant \frac{1}{\gamma_{RE}}(0.30\eta_j f_c b_j h_j) \tag{4-44}$$

式中 η_j——正交梁的约束影响系数。楼板为现浇，梁柱中心线重合，四侧各梁截面宽度不小于该侧柱截面宽度的 1/2，且正交方向梁高度不小于框架梁高度的 3/4 时，可采用 1.5，9 度时宜采用 1.25，其他情况均宜采用 1.0；

h_j——节点核芯区截面高度，可采用验算方向的柱高度；

γ_{RE}——承载力抗震调整系数，可采用 0.85。

③ 节点核芯区截面抗震承载力应按下列公式进行验算：

$$V_j \leqslant \frac{1}{\gamma_{RE}}\left(1.1\eta_j f_c b_j h_j + 0.05\eta_j N \frac{b_j}{b_c} + f_{yv} A_{svj} \frac{h_{b0} - a'_s}{s}\right) \tag{4-45}$$

9 度时按下式计算：

$$V_j \leqslant \frac{1}{\gamma_{RE}}\left(0.9\eta_j f_c b_j h_j + f_{yv} A_{svj} \frac{h_{b0} - a'_s}{s}\right) \tag{4-46}$$

式中 N——对应于组合剪力设计值的上柱组合轴向压力较小值，其取值不应大于柱截面面积和混凝土轴心抗压强度设计值乘积的 50%，当为拉力时，取 $N=0$。

A_{svj}——核芯区有效验算宽度范围内，同一截面验算方向各肢箍筋的总截面面积；

s——箍筋的间距。

第五节 水平荷载作用下框架侧移的近似计算

一、概述

框架结构侧移刚度小，地震时水平位移大，如果地震引起的位移得不到有效控制，将会导致结构严重破坏甚至倒塌。为了保证建筑结构具有必要的刚度，应对其层间位移加以限制。在框架设计时，构件尺寸往往由结构的侧移变形决定。按照"三水准两阶段"设计法的思路，框架结构应进行"两阶段的设计"。一是对框架都必须进行多遇地震作用下层间弹性位移验算，以确保框架遭遇多遇地震影响后不发生破坏，对钢筋混凝土框架柱要避免出现裂缝。二是对钢筋混凝土框架结构要进行罕遇地震下层间弹塑性位移验算，以确保结构在罕遇大地震作用影响下具有足够的抗变形的能力，限制其弹塑性位移值足够的小，保证填充墙、隔墙和幕墙等非结构构件的完好，避免由于结构在罕遇地震影响下发生倒塌造成较大的人员损伤和财产损失。

二、框架侧移的组成

框架在水平地震剪力作用下的侧移由两部分组成，即总体剪切侧移和总体弯曲侧移。总体剪切侧移是由梁、柱弯曲变形（梁、柱本身的剪切变形甚微，工程实际中可以忽略）所导致的框架侧移，由于各楼层间剪力分布是楼层越靠下剪切力越大，所以楼层间剪切侧移具有越靠下层越大的特点。如果把整个框架假想为竖向悬臂构件，在水平作用影响下一侧（柱）受压缩短，一侧（柱）受拉伸长引起的侧移，这样就构成了总体弯曲变形。

三、多遇地震作用下层间弹性位移验算

(1) 侧移计算

理论分析表明,对于房屋总高 $H<50\text{m}$ 或高宽比 $H/B<4$ 的一般框架,弯曲侧移很小可以忽略不计,侧移主要指的是剪切总侧移。由前述内容知道第 i 层第 j 根柱的抗侧移刚度为 D_{ij},则第 i 层所有柱的总侧移刚度便为 ΣD_{ij},由此可计算出第 i 层第 j 根柱在多遇地震剪切力作用时上下节点的层内最大弹性层间位移(层间最大相对位移)为:

$$\Delta u_{ei} = \frac{V_i}{\sum_{j=1}^{s} D_{ij}} \tag{4-47}$$

式中 Δu_{ei}——框架结构第 i 层在多遇地震作用标准值产生的层内最大弹性层间位移。水平地震作用计算时采用多遇地震时的地震影响系数,各分项系数均采用 1.0。计算构件刚度时,采用弹性刚度;

V_i——多遇地震标准值产生的层间地震剪力标准值。

(2) 侧移验算

多遇地震作用下,框架机构的层间弹性位移应满足式(4-48)的要求。

$$\Delta u_{ei} \leqslant [\theta_e] h_i \tag{4-48}$$

式中 $[\theta_e]$——弹性层间角位移限值,混凝土框架结构取 1/550;

h_i——第 i 层框架的层高。

综上所述,验算多层框架在多遇地震作用下层间弹性侧移的步骤可以概括为:

1) 计算框架结构的梁、柱线刚度。

2) 计算柱的侧移刚度 D_{ik} 及 $\sum_{k=1}^{n} D_{ik}$。

3) 确定结构的基本自振周期 T_1。

4) 由表 3-3 查得地震影响系数 $\alpha_{\max}$,并按下式确定 α_1:

$$\alpha_1 = \left(\frac{T_g}{T}\right)^{\gamma} \eta_2 \alpha_{\max}$$

5) 求出框架底部总剪力,求出各质点的水平地震作用标准值,并求出楼层地震剪力标准值。

6) 求出层间侧移 Δu_{ei}。

7) 验算层间位移即 $\Delta u_{ei} \leqslant [\theta_e] h_i$。

四、罕遇地震下层间弹塑性位移验算

震害调查和理论分析证实,框架结构在罕遇大地震作用下,最先进入屈服状态的是结构薄弱层和薄弱部位。为此首先得确定结构的薄弱层和薄弱部位,然后仿照验算多遇地震作用下的弹性变形的思路进行框架结构层间弹塑性位移验算。

(1) 计算范围

《抗震规范》规定,下列结构宜进行高于本地区设防烈度预估的罕遇地震作用下薄弱层或薄弱部位的弹塑性侧移验算:

1) 7～9度时楼层屈服强度系数小于0.5的框架结构。
2) 甲类建筑中的框架和框架—抗震墙结构。

(2) 结构薄弱层位置的确定

结构薄弱层的位置可按下列情况确定：

1) 楼层屈服强度系数 ξ_y 沿高度分布均匀的结构，可取底层。
2) 楼层屈服强度系数 ξ_y 沿高度分布不均匀的结构，可取该系数最小的楼层和相对较小的楼层，一般不超过2～3处。

(3) 楼层屈服系数 ξ_y 的计算

楼层屈服系数按式（3-49）计算：

$$\xi_y(i) = \frac{V_y(i)}{V_e(i)}$$

(4) 楼层屈服承载力的确定

1) 计算梁柱的抗弯承载力

梁的极限抗弯承载力按下式计算：

$$M_{bu} = A_s f_{yk}(h_0 - \alpha'_s) \tag{4-49}$$

式中　f_{yk}——钢筋强度标准值；
　　　A_s——梁内中纵向受拉钢筋实际配筋面积；
　　　h_0——梁的截面有效高度。
　　　α'_s——梁、柱截面内受压钢筋合力中心到截面就近侧边缘的距离。

柱的极限抗弯承载力：当轴压比小于0.8或 $N_G/\alpha_1 f_{ck} b_c h_c \leq 0.5$ 按下式计算：

$$M_{cu} = A_s f_{yk}(h_0 - \alpha'_s) + 0.5 N h_c \left[1 - \frac{N}{1.1 b_c h_c \alpha_1 f_{ck}}\right] \tag{4-50}$$

式中　　　N——考虑地震组合时相应于设计弯矩的轴力，一般可取重力荷载代表值作用下的 N_G（分项系数取1.0）；
　　　　　f_{ck}——混凝土轴心抗拉强度标准值；
　　　　　α_1——混凝土强度等级调整系数，当混凝土强度等级不超过C50时取1.0；
　　$b_c、h_c、h_0$——柱截面的宽度、高度、有效高度。

2) 计算柱端截面有效受弯承载力 $\overline{M}_c$。

柱端有效受弯承载力与破坏机制有关，柱的破坏机制可以根据节点处梁柱极限抗弯承载力的不同情况来判断。

① 当 $\Sigma M_{cu} < \Sigma M_{bu}$，为强梁弱柱型。柱端有效受弯承载力可取该截面的极限受弯承载力，即

$$M^l_{c,i+1} = M^l_{cu,i+1} \tag{4-51}$$

$$M^l_{c,i} = M^l_{cu,i} \tag{4-52}$$

② 当 $\Sigma M_{cu} > \Sigma M_{bu}$ 时，为强柱弱梁型。节点上、下柱端都未达到极限受弯承载力。此时，柱端有效受弯承载力可根据节点平衡按柱线刚度将 ΣM_{bu} 比例分配，但不大于该截面的极限受弯承载力，即

$$M_{c,i+1}^t = \Sigma M_{bu} \frac{K_{i+1}}{K_i + K_{i+1}^1} \text{ 和 } M_{cu,i+1}^t \text{ 两者中的较小值}。$$

$$M_{c,1}^t = \Sigma M_{bu} \frac{K_{i+1}}{K_i + K_{i-1}^1} \text{ 和 } M_{cu,i}^t \text{ 两者中的较小值}。$$

式中 M_{bu} ——梁端极限受弯承载力；

    M_{cu} ——柱端极限受弯承载力；

    ΣM_{bu} ——节点左、右梁端反时针或顺时针方向截面极限受弯承载力之和；

    ΣM_{cu} ——节点上、下截面的柱端顺时针或反时针方向截面极限受弯承载力之和；

$M_{c,i}^u$、$M_{c,i+1}^u$、$M_{c,i-1}^u$ ——第 i 层、第 $i+1$、第 $i-1$ 层柱顶截面有效受弯承载力；

$M_{c,i}^t$、$M_{cu,i}^t$、$M_{cu,i-1}^t$ ——第 i 层、第 $i+1$、第 $i-1$ 层柱底截面有效受弯承载力；

  K_i、K_{i+1}、K_{i-1} ——第 i 层、第 $i+1$、第 $i-1$ 层柱的线刚度。

如何判别其中某一柱端已经屈服，这要从上、下柱端的极限抗弯承载力的相对比较以及上、下柱端分配的弯矩相互比较加以确定。一般规律是，某一柱端极限抗弯承载力较小或分配到的柱端弯矩较大者，可以认为最先屈服。

3）计算第 i 层 k 根柱的受剪承载力 V_{yik}

将 i 层各柱的屈服承载力相加，即

$$V_{yi} = \sum_{i=1}^{n} V_{yik} \tag{4-53}$$

4）薄弱层的层间弹性位移计算。

《抗震规范》规定，对于不超过 12 层且楼层刚度无突变的框架结构和填充墙框架结构可采用简化计算方法，即薄弱层的层间弹塑性位移可按下式计算：

$$\Delta u_{pi} = \eta_{pi} \Delta u_{ei} \tag{4-54}$$

式中 Δu_{ei} ——罕遇大地震作用下按弹性分析方法得到的层间位移，可按式（4-55）计算。这里需要强调的是，此处的 Δu_e 与前面计算的小震下的弹性位移不同；

$$\Delta u_{ei} = \frac{V_{ei}}{\sum_{k=1}^{s} D_{ik}} \tag{4-55}$$

   η_{pi} ——可按表 3-13 取用。

（5）层间弹塑性位移按下式验算：

$$\Delta u_p = [\theta_p]h \tag{4-56}$$

式中 $[\theta_p]$ ——层间弹塑性位移角限值，取 1/50；当框架柱的轴压比小于 0.4 时，可提高 10%，当柱沿全高加密箍筋并比最小配箍特征值大 30% 时，可提高 20%，但累计不超过 25%；

   h ——薄弱层的层高。

第六节 钢筋混凝土框架房屋抗震构造措施

一、一般规定

1. 纵向受力钢筋的锚固和连接

(1) 纵向受力钢筋的抗震最小锚固长度 l_{aE} 应按下列公式采用：

一、二级： $\quad l_{aE} = 1.15 l_a$ (4-57)

三级： $\quad l_{aE} = 1.05 l_a$ (4-58)

四级： $\quad l_{aE} = 1.0 l_a$ (4-59)

式中 l_a——纵向基本钢筋的锚固长度，普通钢筋按下式计算：

$$l_a = \alpha \frac{f_y}{f_t} d \tag{4-60}$$

式中 f_y——纵向钢筋的抗拉强度设计值；

f_t——混凝土抗拉强度设计值；

d——钢筋的直径；

α——钢筋的外形系数，光面钢筋取 0.16，带肋钢筋取 0.14。

对于 HRB335 和 HRB400 级钢筋，当其直径大于 25mm 时，锚固长度应乘以 1.1，对于环氧树脂涂层带肋钢筋，锚固长度应乘以 1.25。

(2) 钢筋混凝土结构构件的纵向受力钢筋的连接接头规定：

1) 钢筋混凝土结构构件的纵向受力钢筋有绑扎连接、机械连接或焊接两大类。当受拉纵筋直径大于 28mm 及受压纵筋直筋大于 32mm 时，不宜采用绑扎的搭接接头。

2) 纵向受力钢筋连接接头位置宜设置在受力较小处，且宜避开梁端、柱端箍筋加密区，同一根钢筋上宜少设接头。

3) 位于同一区段内的受力钢筋接头面积百分率：对梁类、板类、墙类构件，不宜大于 25%；对于柱类构件，不宜大于 50%；当工程中确有必要增大受拉钢筋搭接接头面积百分率时，对梁类构件不应超过 50%；对板类、墙类和柱类构件，可根据实际情况放宽。

4) 同一构件中相邻钢筋的搭接接头宜互相错开。不在同一连接区段内的绑扎搭接接头中心间距不应小于 1.3 倍搭接长度，也即绑扎搭接钢筋端部间距不应小于 1.3 倍搭接长度，如图 4-6 所示。

受力钢筋机械接头的位置宜相互错开。当钢筋机械接头位于不大于 $35d$ 的范围时，应视

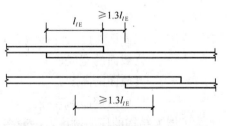

图 4-6 钢筋绑扎搭接接头的连接区段

为同一连接区段内；受力钢筋焊接接头的位置应相互错开。当钢筋焊接接头位于不大于 $35d$ 且不大于 500mm 的长度范围时，应视为同一搭接区段内。

(3) 当采用搭接接头时，其搭接长度 l_{lE} 应按下式计算：

$$l_{lE} = \zeta l_{aE} \tag{4-61}$$

式中 ζ——受拉钢筋搭接长度修正系数，按表 4-11 的规定采用。

受拉钢筋搭接长度修正系数 ζ				表 4-11
同一连接区段内搭接钢筋面积百分率（%）	≤25	50		100
搭接程度修正系数 ζ	1.2	1.4		1.6

二、箍筋的构造要求

（1）HPB300 级、HRB335 级钢筋作箍筋时，钢筋末端应做成 135°弯钩，弯钩端头平直段长度不应小于钢筋直筋的 10 倍，如图 4-7 所示。

（2）在纵向受力钢筋搭接长度范围内的箍筋间距不应大于搭接钢筋较小直径的 5 倍，且不应大于 100mm。

（3）对混凝土和钢筋的要求与第一章抗震概念设计中对钢筋和混凝土材料的要求相同。

三、梁的抗震构造措施

1. 梁的截面尺寸

框架梁的截面尺寸宜符合下列基本尺寸要求：

（1）截面宽度不宜小于 200mm。强震作用下梁端塑性铰区混凝土保护层容易剥落，若梁截面宽度过小，此时，将使梁截面减少的比例明显加大。

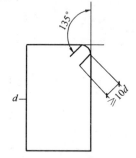

图 4-7 箍筋的弯钩要求

（2）梁截面高宽比不宜大于 4，以防止在梁刚度降低后引起侧向失稳。

（3）净跨与梁截面高度之比不宜小于 4。若跨高比小于 4，则属于短梁，在反复弯矩作用下，斜裂缝将沿梁全长发展，从而使梁的延性和承载力急剧下降。

采用梁宽大于柱宽的扁梁时，为了避免和减少扭矩的不利影响，楼板应现浇，梁中线宜与柱中线重合；为了使宽扁梁端部在柱外的纵向钢筋有足够的锚固，扁梁应双向布置；扁梁不宜用于一级框架。

扁梁的截面尺寸应符合下列要求，并应满足现行有关规范对挠度和裂缝宽度的规定：

$$b_b \geqslant 2b_c \tag{4-62}$$

$$b_b \leqslant b_c + h_b \tag{4-63}$$

$$h_c \geqslant 16d \tag{4-64}$$

式中　b_b——柱截面宽度，圆形截面取柱直径的 0.8 倍；

　　　b_c——梁截面的宽度；

　　　h_b——梁截面的高度；

　　　d——柱纵向钢筋的直径。

为了增大结构的横向刚度，一般多采用横向框架承重，所以，横向框架梁的高度要设计得大一些。另外，为了避免在框架节点处纵、横向钢筋互相干扰，通常纵梁底部比横梁底部高出 50mm 以上。

2. 梁的纵向钢筋配置原则

梁端截面是抗震设计时考虑在强震下产生塑性铰的地方，所以要保证梁端截面有足够的延性，主要可以从以下四个方面来保证：

（1）控制梁端截面相对受压区高度，梁的变形能力主要取决于梁端塑性铰转动能力的大小，而梁的塑性转动能力的大小与梁截面混凝土受压相对高度有关，当梁截面受压区混凝土相对受压高度为 $\xi = \dfrac{x}{h_0} = 0.25 \sim 0.35$ 范围时，梁的位移延性系数可达 3～4。

（2）控制梁截面纵向钢筋的配筋率，以防超筋。

（3）控制梁端底面和顶面纵向钢筋的比值，该比值同样对梁的变形能力有较大影响，梁底面的钢筋可增加负弯矩时的塑性转动能力，还能防止在地震中梁底出现正弯矩时过早屈服或破坏过重影响承载力和变形能力的正常发挥。

（4）梁端箍筋加密，当箍筋间距小于 $(6 \sim 8)d$（d 为纵筋直径）时，混凝土压溃前受压钢筋不致压屈，延性较好。

3. 梁的纵筋配置一般要求

（1）梁端纵向受拉钢筋的配筋率不宜大于 2.5%，沿梁全长顶面、底面的配筋，一二级不应小于 $2\phi14$，且分别不应小于梁顶面、底面两端纵向配筋中较大面积的 1/4，三、四级不应小于 $2\phi12$；梁端计入受压钢筋的梁端混凝土受压区高度和有效高度之比 $\xi = \dfrac{x}{h_0}$ 应满足式（4-26）、式（4-27）的要求。

（2）梁端截面的底部和顶部纵向钢筋配筋率的比值，除按计算确定外，一级不应小于 0.5，二、三级不应小于 0.3。

（3）梁端截面的底部和顶部纵向受力钢筋，一、二级不应少于 $2\phi14$，且分别不应少于梁两端顶面和底面纵向钢筋中较大截面面积的 1/4；三、四级不应少于 $2\phi12$。

（4）一、二、三级框架梁内贯通中柱的每根纵向钢筋直径，对矩形截面柱，不宜大于柱在该方向截面尺寸的 1/20；对圆形截面柱，不宜大于纵向钢筋所在位置柱截面弦长的 1/20。

4. 梁端部箍筋配置要求

在地震作用下梁端部容易产生剪切破坏，因此，在梁端部一定范围内，箍筋间距应适当加密（该范围成为箍筋加密区）（图 4-8）。梁端加密区的箍筋配置，应符合下列要求：

（1）加密区的长度、箍筋间距和最小箍筋直径应符合表 4-12 规定。当梁端纵向受拉钢筋配筋率大于 2% 时，表 4-12 中箍筋最小直径数值增大 2mm。

（2）加密区的箍筋肢距，一级不宜大于 200mm 和 20 倍箍筋直径的较大值，二、三级不宜大于 250mm 和 20 倍箍筋直径的较大值，四级不宜大于 300mm。

梁端箍筋加密区的长度、箍筋的最大间距和最小直径　　　　　　　　表 4-12

抗震等级	加密区长度（采用较大值 mm）	箍筋最大间距（采用较大值 mm）	箍筋最小直径（mm）
一	$2h_b$，500	$h_b/4$，$6d$，100	10
二	$1.5h_b$，500	$h_b/4$，$8d$，100	8
三	$1.5h_b$，500	$h_b/4$，$8d$，100	8
四	$1.5h_b$，500	$h_b/4$，$8d$，100	6

注：d 为纵向钢筋直径，h_b 为梁截面高度。

（3）第一个箍筋应设置在距构件节点边缘不大于 50mm 处；非加密区的箍筋最大间距不宜大于加密区箍筋最大间距 2 倍。

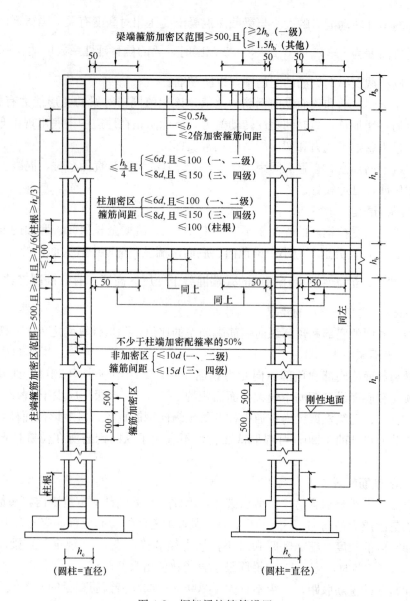

图 4-8 框架梁柱箍筋设置

沿梁全长箍筋的配筋率 ρ_{sv} 应符合下列要求：

一级：
$$\rho_{sv} \geqslant 0.32 f_t / f_y \qquad (4\text{-}65)$$

二级：
$$\rho_{sv} \geqslant 0.28 f_t / f_y \qquad (4\text{-}66)$$

三、四级：
$$\rho_{sv} \geqslant 0.26 f_t / f_y \qquad (4\text{-}67)$$

四、框架柱的抗震构造措施

1. 柱的截面尺寸

框架柱的截面尺寸应符合下列要求：

(1) 截面宽度和高度，四级或不超过二层时不宜小于300mm；一、二、三级且超过2层时不宜小于400mm；圆柱直径，四级或不超过二层时不宜小于350mm，一、二、三级且超过2层时不宜小于450 mm。

(2) 剪跨比宜大于 2。

(3) 柱的截面长边与短边的宽度比不宜大于 3。

(4) 为了避免发生剪切破坏，柱的净高与截面高度比宜大 4。

2. 轴压比限值

柱的轴压比是指柱组合的轴压力设计值与柱的全截面积和混凝土轴心抗压强度设计值乘积之比值，即

$$\lambda_N = \frac{N}{f_c bh} \tag{4-68}$$

式中　λ_N ——柱的轴压比；

　　　N ——柱的组合轴压力设计值。抗震验算时取有地震作用效应组合时的轴向力设计值。

震害和理论分析都表明，框架柱的轴压比越大，结构延性越差，震害就越严重。因此，《抗震规范》规定框架柱的轴压比不宜超过表 4-13 的规定，建造于 Ⅳ 类场地的较高的高层建筑的轴压比的限值应适当地减少。

柱轴压比限值 λ_N　　　　　　　　　　表 4-13

结构类型	抗 震 等 级			
	一	二	三	四
框架柱	0.65	0.75	0.85	0.9

注：1. 表内限值仅适用于剪跨比大于 2，混凝土强度等级不高于 C60 的柱；剪跨比不大于 2 的柱轴压比的限值应降低 0.05；剪跨比小于 1.5 的柱，轴压比的限值应专门研究并采取特殊构造措施；

2. 沿柱全高采用井字复合箍，且箍筋的肢距不大于 200mm；间距不大于 100mm、直径不大于 12mm；沿柱全高采用复合螺旋箍筋、螺距不大于 100mm、箍筋肢距不大于 200mm、直径不小于 12mm；沿柱全高采用连续复合矩形螺旋箍、螺旋净距不大于 80mm、箍筋肢距不大于 200mm、直径不小于 10mm，轴压比限值均可增加 0.10。上述三种箍筋的配筋特征值均应按增加的轴压比由表 4-13 表确定；

3. 在柱截面中部附加芯柱，其中另加的纵向钢筋的总面积不少于柱截面积的 0.8%，柱轴压比限值可增加 0.05；此项措施与注 2 的措施共同采用时，轴压比限值均可增加 0.15，但箍筋的配筋特征值仍可按轴压比增加 0.10 的要求确定；

4. 柱轴压比不应大于 1.05。

3. 柱的纵筋配置

柱的纵筋配置应符合下列要求：

(1) 柱内的纵筋宜对称配置。

(2) 柱截面尺寸大于 400mm 的柱，纵向钢筋间距不宜大于 200mm。

(3) 柱纵向钢筋的最小配筋率应按表 4-14 采用，同时每一侧配筋率不小于 0.2%；对于建造于 Ⅳ 类场地土上的较高的高层建筑，表中的数值宜增加 0.1。

(4) 柱的总配筋率不应大于 5%，剪跨比大于 2 的一级框架柱，每侧纵向钢筋配筋率不宜大于 1.2%。

(5) 边柱、角柱在地震作用时地震组合产生小偏心受拉时，柱内纵筋总截面积应比计算值增加 25%。

(6) 柱内纵向钢筋的绑扎接头应避开柱端的钢筋加密区。

柱截面纵向钢筋的最小配筋率（%）　　　　　　　　　　表 4-14

类　别	抗　震　等　级			
	一	二	三	四
中柱和边柱	0.9(1.0)	0.7(0.8)	0.6(0.7)	0.5(0.6)
角柱、框支柱	1.1	0.9	0.8	0.7

注：1. 括号内的数值用于框架结构的柱；
　　2. 采用 HRB400 级热轧钢筋时，应允许减少 0.1；
　　4. 混凝土强度等级高于 C60 时应增加 0.1。

4. 柱的箍筋构造要求

（1）柱的箍筋加密范围，应按下列规定采用：

1）柱端取截面高度（圆柱为直径），柱净高 1/6 和 500mm 三者的较大值。

2）底层柱、柱根不小于柱高的 1/3；当有刚性地面时，除柱端外尚应取刚性地面上下各 500mm。

3）剪跨比不大于 2 的柱、因设置填充墙等形成的柱净高与柱截面高度之比不大于 4 的柱，取全高。

4）框支柱取全高。

5）一、二级框架的角柱取全高。

（2）柱的加密箍筋间距和直径规定如下：

1）一般情况下，箍筋的最大间距和最小直径按表 4-15 采用。

柱端箍筋加密区箍筋的最大间距和最小直径　　　　　　　表 4-15

抗震等级	箍筋最大间距（采用较小者 mm）	箍筋最小直径（mm）
一	6d, 100	10
二	8d, 100	8
三	8d, 150（柱根 100）	8
四	8d, 150（柱根 100）	6（柱根 8）

注：1. d 为柱纵筋最小直径；
　　2. 柱根指框架底层柱下端箍筋加密区。

2）一级框架柱的箍筋直径大于 12mm，肢距不大于 150mm 及二级框架柱箍筋直径不小于 10mm 的箍筋肢距不大于 200mm 时，除底层柱下端外，最大间距应允许采用 150mm，三级框架柱截面尺寸不大于 400 mm 时，箍筋的最小直径允许采用 6mm，四级框架柱剪跨比不大于 2 时，箍筋直径不应小于 8mm。

3）框支柱和剪跨比不大于 2 的柱，箍筋间距不应大于 100mm。

（3）柱箍筋形式有普通箍、复合箍、螺旋箍和连续复合螺旋箍，如图 4-9 所示。

（4）柱箍筋加密区箍筋肢距，一级不宜大于 200mm；二、三级不宜大于 250mm；四级不宜大于 300mm。至少每隔一根纵向钢筋宜在两个方向有箍筋或拉筋约束；采用拉筋复合箍筋时，拉筋宜仅靠纵向钢筋并勾住箍筋。

（5）柱箍筋加密区的构造要求

1）最小体积配筋率，宜符合下式要求：

$$\rho_v = \lambda_v f_c / f_{yv} \tag{4-69}$$

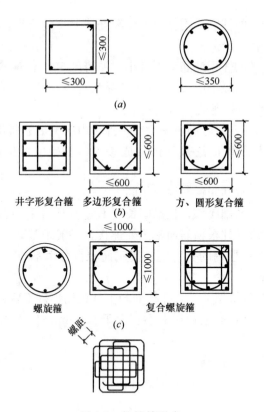

图 4-9 柱箍筋形式
(a) 普通箍；(b) 复合箍；(c) 螺旋箍

式中 ρ_v ——柱箍筋加密区体积配筋率，一级不应小于 0.8%，二级不应小于 0.6%，三、四级不应小于 0.4%，计算复合螺旋箍的体积配筋率时，其非螺旋箍的箍筋体积应除以换算系数 0.8。

λ_v ——最小配箍特征，宜按表 4-16 采用。

f_c ——柱混凝土轴心抗压强度设计值，强度等级低于 C35 时按 C35 计算；

f_{yv} ——箍筋或拉筋抗拉强度设计值，f_{yv} 超过 360N/mm² 时，应取 360N/mm² 计算。

柱端箍筋加密区箍筋的最小配箍特征值 λ_v　　　　表 4-16

抗震等级	箍筋形式	柱轴压比								
		≤0.3	0.4	0.5	0.6	0.7	0.8	0.9	1.0	1.05
一	普通箍、复合箍	0.10	0.11	0.13	0.15	0.17	0.20	0.23		
	螺旋箍、复合或连续复合矩形螺旋箍	0.08	0.09	0.11	0.13	0.15	0.18	0.21		
二	普通箍、复合箍	0.08	0.09	0.11	0.13	0.15	0.17	0.19	0.22	0.24
	螺旋箍、复合或连续复合矩形螺旋箍	0.06	0.07	0.09	0.11	0.13	0.15	0.17	0.20	0.22
三	普通箍、复合箍	0.06	0.07	0.09	0.11	0.13	0.15	0.17	0.20	0.22
	螺旋箍、复合或连续复合矩形螺旋箍	0.05	0.06	0.07	0.09	0.11	0.13	0.15	0.18	0.20

注：普通箍是指单个矩形和单个圆形箍，复合箍指由矩形、多边形、圆形和拉筋组成的箍筋；复合螺旋箍筋指由螺旋箍与矩形、多边形、圆形箍筋和拉筋组成的箍筋；连续复合螺旋箍筋指全部螺旋箍筋由一根钢筋加工而成的箍筋。

2) 剪跨比不大于 2 的柱宜采用复合螺旋箍筋或井字复合箍，其体积配筋率不应小于 1.2%；9 度时不应小于 1.5%。

3) 柱箍筋加密区的体积配筋率不宜小于加密区 50%；箍筋间距：一、二级不应大于 10 倍纵筋直径，三、四级不应大于 15 倍的纵筋直径。

5. 柱的纵向钢筋锚固和连接

柱的纵向钢筋锚固和连接除满足一般规定外，尚应满足下列要求：

(1) 现浇框架柱与基础的连接应保证固接。由基础中留出插筋，与柱的纵向钢筋搭接。

1) 插筋的直筋、根数和间距与柱筋相同。

2) 插筋一般均伸至基础底部，且锚固长度不应小于 l_{aE}；基础内需设置 2~3 道箍筋。

3) 柱纵筋与插筋应在柱根箍筋加密区外连接，一般距基础顶面或连系梁面不宜少于 500mm；位于同一连接区段内的受力钢筋接头面积百分率不应超过 50%；一级框架柱纵筋宜采用机械连接或焊接。

(2) 下柱纵筋应穿过楼层节点，在楼面与上柱纵筋连接不应在中间层节点中截断。连接接头宜在箍筋加密区外，一般距楼面不宜少于 500mm；位于同一连接区段内的受力钢筋接头面积百分率不宜超过 50%。

五、框架节点抗震构造措施

1. 梁、柱的纵向钢筋在节点内的锚固和搭接

(1) 楼层中间节点

梁上部纵向钢筋应贯穿楼层中间节点；梁下部纵筋深入中间节点的锚固长度不应小于 l_{aE}，且伸过柱中线不应小于 $5d$，如图 4-10(a) 所示。

(2) 楼层边节点

梁上部纵向钢筋在楼层边节点内用直线锚固方式锚入边节点时，其锚固长度除不应小于 l_{aE} 外，并应伸过节点中心线不小于 $5d$。当纵向钢筋在节点内水平直线段锚固长度不足时，应伸过柱外边并向下弯折，弯折前的水平投影长度不应小于 $0.40 l_{aE}$，弯折后的垂直投影长度取 $15d$，如图 4-10(b) 所示。

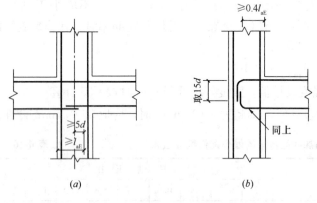

图 4-10 梁的纵向钢筋在楼层节点范围内的锚固

(3) 顶层中间节点

1) 顶层中间节点的纵向钢筋直接伸至柱顶面，其锚固长度不应小于 l_{aE}。当直线锚固长度不足时，柱纵向钢筋直接伸至柱顶后向内弯折，弯折前的垂直投影长度不应小于 $0.5 l_{aE}$，弯折后的水平投影长度取 $12d$，如图 4-11 所示。

2) 当楼盖为现浇楼盖时，且板的混凝土强度等级不低于 C20、板厚不小于 80mm 时，柱纵向钢筋直接伸至柱顶后也可向外弯折，弯折后的水平投影长度取 $12d$。

(4) 顶层边节点

在框架顶层边节点，梁上部纵向钢筋与柱外侧纵向钢筋的搭接做法有如下两种：

1) 搭接接头可沿外边及梁上边布置，如图 4-12 所示，搭接长度不应小于 $1.5 l_{aE}$。柱外侧纵向钢筋应有不少于 65% 伸入梁内，其中不能伸入梁内的柱外侧纵向钢筋宜沿柱顶伸至柱内边；当该柱筋位于顶部第一层时，伸至柱内边后，宜向下弯折不少于 $8d$ 长度后截断，如图 4-12(a) 所示。当该柱位于顶部第二层时，伸至柱内边后截断；当楼盖为现浇混凝土时，且板的混凝土强度等级不低于 C20、板厚不小于 80mm 时，梁宽范围外的柱纵向钢筋可伸入现浇板内，其伸入长度与伸入梁内柱纵筋相同。

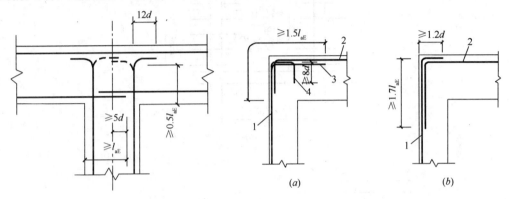

图 4-11 梁、柱纵向钢筋在顶层中间节点内的锚固

图 4-12 梁、柱的纵向钢筋在顶层边节点范围内的锚固和搭接

当柱外侧纵向钢筋配筋率大于 1.2% 时，伸入梁内钢筋宜分两批截断，其截断点间距不宜小于 $20d$。

梁上部纵向钢筋应伸至柱外边后向下弯折到梁底标高。

这种搭接做法梁筋不伸入柱内，便于钢筋施工。

2) 当梁柱配筋率较高时，可将外侧柱筋伸至柱顶，梁上部纵筋伸至节点外边后向下弯折与柱外侧纵筋搭接，其直接搭接长度不应小于 $1.70 l_{aE}$，如图 4-12(b) 所示，其中外侧柱筋伸至柱顶后向内弯折，弯折后的水平投影长度不宜小于 $12d$。

这种搭接做法柱顶水平钢筋数量较少，便于浇注混凝土。

顶层边节点的柱内侧纵筋锚固做法同顶层中节点；梁下部纵筋锚固做法同楼层边节点。

梁上部纵筋和在外侧柱筋顶层边节点上角处的弯弧内半径，当钢筋直径 $d \leqslant 25mm$ 时，不宜小于 $6d$；当钢筋直径 $d > 25mm$ 时，不宜小于 $8d$。当梁上部纵筋配筋率大于 1.2% 时，弯入柱外侧的梁上部纵筋分两批截断，其截断点间距不宜小于 $20d$。

2. 节点核芯区抗震构造

(1) 框架节点核芯区箍筋的最大间距和最小直径按表 4-12 采用。

(2) 框架节点核芯区配箍特征值抗震等级是一级不宜小于 0.12，二级不宜小于 0.10，三级不宜小于 0.08，且体积配筋率抗震等级为一级不宜小于 0.65%，二级不宜小于 0.5%，三级不宜小于 0.4%。

(3) 柱剪跨比不大于 2 的框架节点核芯区配箍特征值不宜小于核芯区上、下柱端的较大配箍特征。

六、砌体填充墙抗震构造措施

砌体填充墙宜与柱脱开或采用柔性连接，并应符合下列要求：

（1）砌体的砂浆强度等级不宜低于 M5，墙顶应与框架梁密切结合。

（2）填充墙应沿框架柱全高每隔 500mm 设 $2\phi6$ 拉筋，拉筋伸入墙内的长度：6、7度时不应小于墙长的 1/5 且不小于 700mm；8、9 度时宜沿全墙贯通，如图 4-13(a) 所示。

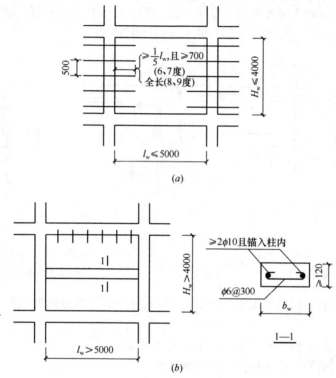

图 4-13　填充墙与框架连接

（3）墙长大于 5m 时，墙顶与梁宜有拉结，墙长超过层高 2 倍时，宜设置构造柱；墙高超过 4m 时，墙体半高宜设置与连接且沿墙全长贯通的钢筋混凝土水平系梁，如图 4-13（b）所示。

第七节　多层框架结构抗震设计实例

一、设计资料

某四层教学楼，采用现浇混凝土框架结构，抗震设防烈度 7 度，设计基本地震加速度为 $0.15g$，设计地震分组为第二组，Ⅱ类场地。经计算楼层重力荷载代表值为：$G_4 = 5972\text{kN}$，$G_3 = G_2 = 8646\text{kN}$，$G_1 = 8872\text{kN}$。框架梁柱采用 C30 混凝土，主的截面尺寸：450mm×450mm，边梁的截面尺寸为 250mm×600mm，走廊梁截面尺寸为 250mm×400mm；其结构平面、剖面计算简图如图 4-14 所示。

建筑做法如下：

1. 墙身做法：墙身为普通机制空心砖填充墙，M5 水泥砂浆砌筑。内粉刷为混合砂浆

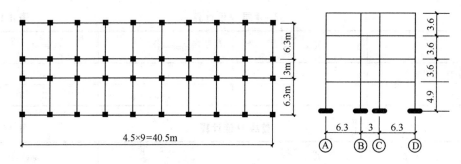

图 4-14 框架结构平面、剖面计算简图

底,纸筋灰面,厚 20mm,"803"内墙涂料两度。外粉刷为 1:3 水泥砂浆底,厚 20mm,外墙保温聚苯板 60mm 厚,结合纱网一道,保温砂浆 20mm 厚,外涂外墙涂料两道。

2. 楼面做法:顶层为 20mm 厚水泥砂浆找平,5mm 厚 1:2 水泥砂浆加"108"胶水着色粉面层;底层为 15mm 厚纸筋面石灰抹底,涂料两度。

3. 屋面做法:现浇楼板上铺膨胀珍珠岩保温层(檐口处厚 100mm,2% 自两侧檐口向中间找坡),1:2 水泥砂浆找平层厚 20mm,二毡三油防水层。

4. 门窗做法:窗全部为铝合金窗,门厅处为钢化全玻不锈钢框门,其他均为钢质防盗门。

试验算在横向水平多遇地震作用下的弹性位移,并绘出框架地震弯矩图。

二、地震作用及内力的求解:

1. 求楼层总重力荷载代表值

$$\sum_{i=1}^{4} G_i = G_1 + G_2 + G_3 + G_4 = 32136 \text{kN}$$

2. 横向框架梁的线刚度、柱的线刚度及侧移刚度

1) 横梁线刚度计算见表 4-17。

横梁的线刚度计算 表 4-17

楼层	类别	E_b (N/mm²)	$b \times h$ (mm×mm)	l (mm)	$I_0 = bh^3/12$ (mm⁴)	$k_{b0} = E_b I_0 / l$ ($\times 10^{10}$ N·mm)	$k_b = 2.0 k_{b0}$ ($\times 10^{10}$ N·mm)
1~4	边跨梁	3.0×10^4	250×600	6300	4.5×10^9	2.14	4.28
	中跨梁	3.0×10^4	250×400	3000	1.33×10^9	1.33	2.66

注:为了简化计算,取中部框架梁,截面惯性矩增大系数均采用 2.0。

2) 柱的线刚度计算见表 4-18。

柱的线刚度 表 4-18

楼层	截面 (mm×mm)	层高 (mm)	E_c (N/mm²)	$I_0 = bh^3/12$ (mm⁴)	$k_{c0} = E_c I_0 / H$ (N·mm)
2~4	450×450	3600	3.0×10^4	3.42×10^9	2.86×10^{10}
1	450×450	4900	3.0×10^4	3.42×10^9	2.10×10^{10}

3) 框架柱侧移刚度 D 值

2~4 层 D 值计算　　　　　　　　　　　　　　　　　表 4-19

D	$\overline{K}=\dfrac{\sum k_b}{2k_b}$	$\alpha=\dfrac{\overline{K}}{2+\overline{K}}$	$D=\alpha k_b \dfrac{12}{h^2}$
中柱（20 根）	2.43	0.55	1.46×10^4
边柱（20 根）	1.5	0.43	0.84×10^4

首层 D 值计算　　　　　　　　　　　　　　　　　表 4-20

D	$\overline{K}=\dfrac{\sum k_b}{2k_b}$	$\alpha=\dfrac{0.5+\overline{K}}{2+\overline{K}}$	$D=\alpha k_b \dfrac{12}{h^2}$
中柱（20 根）	3.30	0.72	0.76×10^4
边柱（20 根）	2.04	0.63	0.66×10^4

3. 自振周期 T_1 的计算（见表 4-21）

自振周期 T_1 的计算　　　　　　　　　　　　　　　表 4-21

楼层	G_i (kN)	$\sum G$ (N/mm)	$\sum D$ (N/mm)	$\Delta_{i-1}-\Delta_i=\sum G_i/\sum D$ (m)	$u_T=\sum\Delta_i$ (m)
4	5972	5972	46.0×10^4	0.013	0.2086
3	8646	14628	46.0×10^4	0.0318	0.1956
2	8646	23264	46.0×10^4	0.0506	0.1638
1	8872	32136	28.4×10^4	0.1132	0.1132

按顶点位移法计算，考虑到框架填充墙对框架刚度的影响，取基本周期调整系数为 $\psi_T=0.6$。

$$T_1 = 1.7\psi_T\sqrt{u_T} = 1.7\times0.6\times\sqrt{0.2086} = 0.47\text{s}$$

4. 多遇地震水平地震作用标准值

查表 3-2，$\alpha_{max}=0.12$。查表 3-3，Ⅱ类场地，设计分组为二组，$5T_g>T_1>T_g$，故

$$\alpha_1 = \left(\dfrac{T_g}{T_1}\right)^{0.9}\alpha_{max} = \left(\dfrac{0.4}{0.47}\right)^{0.9}\times0.12 = 0.103$$

结构总水平地震作用标准值：

$$F_{Ek} = \alpha_1 G_{eq} = \alpha_1\times0.85\sum_i^4 G_i = 0.103\times0.85\times32136 = 2813.5\text{kN}$$

因为 $T_1=0.47<1.4T_g=0.56$（s），所以不考虑附加地震作用。

5. 各层地震作用和楼层地震剪力的分配（见表 4-22）

各层地震作用和楼层地震剪力的分配　　　　　　　　表 4-22

楼层	G_i (kN)	H_i (m)	G_iH_i (kN·m)	$F_i=\dfrac{G_iH_i}{\sum_{j=1}^n G_jH_j}F_{EK}$ (kN)	$V_i=\sum_{j=i}^n F_j$ /(kN)
4	5972	15.7	93760.4	836.5	836.5
3	8646	12.1	104615.6	933.4	1769.9
2	8646	8.5	73491	655.7	3435.6
1	8872	4.9	43472.8	387.9	2813.5

6. 楼层弹性侧移验算（见表 4-23）。

楼层弹性侧移验算　　　　　　　表 4-23

V_i (kN)	D_i (N/mm)	ΣD_i / (N/mm)	V_{ik} (kN)	Δu_e (m)
836.5	1.46×10^4	46×10^4	26.5	1.82×10^{-3}
	0.84×10^4		15.28	
1769.9	1.46×10^4	46×10^4	56.18	3.85×10^{-3}
	0.84×10^4		32.32	
2425.6	1.46×10^4	46×10^4	79.66	5.27×10^{-3}
	0.84×10^4		44.29	
2813.5	0.76×10^4	2.84×10^4	64.90	9.0×10^{-3}
	0.66×10^4		67.77	

首层：$\Delta u_e = \dfrac{0.009}{4.9} \approx \dfrac{1}{550}$，满足要求；二层：$\Delta u_e = \dfrac{0.00527}{3.6} = \dfrac{1}{683} < \dfrac{1}{550}$，满足要求，其余各层均满足要求。

7. 水平地震作用下框架内力计算（见表 4-24～表 4-26）

（1）柱端弯矩计算（表 4-24）

柱端弯矩标准值　　　　　　　表 4-24

部位		层高 (m)	V_{ik} (kN)	$\overline{K}$	y	$M_下$ (kN·m)	$M_上$ (kN·m)
4	中	3.6	26.55	2.43	0.45	43.01	52.57
	边	3.6	15.28	1.5	0.425	23.38	31.63
3	中	3.6	56.18	2.43	0.47	95.06	107.19
	边	3.6	32.32	1.5	0.45	52.36	63.99
2	中	3.6	76.99	2.43	0.50	138.58	138.58
	边	3.6	44.29	1.5	0.50	79.72	79.72
1	中	4.9	64.9	3.3	0.55	174.91	143.10
	边	4.9	67.77	2.04	0.55	182.64	149.43

（2）梁端弯矩计算（表 4-25）

梁端弯矩计算　　　　　　　表 4-25

部位		$\dfrac{k_{bi}}{k_{b1}+k_{b2}}$	M(kN·m)	部位		$\dfrac{k_{bi}}{k_{b1}+k_{b2}}$	M(kN·m)
4	$A_左$	1	31.63	2	$A_左$	1	132.09
	$B_左$	0.62	32.59		$B_左$	0.62	144.86
	$B_右$	0.38	19.98		$B_右$	0.38	88.78
3	$A_左$	1	87.27	1	$A_左$	1	229.15
	$B_左$	0.62	93.12		$B_左$	0.62	174.64
	$B_右$	0.38	57.08		$B_右$	0.38	107.07

(3) 梁端剪力计算（表 4-26）

梁端剪力计算 表 4-26

层数	AB 跨梁端剪力				BC 跨梁端剪力			
	l(m)	M_{El} (kN·m)	M_{Er} (kN·m)	V_E (kN)	l(m)	M_{El} (kN·m)	M_{Er} (kN·m)	V_E (kN)
	6.3	31.63	32.59	10.19	3.0	19.98	19.98	13.32
	6.3	87.27	93.12	28.63	3.0	57.08	57.08	38.05
	6.3	132.09	144.86	43.96	3.0	88.78	88.78	59.19
	6.3	229.15	174.64	64.09	3.0	107.04	107.04	71.36

三、绘制水平地震作用下框架的弯矩图

根据计算结果，绘制弯矩图，如图 4-15 所示。剪力图从略。

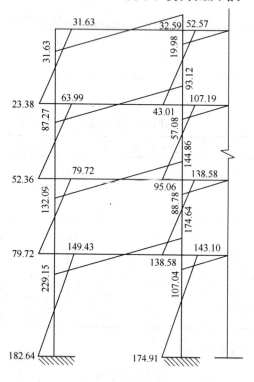

图 4-15 水平地震作用下框架的弯矩图

小 结

1. 钢筋混凝土框架结构的震害主要有框架柱震害、框架梁的震害、梁柱节点处震害及结构的刚度沿竖向和水平方向刚度突变时的震害四种。

2. 结构体系的选择主要从限制房屋的最大适用高度和限制房屋适用的最大高宽比。

3. 确定框架结构的抗震等级是进行抗震设计和施工的主要依据，框架结构房屋的抗震等级根据烈度、房屋高度等因素分为一、二、三、四个等级。

4. 框架结构防震缝的设置、规则结构的设计、结构规则布置方案的选择等对框架结构抗震性能的正常发挥非常重要。

5. 框架结构抗震设计计算的步骤为：结构选型及布置；根据以往设计经验初步确定梁柱截面尺寸、材料强度等级及结构抗震等级；计算结构抗侧移刚度及自振周期；计算地震作用；多遇地震作用下的弹性变形验算；内力分析及内力组合；截面抗震验算，即完成框架梁、柱配筋计算；必要时进行罕遇地震作用下薄弱层的弹塑性变形验算；对结构构件和非结构构件采取《抗震规范》约定的抗震措施。

复 习 思 考 题

1. 什么是规则结构？它应符合哪些条件？
2. 多层框架水平地震作用常用的计算方法用几种？适用范围有什么不同？
3. 多层框架内力分析方法有几种？各自适用于什么情况？
4. 延性框架的含义是什么？它对抗震有什么意义？
5. 什么是"强柱弱梁"、"强剪弱弯"？为什么抗震设计时要满足这样的要求？
6. 罕遇地震下结构的薄弱层和薄弱部位怎样确定？

第五章 抗震墙结构及框架-抗震墙结构房屋的抗震设计

学习目标与要求
1. 了解抗震墙结构及框架-抗震墙结构房屋的震害现象。
2. 理解抗震墙结构及框架-抗震墙结构房屋抗震设计的内容、方法与步骤。
3. 理解抗震墙结构及框架-抗震墙结构房屋抗震构造措施。
4. 理解多层混凝土结构房屋的震害产生的原因和特点,并应用《抗震规范》的有关要求处理工程中抗震的实际问题。

第一节 抗震墙结构房屋抗震设计

一、抗震墙特点、用途和抗震性能

抗震墙结构是利用房屋中的内墙作为承重构件的一种结构体系,在较低楼房中墙体主要承受重力荷载;在高层房屋中,除了承受重力荷载外,还要承受风荷载、地震区的房屋还要承受地震水平作用引起的剪力和弯矩。由于抗震墙结构的承重能力和抗震能力在框架结构的基础上有了大幅度提高,因此,它是高层结构中一种承载能力很高的结构形式。抗震墙结构的适用高度如表 5-1 所示,在 6、7、8 和 9 度区分别可以建到 140m、120m、100m 和 60m。

现浇钢筋混凝土抗震墙、框架-抗震墙房屋适用的最大高度　　表 5-1

结构类型	烈　度				
	6	7	8 (0.2g)	8 (0.3g)	9
抗震墙	140	120	100	80	60
框架-抗震墙	130	120	100	80	50

抗震墙结构具有下列优点:1) 整个结构具有连续性,整体性强,无明显薄弱环节,结构的抗震可靠度高;2) 采用滑模或大模板等工艺施工时,操作简便;3) 所有内外墙一次施工,工序少材料单一,建设速度快。同时抗震墙结构也具有以下缺点:1) 承重墙间距受到楼板的制约,不可以做得很大,因而建筑平面布置受到限制,不能适应灵活多变的使用要求;2) 内外墙全部现浇,在北方寒冷地区外墙需要加贴保温层增加了工序,提高了造价。

正是由于抗震墙结构具有很高的适用高度,高层住宅、旅馆、公寓等居住性高楼,采用现浇抗震墙结构，可以使承重墙和分隔墙合而为一，隔声效果好。采用定型大模板施工时，表面平整，可以节省抹面材料减少施工工序，具有经济性能高的特点。此外，室内空间较框架结构简洁，没有明柱和露梁，便于室内装饰和家具布置。

抗震墙结构中的横向墙体和纵向墙体，在风荷载或水平地震作用下，其受力工作状况犹如一根底部嵌固于基础顶面的悬臂梁，墙身长度相当于深梁的截面高度，墙身的厚度相当于深梁截面的宽度。由于抗震墙又同时也是承重墙，各楼层的重力荷载通过各层楼板传至墙体，所以抗震墙是在压力、弯矩和剪力共同作用下工作的。当房屋层数较少，墙体高宽比小于1时，水平荷载作用下，墙体以剪切变形为主，弯曲变形所占比例很小，墙体的侧移曲线呈剪切型变形。当房屋层数很多，墙体的高宽比大于4时，墙体在水平荷载作用下的侧移，以弯曲变形为主，剪切变形退居次要地位，墙体的侧移曲线接近弯曲型曲线。墙体的高宽比大于1小于4时，墙体的剪切变形和弯曲变形各占一定比例，侧移曲线呈剪弯型，侧移曲线介于剪切型和弯曲型曲线之间。

现浇钢筋混凝土抗震墙结构，由于整体性强，结构在水平荷载和地震作用下侧向变形小而且承重能力有富余，地震时即使开裂比较严重，强度降低，其承重能力也很少降到抗震所需的临界承载力之下，所以，现浇抗震墙结构具有较高的抗震能力，这一特性已经为国内外多次大地震所证明。

二、抗震墙结构设计

1. 墙体布置方案

抗震墙的平面布置，应综合考虑建筑使用功能、构件类型、施工工艺、技术及经济指标等因素加以确定。墙体布置一般可采用小间距横墙承重方案，如地上29层，高度93m的北京西苑饭店，现浇钢筋混凝土抗震墙小间距布置方案，标准层结构平面布置如图5-1所示。大间距横墙承重方案，如20层总高度接近60m的北京罗家园高层住宅，大间距横墙承重方案标准层结构布置示意如图5-2所示。大间距纵横墙承重方案，如地上33层，高度90.4m的广州白天鹅宾馆，标准层结构平面布置如图5-3所示等。

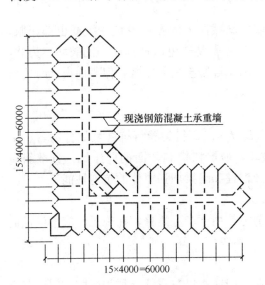

图5-1 北京西苑饭店标准层结构平面图

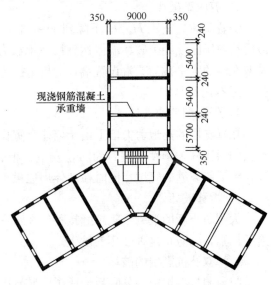

图5-2 北京罗家园高层住宅标准层结构布置图

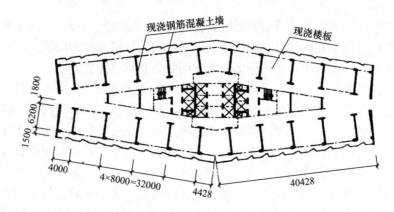

图 5-3 广州白天鹅宾馆标准层结构平面布置图

2. 抗震墙的破坏形态

(1) 单肢抗震墙的破坏

包括小开洞墙在内的单肢墙,是除联肢墙外的抗震墙常见类型。由弱连梁连系的连肢墙可以看作若干个单肢墙。由试验结果得知,悬臂抗震墙随着墙高与墙宽的比值 H_w/l_w 不同,可能产生下列破坏形态。

1) 弯曲破坏

发生这种破坏的条件一般是 $H_w/l_w>2$,在墙体根部一定高度范围内,虽然存在斜裂缝,但墙体绕根部弯压侧内固定点受弯,墙体承受的弯矩就是其根部承受的弯矩,若不考虑水平腹筋的影响,这个区段内的竖向受弯钢筋拉力非常接近。这种状况下塑性区长度较长,是一种理想的塑性破坏,结构设计就是要控制结构在特大地震时尽可能发生这种破坏。为了实现"强剪弱弯"的设计意图,控制使剪切破坏发生在弯曲破坏之后,对上述区段应加强受剪钢筋配置和构造措施,我们称这个区段叫底部加强阶段。加强阶段高度 h_s 取 $H_w/8$ 和 l_w 二者之间的较大值。

2) 剪压型破坏

随着墙体高宽比 H_w/l_w 下降到 $1\sim2$ 时,墙内斜截面上的腹筋及抗弯纵筋也都屈服,最后是剪压区混凝土破坏墙体达到最高承载力。工程中要避免这种延性小的破坏。为此,采取在墙的水平截面梁端设置端柱的构造措施,增加混凝土的剪压区,但截面设计时要求剪压区不宜太大。

3) 斜压型剪切破坏

在框支层的落地剪力墙上由于墙体高宽比 $H_w/l_w<1$,斜裂缝将抗震墙划分为若干个平行的斜压杆,延性较差。为防止发生这种破坏,应严格控制截面的剪压比,分散斜裂缝,降低斜裂缝的宽度;同时在墙体周边设置边框柱和暗梁加强墙体的抗剪性能。

4) 滑移破坏

为了防止新旧混凝土施工缝接茬处在水平剪力作用下产生滑移,在施工时应增设插筋给予加强,以防止这种破坏的发生。

(2) 双肢抗震墙的破坏

门窗洞口将抗震墙分隔后形成了联肢抗震墙。门窗洞口左右部分称为墙肢,门窗洞口上下部分称为连梁。两个墙肢的联肢墙称为双联肢墙。墙肢是联肢墙受力的要害部位,在受水平地震作用下双肢墙中,当其中一个墙肢处在受拉、受剪、受弯时,另一肢墙受压、受剪、受弯,墙体受力比较复杂。由于洞口高度有限,墙肢的高宽比也不会太大,容易产生剪切破坏,延性较差,类似于框架结构的受力破坏过程中出现的"强梁弱柱"型的剪切破坏。双肢墙应避免产生"强梁弱肢"型剪切型破坏,以便在地震作用下出现"强肢弱梁"和"强剪弱弯"破坏。让连梁充当抗震的第一道防线,在弯矩、剪力共同作用下首先屈服形成塑性铰吸收和耗散地震能量,减轻墙肢的受力负担。

3. 抗震墙的内力计算

(1) 弯矩设计值

抗震墙应取控制截面的最不利内力组合或调整后的内力(称作内力设计值)进行配筋设计,墙肢的控制截面一般为墙底截面以及墙厚改变处截面、混凝土强度等级改变处、截面配筋量改变处等截面。

为了加强一级抗震墙的抗震能力,保证在大地震作用下墙底部呈现塑性铰,一级抗震墙各墙肢截面的弯矩设计值取法如下:墙肢底部加强部位及以上一层内,采用墙肢底部截面组合的弯矩设计值(弯矩设计值);墙肢的组合弯矩设计值应乘以增大系数1.2,剪力可相应进行调整,墙顶的弯矩设计值应按顶部的约束弯矩设计值采用。如图5-4所示。其他抗震等级的剪力墙各墙肢截面的设计弯矩值,可直接采用该墙肢截面最不利组合的弯矩设计值。

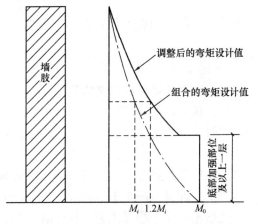

图 5-4 一级抗震墙墙肢截面弯矩设计值

这样确定的弯矩设计图有三个特点:①该弯矩设计图基本接近于按弹塑性动力法的设计弯矩包络图;②在底部加强部位,弯矩设计值为定值,考虑了该部位内出现斜截面受弯的可能性;③在底部加强部位的以上的一般部位弯矩设计值和设计弯矩图相比,有较多的余量。因此,大地震发生后塑性铰必然发生在 h_s 的高度范围内,塑性铰的出现可以吸收大量的地震能量,缓解地震作用的影响。如果按设计弯矩图配筋,弯曲可能发生在沿墙高的任何位置,这样的话,为了保证墙的延性,就需要在整个墙高范围内采取更严格的抗震构造措施,如此就会造成很不经济的后果。

(2) 剪力设计值

为了大地震时塑性铰出现在底部加强部位高度范围内,以满足"强剪弱弯"设计要求,使墙体的弯曲破坏发生在剪切破坏之前。《抗震规范》规定:一、二、三级的抗震墙底部加强部位,其截面组合的剪力设计值应按下式调整:

$$V = \eta_{vw} V_w \tag{5-1}$$

9度时的一级可不按上式调整,但应符合下列要求:

$$V = 1.1 \frac{M_{vua}}{M_w} V_w \tag{5-2}$$

式中 V——抗震墙底部加强部位截面组合的剪力设计值;

V_w——抗震墙底部加强部位截面组合的剪力计算值;

M_{vua}——抗震墙底部截面按照实配纵向钢筋面积、材料强度标准值和轴力等计算的抗震抗弯承载力所对应的弯矩值；有翼墙时应计入墙两侧各一倍翼墙厚度范围内的纵向钢筋；

M_w——抗震墙底部截面组合的弯矩设计值；

η_{vw}——抗震墙剪力增大系数，一级可取1.6，二级可取1.4，三级可取1.2。

(3) 双肢墙墙肢的弯矩设计值

为了考虑当抗震墙中一个墙肢出现拉力后导致刚度降低和内力转移到另一受压墙肢时的内力重分布影响，《抗震规范》规定：双肢抗震墙中，墙肢不宜出现小偏心受拉；当任一墙肢为偏心受拉时，另一墙肢的剪力设计值、弯矩设计值应乘以增大系数1.25。

(4) 双肢墙墙肢的剪力设计值

为使连梁有足够的延性，在弯曲破坏之前不发生剪坏，抗震墙中净跨大于2.5倍梁高的连梁其端部截面剪力设计值应分别按式（4-25）即 $V \leqslant \dfrac{1}{\gamma_{RE}}(0.20 f_c b h_0)$ 和式（4-26）即 $V \leqslant \dfrac{1}{\gamma_{RE}}(0.15 f_c b h_0)$ 验算。

三、抗震墙结构的构造措施

(1) 抗震墙的厚度，一、二级不应小于160mm且不应小于层高或无支长度的1/20；三、四级不应小于140mm且不应小于层高或无支长度的1/25；无端柱或翼墙时，一、二级不宜小于层高或无支长度的1/16，三、四级不宜小于层高或无支长度的1/20。

(2) 底部加强部位的墙厚，一、二级不应小于200mm且不宜小于层高或无支长度的1/16，三、四级不应小于160mm且不应小于层高或无支长度的1/20；无端柱或翼墙时，一、二级不宜小于层高或无支长度的1/12，三、四级不宜小于层高或无支长度的1/16。

(3) 一、二、三级抗震墙在重力荷载代表值作用下墙肢的轴压比，一级时，9度不宜大于0.4，7、8度不宜大于0.5，二、三级时不宜大于0.6。这里所说的墙肢轴压比是指墙的轴压力设计值与墙的全截面面积和混凝土轴心抗压强度设计值的乘积之比值。

(4) 抗震墙竖向、横向分布钢筋的配筋，应符合下列要求：

1) 一、二、三级抗震墙的竖向和横向分布钢筋最小配筋率均不应小于0.25%，四级抗震墙分布钢筋最小配筋率不应小于0.2%。高度小于24m且剪压比很小的四级抗震墙，其竖向分布筋的最小配筋率应允许按0.15%采用。

2) 部分框支抗震墙抗震结构的落地抗震墙底部加强部位，竖向和横向分布钢筋配筋率均不应小于0.3%。

(5) 抗震墙竖向和横向分布钢筋的配置，尚应符合下列要求：

1) 抗震墙竖向和横向分布钢筋的间距不宜大于300mm，部分框支抗震墙结构的落地抗震墙底部加强部位，竖向和横向分布钢筋的间距不宜大于200mm。

2) 抗震墙厚度大于140mm时，其竖向和横向分布钢筋应双排布置，双排分布钢筋间拉筋的间距不大于600mm，直径不应小于6mm。

3) 抗震墙竖向和横向分布钢筋的直径，均不宜大于墙厚的1/10且不应小于8mm；竖向钢筋直径不宜小于10mm。

(6) 抗震墙两端和洞口两侧应设置边缘构件，边缘构件包括暗柱、端柱和翼墙，并应符合下列要求：

1) 对于抗震墙结构，底层墙肢底截面的轴压比不大于表5-2规定的一、二、三级抗震墙及四级抗震墙，墙肢两端可设置构造边缘构件，构造边缘构件的范围可按图5-5采用，构造边缘构件的配筋除应满足受弯承载力要求外，并应符合表5-3的要求。

抗震墙设置构造边缘构件的最大轴压比　　　　　　　表5-2

抗震等级或烈度	一级（9度）	一级（7、8度）	二、三级
轴压比	0.1	0.2	0.3

抗震墙构造边缘构件的配筋要求　　　　　　　表5-3

抗震等级	底部加强部位			其他部位		
	纵向钢筋最小量（取较大值）	箍筋		纵向钢筋最小量（取较大值）	拉筋	
		最小直径(mm)	沿竖向最大间距(mm)		最小直径(mm)	沿竖向最大间距(mm)
一	$0.010A_c$, $6\phi16$	8	100	$0.008A_c$, $6\phi14$	8	150
二	$0.008A_c$, $6\phi14$	8	150	$0.006A_c$, $6\phi12$	8	200
三	$0.006A_c$, $6\phi12$	6	150	$0.005A_c$, $4\phi12$	6	200
四	$0.005A_c$, $4\phi12$	6	200	$0.004A_c$, $4\phi12$	6	250

注：1. A_c 为边缘构件的截面面积；
2. 其他部位的拉筋，水平间距不应大于纵筋间距的2倍；转角处宜采用箍筋；
3. 当端柱承受集中荷载时，其纵向钢筋、箍筋直径和间距应满足柱的相应要求。

2) 底层墙肢底截面的轴压比大于表5-2规定的一、二、三级抗震墙，以及部分框支抗震墙结构的抗震墙，应在底部加强部位以及相邻的上一层设置约束边缘构件，在以上的其他部位可设置构造边缘构件。约束边缘构件沿墙肢的长度、配箍特征值、箍筋和纵向钢筋宜符合表5-4的要求。

抗震墙约束边缘构件的范围及配筋要求　　　　　　　表5-4

项　目	一级（9度）		一级（7、8度）		二、三级	
	$\lambda \leqslant 0.2$	$\lambda > 0.2$	$\lambda \leqslant 0.3$	$\lambda > 0.3$	$\lambda \leqslant 0.4$	$\lambda > 0.4$
l_c（暗柱）	$0.20h_w$	$0.25h_w$	$0.15h_w$	$0.20h_w$	$0.15h_w$	$0.20h_w$
l_c（翼墙或端柱）	$0.15h_w$	$0.20h_w$	$0.10h_w$	$0.15h_w$	$0.10h_w$	$0.15h_w$
λ_v	0.12	0.20	0.12	0.20	0.12	0.20
纵向钢筋（取较大值）	$0.012A_c$, $8\phi16$		$0.012A_c$, $8\phi12$		$0.010A_c$, $6\phi16$（三级$6\phi14$）	
箍筋或拉筋沿竖向间距	100mm		100mm		150mm	

注：1. 抗震墙的翼墙长度小于其3倍厚度或端柱截面边长小于2倍墙厚时，按无翼墙、无端柱查表；
2. l_c 为约束边缘构件沿墙肢长度，且不小于墙厚和400mm；有翼墙或端柱时不应小于翼墙厚度或端柱沿墙肢方向截面高度加300mm；
3. λ_v 为约束边缘构件的配箍特征值，体积配箍率可按《抗震规范》公式计算，并可适当计入满足构造要求且在墙端有可靠锚固的水平分布钢筋的截面面积；
4. h_w 为抗震墙的墙肢长度；
5. λ 为墙肢轴压比；
6. A_c 为图5-5中约束边缘构件阴影部分的截面面积。

(7) 抗震墙墙肢长度不大于墙厚的3倍时，应按柱的有关要求进行设计；矩形墙肢的厚度不大于300mm时，尚宜全高加密箍筋。

(8) 跨高比较小的高连梁，可设水平缝形成双连梁、多连梁或采取其他加强受剪承载力的构造。顶层连梁的纵向钢筋伸入墙体的锚固长度范围内，应设置箍筋。

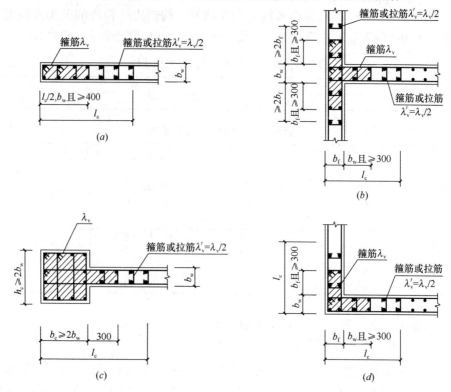

图 5-5 抗震墙的约束边缘构件

(a) 暗柱；(b) 有翼墙；(c) 有端柱；(d) 转角墙（L 形墙）

第二节 框架-抗震墙结构房屋抗震设计

一、概述

1. 结构特性

框架-抗震墙结构是指在框架结构的基础上增设一定数量的纵向和横向抗震墙，所构成的双重结构体系。

框架结构能提供较大的使用空间，建筑布置比较灵活，容易满足建筑功能要求，结构延性也比较好。但是框架结构侧移刚度较小，抵抗水平荷载的能力较低，用于高层建筑时和高烈度地震区时，框架的承载能力和变形不能满足《抗震规范》的要求。采用钢筋混凝土抗震墙结构时，情况正好相反，这种结构体系侧移刚度很大、抗震和抗风能力强；但抗震墙间距较密，建筑平面布置不灵活，常常不能满足某些使用功能的要求。

框架-抗震墙结构体系将框架和抗震墙结构体系结合起来，取长补短，弥补了框架结构抗侧移刚度较小的不足、抗震墙结构建筑平面布置不灵活的缺点。同时框架-抗震墙结构体系抗侧刚度适中，并能根据水平荷载的大小调整抗震墙的数量、截面尺寸和配筋，使整体结构的刚度和承载力既满足抗震设计的要求也不很浪费；同时，布置抗震墙时还可与建筑功能分区对使用空间的要求一并考虑。

在框架-抗震墙结构中，房屋横向和纵向需要布置多少剪力墙的数量，是依据整栋房屋抵抗水平地震作用的强度和变形限值确定的；抗震墙的间距，则是根据水平地震作用下楼板水平变形限值并兼顾建筑使用要求来确定。一般情况下，只需将楼梯间、电梯间、卫生间、设备间的隔墙设置成抗震墙，就能满足房屋的抗侧性能的需要。框架-抗震墙结构体系使用功能与框架结构基本相同，基本不会影响使用功能的发挥，却比框架结构体系更安全；正是由于框架-抗震墙结构体系侧移刚度比纯框架结构体系的大，所以，与框架结构相比框架-抗震墙结构体系能用于层数更多和总高度更高的高楼，是比框架结构更经济，应用范围更广泛的结构体系。

框架-抗震墙结构体系的柱网布置原则、柱距和跨度的确定是根据建筑使用性质、功能要求、构件生产条件、结构的合理性，以及技术经济指标确定的；楼板的走向，采用现浇还是预制等的确定与框架结构基本相似。

历次大地震的震害都表明，框架-抗震墙结构具有较好的抗震性能，而且，墙越多，震害越轻。1976年7月28日唐山地震大地震中，7度区框架-抗震墙结构房屋的主体和填充墙均未见破坏。8度区少数框架-抗震墙结构房屋结构中填充墙及其饰面有损坏，但在同一地区的纯框架房屋，填充墙及其饰面损坏严重。高烈度地区的框架-抗震墙结构偶见破坏。软土地基上的框架-抗震墙结构房屋遭受地震后，有因地基转动而倾斜的情况发生。

2. 抗震等级

框架-抗震墙结构体系中的抗震墙几乎承担了总水平地震作用的80%以上，所有框架承担的水平地震作用不足20%。由此可知抗震墙是主要构件，是抗震的第一道防线；框架是次要构件，是抗震的第二道防线。因此，关系到构件变形能力的延性和构造要求，对于抗震墙就需要严格些，对框架就可适当放松些。正是因为这样，在划分构件抗震等级时，同一地区设防烈度相同、高度也相同而结构体系不同时，同样一种构件，抗震等级是有差别的。如框架-抗震墙结构体系中的抗震墙要比抗震墙结构中的一般抗震墙高一级，但此时的框架要比纯框架结构中的框架低一级，如表5-5所示。

现浇钢筋混凝土抗震墙、框架-抗震墙房屋的抗震等级　　　　　表5-5

结构类型		设防烈度								
		6		7			8			9	
框架—抗震墙结构	高度（m）	≤60	>60	≤24	25~60	>60	≤24	25~60	>60	≤24	25~50
	框架	四	三	四	三	二	三	二	二	二	一
	抗震墙	三		三	二		二	一		一	
抗震墙结构	高度（m）	≤80	>80	≤24	25~80	>80	≤24	25~80	>80	≤24	25~60
	剪力墙	四	三	四	三	二	三	二	二	二	一

3. 结构变形特点

框架-抗震墙结构体系是由框架和抗震墙这两种不同的抗侧力结构组成的，这两种结构体系受力变形特点完全不同。单一结构体系在水平地震作用下的结构变形，仅取决于同一种竖向受力构件的力学性能，但在框架-抗震墙结构体系中，整个结构在水平地震作用下的变形，则取决于具有不同力学性能的两类构件的联合作用。

纯框架结构在水平地震作用下的变形曲线属于剪切变形，即层间侧移角自上而下逐层增加，楼层越高水平位移增长越慢，如图5-6（a）所示。楼层剪力在本层各榀框架之间按各自侧移刚度的大小关系按比例分配。

在抗震墙结构体系中，在水平地震作用下的侧向位移曲线属于弯曲变形曲线，层间位移角却是自下而上逐渐加大，即楼层位置越高，水平位移增长越快，如图5-6（b）所示。

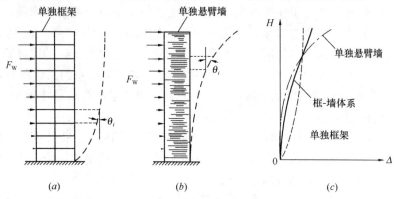

图5-6 在水平地震作用下构件和体系的侧移曲线

框架-抗震墙结构体系中的框架和抗震墙，因受到各层楼盖的约束，不能像单独的框架结构或抗震墙结构一样自由变形，各层楼盖因其巨大的水平刚度，在侧向变形时协调与制约框架和抗震墙变形达到一致。假设房屋结构对称无偏心存在，各层楼盖平面内的水平刚度无穷大，那么整个结构体系中的各榀框架与各片抗震墙、在房屋纵向和横向的变形曲线应该是相同的。它的变形曲线介乎于框架变形曲线和抗震墙结构变形曲线之间，呈反S的弯剪型，如图5-6（c）所示；随着结构体系中的框架和抗震墙的相对数量的变化，抗震墙数量越多曲线的特征越向弯曲变形渐变，反之，框架数量增多，其中抗震墙的数量很少时，曲线向框架的剪切变形曲线转变。

地震时框架-抗震墙结构的破坏程度直接取决于层间侧移角，层间位移角越大，层间相对变形就越大，震害就越严重。框架或抗震墙单独工作时，框架的层间侧移下层大，上层小，最大层间位移角发生在结构的底部；抗震墙的层间侧移是下层小，上层大，最大位移角发生在顶层。在框架-抗震墙结构中，由于各层楼盖的协调作用，在结构下部，框架把抗震墙往外推，同时抗震墙将框架往里拉，从而减少了框架底部的最大层间侧移角；在结构上部正好相反，框架将抗震墙向里拉，抗震墙把框架往外推，从而减少了抗震墙的顶点的最大层间侧移角，如图5-7所示。

框架和抗震墙相互作用最终使二者各自的侧向变形趋于一致，并使框架-抗震墙结构

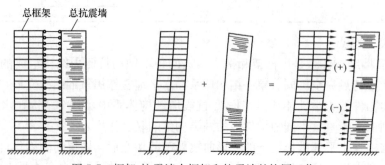

图5-7 框架-抗震墙中框架和抗震墙的协同工作

并联体的最大层间位移发生在房屋总高 H 的 $0.4 \sim 0.8$ 倍的高度范围。在水平地震作用或风荷载作用下,框架-抗震墙结构的水平侧移是由楼层层间位移与层高之比 $\Delta u_i/h_i$ 控制,而不是由顶点水平位移控制。由此可见,框架和抗震墙协调工作,水平变形协调,相互之间阻止对方的变形。在下部楼层,抗震墙阻止框架变形,使抗震墙承担了大部分剪力;在结构上部呈相反的趋势,框架除负担水平地震作用对整体结构的剪力外,还要阻止抗震墙的变形,由此,在上部楼层,即使水平地震作用产生的楼层剪力很小,框架层间仍然有不小的剪力,如图 5-8 所示。

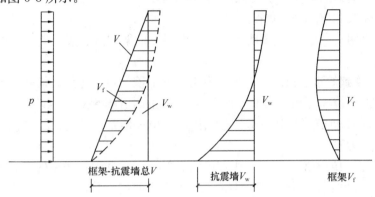

图 5-8　框架-抗震墙结构受力特点

如上所述,框架-抗震墙结构由于框架在顶部对抗震墙的制约和限制,结构顶点侧移和结构层间最大侧移角的减小,是框架-抗震墙体系结构相对于纯框架结构的一大显著特点,也是它的一大优点。这对降低房屋震害程度起到非常重要的作用,也是同等条件下,框架-抗震墙震害比框架结构低许多的主要原因。

4. 构件受力状态

(1) 并联体的连杆的内力

在框架-抗震墙结构房屋中,由于各层楼盖可以视为水平刚度很大的刚性平板,对框架和抗震墙的变形起着协调作用,结构体系中的各榀框架、各片抗震墙都可以合并,假想合并成一榀总框架和一片总抗震墙,并假定在总框架与总抗震墙之间在每层楼盖处设置一根刚性连杆,形成总的框架-抗震墙并联体,来共同承担水平风荷载和水平地震作用。在框架-抗震墙联合体内各根连杆要将这两种变形协调一致。在联合体的上部,抗震墙侧移大,框架侧移小,要使两者侧移相接近,上部各根连杆产生拉力;在并联体的下部,框架侧移大,抗震墙侧移小,框架要将抗震墙向外推,在下部各根连杆内就产生了压力。

(2) 框架的剪力

如前所述,框架按刚度大小关系分配所得水平地震作用引起的剪力上部小、下部大,在上部由于连杆的拉力与水平地震作用或风荷载方向一致,增加了框架上部的水平剪力;下部连杆的压力与水平地震作用或风荷载方向相反,减轻了框架下部的剪力。连杆对框架内力的一加和一减,正好使框架承受的水平剪力上下分布比较均匀,使得框架梁、柱规格减少,便于设计和施工。

从图 5-8 中可以看到,框架-抗震墙结构中的框架底部剪力为零,框架剪力控制部位在房屋高度的中部甚至上部,这与纯框架结构最大剪力发生在底部是不相同的。因此,当框架结构中布置有抗震墙（如楼梯间、电梯井道、设备管道井墙等）时，不应按简单的纯框架分析其内力和变形，必须按框架和抗震墙协调工作计算内力，否则，按纯框架分析将与结构实际受力不符，下部设计过于保守，上部设计将不安全。

(3) 抗震墙弯矩

对于抗震墙来说，上部连杆的拉力，与水平荷载的方向相反，又由于它的作用位置较高，引起的反向弯矩，使抗震墙下部的最大弯矩值得以较大幅度地减少，从而有利于抗震墙底部截面和配筋量的减少，以及裂缝开展的推迟。

(4) 水平荷载和剪力分布规律

分析结果表明，在框架-抗震墙体系中，作用于框架和抗震墙分离体上的水平荷载其特点是：

1) 框架所受到的水平荷载，上半段为正，下半段为负，此外，框架顶端还受到一个正向水平集中力。抗震墙在受到由上而下逐渐增大的水平荷载外，顶端还有一个反向的集中力。因此，框架-抗震墙与分布水平荷载作用下单一体系中的构件不同，框架和抗震墙顶部的剪力均不为零。

2) 楼层剪力的最大值，不是发生在房屋底部，而是发生在房屋的半高处，一般是在 $(0.3 \sim 0.6)H$ 之间，并且随框架相对刚度的增大而有向下移动的趋势。由于框架和抗震墙的变形协调，抗震墙顶端受到连杆反向水平力的作用，因而抗震墙顶端一段的水平剪力为负值。

3) 由于抗震墙的抗侧移刚度远大于框架，抗震墙承担了80%以上的水平荷载和地震作用力。单就水平剪力而言，由于框架和抗震墙相互作用，在结构的顶部，框架承担了剪力的大部分，而在结构的下部则是抗震墙承担了水平剪力的大部分。

5. 抗震性能

从前述内容可以非常清楚地看出，框架-抗震墙结构体系其侧向刚度远远大于纯框架结构体系，相对于框架结构侧向刚度要大许多，地震时产生的变形小，震害程度普遍要低于纯框架结构。这个特性已为唐山大地震、汶川特大地震所证明。

当房屋层数不太多时，采用现浇承重墙，由于墙体的承载力没有用足，从经济的角度出发，墙体的实际配筋率一般会比较低，因而导致构件延性差。而框架-抗震墙结构中的抗震墙，配筋率较高，延性能够满足要求，所以，就变形能力而言，框架-抗震墙结构体系的耐震性能也优于抗震墙体系。

二、框架-抗震墙抗震设计要点

1. 一般规定

地下室顶板作为上部结构的嵌固部位时，应避免在地下室顶板开设大洞口，并应采用现浇钢筋混凝土梁板结构，其楼板厚度不宜小于180mm，混凝土强度等级不宜小于C30，应采用双向双层钢筋，且每层每个方向的配筋率不宜小于0.25%；地下室楼层侧向刚度不宜小于相邻上部楼层侧向刚度的2倍，地下室柱截面每侧纵向钢筋的面积，除应满足计算要求以外，不应少于上一层对应柱每侧纵向钢筋面积的1.1倍；地上一层的框架结构柱和抗震墙的墙底截面的弯矩设计值应符合式(4-35)、式(4-36)的要求及式(5-1)、式(5-2)的要求；位于地下室顶板的梁柱节点左、右梁端截面实际受弯承载力之和不宜小于上、下柱端实际受弯承载力之和。上述要求最关键的是要保证地震时地上一层的柱底出现塑性铰时地下一层不出现塑性铰，相对于强梁弱柱的概念。一般情况是，地上一层柱底弯矩要由地下室顶板梁和地下室柱顶的弯矩共同平衡，即提高地下室顶板梁和地下室柱顶的受弯承载力可以实现地上一层柱底的嵌固条件。

框架-抗震墙结构的抗震墙，应设置底部加强部位。所谓加强部位是指在抗震墙底部，适当提高承载力和加强抗震构造措施的高度范围。弯曲型和弯剪型结构的抗震墙、塑性铰一般出现在墙肢底部，将塑性铰及其以上一定高度范围作为加强部位，在此范围内采取增加边缘构件箍筋和墙体横向钢筋等加强措施，以避免墙肢剪切破坏，改善整个结构的抗震性能。

底部加强部位的高度可取墙肢总高度的1/8和底部二层层高两者之间的较大值，且不大于15m。有地下室的房屋，当地下室顶板作为上部结构的嵌固部位时，抗震墙底部加强部位的高度从首层向上算，同时将加强部位向地下室延伸一层（具有多层地下室的房屋可仅延伸至地下一层，地下二层以下可不按加强部位对待）。

当地下室顶板不能满足嵌固条件，不能作为上部结构的嵌固部位时，通常地下一层底板可基本满足。此时抗震墙底部加强部位应从该处向上算，取墙肢总高的1/8与地下一层加首层高度的较大值，且不大于15m。同时将加强部位向下延伸至地下二层。此时若有多层地下室，不必再向下延伸。当地下室顶板不能满足作为上部结构嵌固部位的全部条件，但也有相当的刚度时，宜按上述两种情况分别考虑，并取包络的范围作为加强区。

在基本振型地震作用下，若框架部分承受的地震倾覆力矩大于结构总倾覆力矩的50%，则属于布置少量抗震墙的框架-抗震墙结构，此时，框架与抗震墙一样均可被视为主要抗震防线，这时框架部分的抗震等级按本书第四章框架结构确定，不能由于有抗震墙而降低，考虑其抗震性能比纯框架好些，最大适用高度可比纯框架结构适当增加，增加值可根据墙体承担总地震作用的大小确定，以不超过20%为宜。

框架部分承受的地震倾覆力矩按下式计算：

$$M_\mathrm{f} = \sum_{i=1}^{n}\sum_{j=1}^{m} V_{ij} h_i \tag{5-3}$$

2. 基本计算方程及刚度特征

在水平地震作用和水平风荷载作用下，将刚性连杆沿高度方向连续化，并切断，以分布力 p_f 代替连杆的集中力，以简化计算。

对于综合框架部分，令 C_f 综合框架的角变抗侧移刚度，即框架结构产生单位剪切角所需的水平剪切力，于是 z 高度处综合框架所受的水平剪力 V_f 为：

$$V_\mathrm{f} = C_\mathrm{f} \cdot \frac{dy}{dz} \tag{5-4}$$

$$p_\mathrm{f} = \frac{dV_\mathrm{f}}{dz} = C_\mathrm{f} \cdot \frac{d^2 y}{dz^2} \tag{5-5}$$

对于综合抗震墙部分，由材料力学公式可知：

$$EI_\mathrm{We} \frac{d^4 y}{dz^4} = p - p_\mathrm{f} \tag{5-6}$$

将式（5-5）带入式（5-6），则有

$$EI_\mathrm{We} \frac{d^4 y}{dz^4} - C_\mathrm{f} \cdot \frac{d^2 y}{dz^2} = p \tag{5-7}$$

式（5-7）成为框架和抗震墙之间空间协同工作的基本微分方程，令相对高度 $\xi = \dfrac{z}{h}$,

则上式可以写为：

$$\frac{d^4 y}{d\xi^4} - \lambda^2 \frac{d^2 y}{d\xi^2} = \frac{pH^4}{E_e I_{We}} \quad (5-8)$$

$$\lambda = \sqrt{\frac{C_f H^2}{E_e I_{We}}} = H\sqrt{\frac{C_f}{E_e I_{We}}} \quad (5-9)$$

式中 λ 是一个无量纲的量，由式（5-8）可知与综合抗震墙抗弯刚度及综合框架的抗侧移刚度有关，故称 λ 为框架—抗震墙结构的刚度特征值，它是框架—抗震墙结构内力和位移计算的重要参数。λ 越小说明框架刚度越弱，抗震墙刚度占主要成分，此时框架—抗震墙体系接近弯曲型，反之，λ 越大说明抗震墙很弱，框架占主要成分，此时整个体系接近弯剪型。公式（5-8）为四阶常系数微分方程，解该方程并利用综合剪力的边界条件既可得出侧移 y 随 λ 及 ξ 的相关关系式，即 $y=f(\lambda, \xi)$，进而利用材料力学公式，得出抗震墙截面弯矩、剪力与挠度关系曲线之间的关系为：

$$M_w = -E_e I_{We} \frac{d^2 y}{dz^2} = -\frac{E_e I_{We}}{H^2} \frac{d^2 y}{d\xi^2} \quad (5-10)$$

$$V_w = \frac{dM}{dz} = -E_e I_{We} \frac{d^3 y}{dz^3} = -\frac{E_e I_{We}}{H^3} \frac{d^3 y}{d\xi^3} \quad (5-11)$$

根据结构力学的推导，可分别给出倒三角形荷载、均布荷载顶点集中荷载等作用下，框架-抗震墙结构中总抗震墙的剪力 V_w、总抗震墙的弯矩 M_w 和总抗震墙的侧向位移 y 的计算公式，并可在给定初始边界条件下依据计算公式绘制出相应的计算图表如图 5-9～图 5-17 所列，供工程设计设计时查用。在知道验算楼层标高 z 和抗震墙总高度 H 及其比值 $\zeta = \frac{z}{H}$ 时，利用图表和下面给出的特殊部位的内力和侧移值，查对应图表中的曲线就可得到所求的内力和侧移。

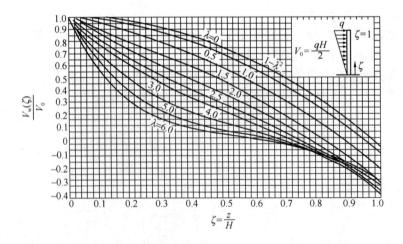

图 5-9 倒三角形荷载的总抗震墙剪力系数 $V_w(\zeta)/V_0$ 与 ζ 关系曲线

各种不同荷载作用下，可按竖向悬臂梁计算的抗震墙根部剪力、弯矩和顶点侧移分别为：

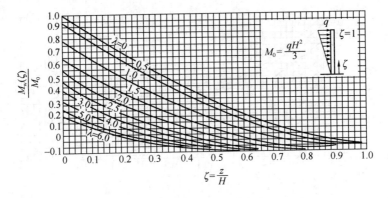

图 5-10　倒三角形荷载的总抗震墙弯矩系数 $M_w(\zeta)/M_0$ 与 ζ 关系曲线

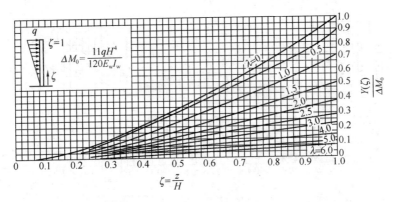

图 5-11　倒三角形荷载的位移系数 $y(\zeta)/\Delta M$ 与 ζ 关系曲线

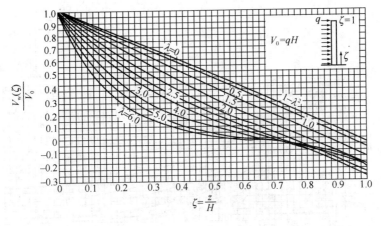

图 5-12　均布荷载的总抗震墙剪力系数 $V_w(\zeta)/V_0$ 与 ζ 关系曲线

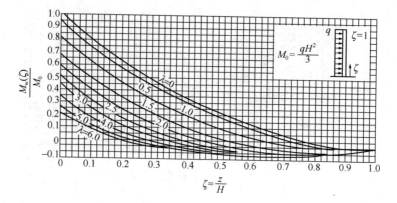

图 5-13 均布荷载的总抗震墙弯矩系数 $M_w(\zeta)/M_0$ 与 ζ 关系曲线

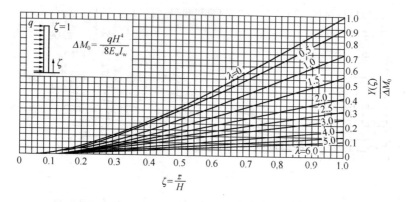

图 5-14 均布荷载的位移系数 $y(\zeta)/\Delta M_0$ 与 ζ 关系曲线

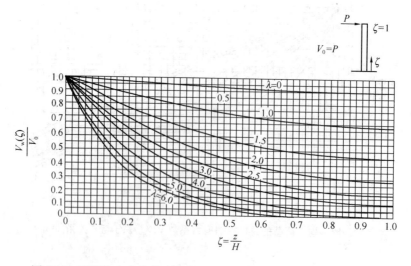

图 5-15 顶端集中荷载的总抗震墙剪力系数 $V_w(\zeta)/V_0$ 与 ζ 关系曲线

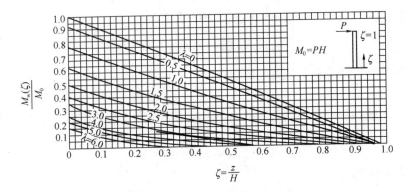

图 5-16 顶端集中荷载的总抗震墙弯矩系数 $M_w(\zeta)/M_0$ 与 ζ 关系曲线

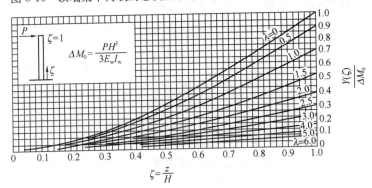

图 5-17 顶端集中荷载的位移系数 $y(\zeta)/\Delta M$ 与 ζ 关系曲线

1) 倒三角形荷载作用时：

抗震墙根部 $\left(\zeta=\dfrac{z}{H}=1\right)$ 剪力、弯矩和顶点侧移分别为：$V_0=\dfrac{1}{2}\bar{\omega}H$，$M_0=\dfrac{1}{3}qH^2$，$\Delta_n=\dfrac{11qH^4}{120E_w I_w}$。

2) 均布荷载作用时：

抗震墙根部 $\left(\zeta=\dfrac{z}{H}=1\right)$ 剪力、弯矩和顶点侧移分别为：$V_0=qH$，$M_0=\dfrac{1}{2}qH^2$，$\Delta_n=\dfrac{qH^4}{8E_w I_w}$。

3) 顶点集中荷载 P 作用时：

抗震墙根部 $\left(\zeta=\dfrac{z}{H}=1\right)$ 剪力、弯矩和顶点侧移分别为：$V_0=P$，$M_0=PH$，$\Delta_n=\dfrac{PH^3}{3E_w I_w}$。

同一标高处的综合框架的水平剪力可由整个水平截面内的剪力平衡条件得到，即

$$V_f = V_p - V_w \tag{5-12}$$

式中 V_p——外荷载在任意标高处所产生的总水平剪力，即为分析截面以上所有水平外力总和。

表格法确定结构内力和位移的设计步骤：

（1）计算框架每层柱的角变抗侧移刚度 ΣC_f 和 $\Sigma E_e I_{we}$ 值

$$\Sigma C_f = \Sigma D \cdot h = \alpha \frac{12 k_c}{h} \quad (5\text{-}13)$$

需要指出的是，计算框架柱每层的根数时，不包括与地震方向平行的抗震墙两端柱，并将其视为墙的一部分。

当沿房屋高度每层框架柱的角变抗侧移刚度不同时，应按层高加权平均值采用，即

$$\Sigma C_f = \frac{\Sigma C_{f1} h_1 + \Sigma C_{f2} h_2 + \Sigma C_{f3} h_3 + \cdots \Sigma C_{fn} h_n}{h_1 + h_2 + \cdots + h_n}$$

（2）计算 λ 值见式（5-9）。

（3）根据 λ 值和各层相对高度 ξ，查混凝土结构计算手册的表格，得到 $V_w(\zeta)/V_0$。

（4）计算各楼层内力和位移

$$V_{fi} = (V_i/V_0)_i V_0 \quad (5\text{-}14)$$

$$V_{wi} = V_i - V_{fi} \quad (5\text{-}15)$$

$$M_{wi} = \Sigma V_{wi} h_i \quad (5\text{-}16)$$

$$\Delta u_i = (V_{fi}/\Sigma C_f) h_i \quad (5\text{-}17)$$

式中　V_0——综合剪力墙底部受到的总剪力标准值，抗震验算时为底部总剪力标准值；

　　　V_i——为外荷载在剪力墙任意标高处所产生的水平剪力，即为分析界面以上所有水平外力的总和。

3. 综合框架总剪力修正

由于地震等原因，抗震墙有可能会出现塑性铰，导致抗震墙的刚度下降，根据超静定结构内力按刚度大小的比例关系分配的原则，在抗震墙塑性铰出现后，框架承受的水平地震作用和水平荷载会有所提高。此外，抗震墙间距较大，楼板变形会使中间框架承受的荷载增加。所以说框架-抗震墙结构中框架承受的地震力不应小于某一限值，以考虑这种不利的影响。

侧向刚度沿竖向分布基本均匀的框架-抗震墙结构，任一层框架部分的地震剪力不应小于结构底部总地震作用力 F_{Ek} 的 20% 和按框架-抗震墙协同工作分析的框架部分各楼层地震剪力中最大值 1.5 倍二者中的较小值，即

（1）$V_f \geqslant 0.2 F_{Ek}$ 的楼层，该层框架部分的地震剪力取 V_f。

（2）$V_f < 0.2 F_{Ek}$ 的楼层，该层框架部分的地震剪力取 $0.2 F_{Ek}$ 和 $1.5 V_{fmax}$ 二者中的较小值。

其中 V_{fmax} 为框架部分层间剪力最大值，F_{Ek} 为结构底部总剪力。此项规定不适用部分框架柱不到顶，上部框架柱根数较少的楼层。

4. 框架-抗震墙结构的内力分配

求出综合框架和综合抗震墙的内力以后，应分别按每道墙的等效抗弯刚度将其分配到各道墙上去；根据柱子的 D 值将柱分配到的总内力分配到每根框架柱上去。

（1）框架柱之间的地震剪力分配

综合框架承受的层间剪力，可由式（5-18）按同层各框架柱的抗侧移刚度分配给各柱，再按 D 值法计算柱和梁的端部弯矩：

$$V_{fik} = (D_{ik}/\Sigma D)V_{fi} \tag{5-18}$$

式中　V_{fik}——第 i 层的第 k 根柱承担的地震剪力；

　　　D_{ik}——第 i 层的第 k 根柱的侧移刚度；

　　　V_{fi}——第 i 层综合框架承担的地震剪力。

（2）抗震墙的地震剪力分配

当抗震墙截面尺寸大致相等时，可以近似的按墙的等效侧移刚度来分配地震剪力。抗震墙等效刚度是指以弯曲变形形式表达的，而考虑弯曲、剪切变形和轴向变形的刚度。

$$V_{wif} = (EI_{Wej}/\Sigma EI_{Wej})V_{wi} \tag{5-19}$$

$$M_{wif} = (EI_{Wej}/\Sigma EI_{Wej})M_{wi} \tag{5-20}$$

式中　V_{wif}、M_{wif}——第 i 层的第 j 片墙上承受的地震剪力、弯矩；

　　　EI_{Wej}——第 j 片墙的等效侧移刚度；

　　　V_{wi}、M_{wi}——第 i 层的综合抗震墙地震剪力、弯矩。

三、框架-抗震墙结构的截面抗震验算

框架-抗震墙结构在抗震设计时，除了遵循前述抗震设计规定外，还应注意以下几点：

（1）要保证有足够数量的抗震墙。当不考虑约束梁作用时，结构的刚度特征值 λ 应小于 2.4。

（2）横向抗震墙宜设置在房屋端部附近、楼梯间、电梯间、平面形状变化处及重力荷载较大的部位。

（3）纵向抗震墙宜布置在结构单元中间区段内。房屋较长时，刚度较大的抗震墙不宜在端开间设置，反之应采取措施以减少温度、收缩应力的影响。

（4）纵向的与横向的抗震墙相连，以增大抗震墙的刚度。

1. 主要承重构件截面初选

框架-抗震墙结构中的主要承重构件有抗震墙、框架梁、框架柱。框架梁、柱的截面要求与前述的纯框架结构中的要求相同。

框架-抗震墙结构中的抗震墙，厚度不应小于 160mm 且不应小于层高的 1/20；底部加强部位的抗震墙厚度不应小于 200mm 且不应小于层高的 1/16；抗震墙的周边应设梁（或暗梁）和端柱组成的边框；框架截面宜与同层框架柱相同，并应满足框架柱的构造要求；柱中线与抗震墙中线，梁中线与柱中线之间偏心距不宜大于柱宽的 1/4。若纵向与横向的抗震墙相连，则在进行内力和变形计算时，抗震墙应计入端部翼墙的共同工作。翼墙的有效长度，每侧由墙面算起可取相邻抗震墙净间距的一半，至门窗洞口的墙长度及抗震墙总高度的 15% 三者的最小值。

2. 内力调整

要使框架-抗震墙结构具有良好的工作性能，抗震墙和框架均需按延性要求进行设计。

（1）框架梁柱内力调整

确定框架部分的抗震等级后，框架-抗震墙结构中框架不分担内力调整与纯框架结构相同。即应作"强柱弱梁、强剪弱弯、强节点"调整，并增大底层柱和角柱的设计内力。

（2）抗震墙内力调整

1）墙肢剪力调整

为了使墙肢出现塑性铰之前不会发生剪切破坏,要按强剪弱弯的原则调整内力,一、二、三级的抗震墙底部加强部位,其截面组合的剪力设计值应按式(5-1)、公式 $V=\eta_{vw}V_w$ 和式(5-2) $V=1.1\dfrac{M_{vua}}{M_w}V_w$ 调整。公式中各符号的含义同前。

2)墙肢弯矩调整

为了使塑性铰区位于墙肢的底部加强部位,一级抗震墙的底部加强部位及以上一层,应按墙肢底部截面组合弯矩设计值采用;其他部位,墙肢截面的组合弯矩设计值应乘以增大系数,其值可取 1.2。此外,底部加强部位的纵向钢筋宜延伸到相邻上层的顶板处,以满足锚固要求并保证加强部位以上墙肢截面的受弯承载力不低于加强部位顶面的受弯承载力。

若双肢抗震墙承受的水平荷载较大,竖向荷载较小,则内力组合可能出现一个墙肢的轴力为拉力,另一个墙肢轴力为压力的情况。双肢抗震墙的某个墙肢一旦出现全截面受力开裂,其刚度就会严重退化,大部分地震作用就将转移到受压墙肢上去。因此,双肢抗震墙中,墙肢不宜出现小偏心受拉;当任一墙肢为大偏心受拉时,另一墙肢的剪力设计值和弯矩设计值均应乘以增大系数 1.25;注意到地震是往复作用,实际上双肢墙的每一个墙肢,都可以按增大后的内力配筋。

3)连梁的剪力调整和刚度折算

为了使连梁在发生弯曲屈服前不出现脆性的剪切破坏,保证连梁有较好的延性,在强震中能够消耗较多的地震能量,连梁剪力需作"强剪弱弯"调整。对于抗震墙中的跨高比大于 2.5 的连梁,剪力调整方法与框架梁相同,即梁端截面组合的剪力设计值应按式(4-31)、式(4-32)进行调整。

为了实现"强墙弱梁"的设计要求,应使抗震墙的连梁屈服早于墙肢屈服,为此,可降低连梁的弯矩后进行配筋,从而使连梁抗弯承载力降低,较早出现塑性铰。在进行弹性内力分析时可适当降低连梁的刚度,将连梁的刚度乘以不小于 0.5 的折减系数。注意到刚度折减后部分连梁尚不能满足剪压比限值,可按剪压比要求降低连梁剪力设计值及弯矩,并相应调整抗震墙的墙肢内力,但当抗震墙连梁内力由风荷载控制时,连梁刚度不宜折减。

3. 构件截面折减

抗震墙的墙肢、连梁和框架柱、框架梁,其调整后的截面组合的剪力设计值都应符合剪跨比的限值要求,即式(4-28)和式(4-29)的要求。若不能满足剪跨比的要求,则应加大构件截面尺寸提高混凝土强度等级。

抗震墙的墙肢应满足轴压比的限值要求:一级和二级抗震墙,底部加强部位在重力荷载代表值作用下墙肢的轴压比,一级(9度)时不宜超过 0.4,一级(8度)时不宜超过 0.5,二级不宜超过 0.6。

框架梁柱截面验算与纯框架中的梁柱验算要求相同,墙肢和连梁的截面验算可参照《高层建筑混凝土结构技术规程》JGJ 3。

四、框架-抗震墙结构的抗震构造措施

1. 抗震墙的厚度不应小于 160mm 且不宜小于层高或无支长度的 1/20,底部加强部位的抗震墙厚度不应小于 200mm 且不宜小于层高或无支长度的 1/16。

2. 有端柱时,墙体在楼盖处宜设置暗梁,暗梁的截面高度不宜小于墙厚和400mm的较大值;端柱截面宜与同层框架柱相同,并应满足前述对框架柱的要求;抗震墙底部加强部位的端柱和紧靠抗震墙洞口的端柱宜按柱箍筋加密区的要求沿全高加密箍筋。

3. 抗震墙竖向和横向分步钢筋,配筋率不应小于0.25%,钢筋直径不宜小于10mm,间距不宜大于300mm,并应双排配置,双排分布钢筋间应设置拉筋,拉筋间距不应大于600mm,直径不应小于6mm。

4. 楼面梁与抗震墙平面外连接时,不宜支承在洞口连梁上;沿梁轴线方向宜设置与梁连接的抗震墙,梁的纵筋应锚固在墙内;也可在支承梁的位置设置扶壁柱或暗柱,并应按计算确定其截面尺寸和配筋。

5. 框架-抗震墙结构的其他抗震构造措施,应符合《抗震规范》第6.3节、第6.4节的有关要求。

小　　结

1. 抗震墙是利用房屋中的内墙作为承重构件的一种结构体系,在高层房屋中,抗震墙除了承受重力荷载外,还要承受风荷载、地震区的房屋还要承受地震水平作用引起的剪力和弯矩。

2. 抗震墙结构具有下列优点:1) 整个结构具有连续性,整体性强,无明显薄弱环节,结构的抗震可靠度高;2) 采用滑模或大模板等工艺施工时,操作简便;3) 所有内外墙一次施工,工序少且材料单一,建设速度快。抗震墙结构同时具有以下缺点:1) 承重墙间距受到楼板的制约,不可能做得很大,因而建筑平面布置受到限制,不能适应灵活多变的使用要求;2) 内外墙全部现浇,在北方寒冷地区外墙需要加贴保温层增加了工序,提高了造价。

3. 抗震墙的破坏形态包括单肢墙、双肢墙的破坏。单肢墙的破坏包括:弯曲型破坏、剪压型破坏、斜压型破坏和滑移破坏。双肢墙的破坏一般通过调整使其产生强肢弱梁型破坏。

4. 抗震墙的内力计算包括底部加强部位墙体底部和顶部内力计算以及剪力的计算。截面承载能力验算应按本章中相应公式进行。

5. 框架-抗震墙结构是指在框架结构的基础上增设一定数量的纵向和横向剪力墙,所构成的双重结构体系。框架-抗震墙结构体系将框架和抗震墙结构体系结合起来,取长补短,弥补了框架结构抗侧移刚度不足、抗震墙结构建筑平面布置不灵活的缺点。同时,框架-抗震墙结构体系抗侧刚度适中,并能根据水平荷载的大小调整抗震墙的数量、截面尺寸和配筋,使整体结构的刚度和承载力既满足抗震设计的要求也不很浪费;同时,布置抗震墙时还可与建筑功能分区对使用空间的要求一并考虑。与框架结构相比框架-抗震墙结构体系能用于层数更多和总高度更高的高楼,是比框架结构更经济,应用范围更广泛的结构体系。

6. 框架-抗震墙结构体系中的抗震墙,它几乎承担了总水平地震作用的80%以上,所有框架承担的水平地震作用不足20%。由此可知抗震墙是主要构件,是抗震的第一道防线;框架是次要构件,是抗震的第二道防线。在划分构件抗震等级时,同一地区设防烈度相同、高度也相同而结构体系不同时，同样一种构件，抗震等级是有差别的。框架-抗震墙结构体系中的抗震墙要比抗震墙结构中的一般抗震墙高一级；框架-抗震墙结构体系中的框架要比纯框架结构中的框架低一级。

7. 框架-抗震墙结构并联体的最大层间位移发生在房屋总高 H 的 0.4～0.8 倍的高度范围。在下部楼层，抗震墙阻止框架变形，使抗震墙承担了大部分剪力；在结构上部呈相反的趋势，框架除负担水平地震作用对整体结构的剪力外，还要阻止抗震墙的变形；框架-抗震墙结构中的框架底部剪力为零，框架剪力控制部位在房屋高度的中部甚至上部，这与纯框架结构最大剪力发生在底部是不相同的。楼层剪力的最大值，不是发生在房屋底部，而是发生在房屋的半高处，一般是在 $(0.3～0.6)H$ 之间，并且随框架相对刚度的增大有向下移动的趋势。

8. 框架-抗震墙结构的抗震墙底部加强部位是指在抗震墙底部，适当提高承载力和加强抗震构造措施的高度范围。弯曲型和弯剪型结构的抗震墙、塑性铰一般出现在墙肢底部，将塑性铰及其以上一定高度范围作为加强部位，在此范围内采取增加边缘构件箍筋和墙体横向钢筋等加强措施，以避免墙肢剪切破坏。

9. 当地下室顶板不能满足嵌固条件，不能作为上部结构的嵌固部位时，通常地下一层底板可基本满足作为底部嵌固端的条件，抗震墙底部加强部位应从地下一层底板向上算，取墙肢总高的 1/8 与地下一层加首层高度的较大值，且不大于 15m。

10. 抗震墙的厚度不应小于 160mm 且不宜小于层高的 1/20，底部加强部位的抗震墙厚度不应小于 200mm 且不宜小于层高或无支长度的 1/16。有端柱时，墙体在楼盖处宜设置暗梁，暗梁的截面高度不宜小于墙厚和 400mm 的较大值。抗震墙竖向和横向分步钢筋，配筋率不应小于 0.25%，钢筋直径不宜小于 10mm，间距不宜大于 300mm，并应双排配置，双排分布钢筋间应设置拉筋，拉筋间距不应大于 600mm，直径不应小于 6mm。

复 习 思 考 题

1. 抗震墙结构和框架-抗震墙结构各自的受力特点有哪些？结构布置原则和适应范围各是什么？
2. 《抗震规范》限制各种结构类型的最大高度和高宽比的目的是什么？
3. 抗震墙截面设计时底部加强部位和其他截面的设计内力怎样确定？
4. 抗震墙结构和框架-抗震墙结构布置分别应着重解决哪些问题？
5. 为什么要确定结构的抗震等级？怎样确定抗震墙结构和框架-抗震墙结构的抗震等级？
6. 为什么要验算结构在水平地震作用下的侧移？结构侧移验算包括哪些内容？

第六章 砌体结构抗震设计

学习目标与要求
1. 了解普通砖砌体结构的震害特点。
2. 熟悉普通砖砌体结构房屋选型与布置原则；能确定普通砖砌体结构房屋的层数和总高度。
3. 掌握普通砖砌体结构房屋的抗震验算方法及抗震构造措施。
4. 了解底部框架-抗震墙结构房屋的设计原理和主要构造措施。

砌体结构是指用各种块材（普通黏土砖、承重黏土空心砖、硅酸盐砖、混凝土中小型砌块、粉煤灰中小型砌块和毛石等）通过各种砂浆（混合砂浆、纯水泥砂浆等）砌筑而成的房屋结构。砌体结构在我国各类建筑工程中用途很广，特别是在幅员辽阔的广大农村和中小城镇，砌体结构扮演了房屋建筑的主要角色，在中型城市也广泛使用在住宅、办公楼、商店等建筑中，据统计资料显示，砌体结构房屋在我国住宅建筑中约占76%，在全部房屋建筑中约占80%，所以，砌体结构房屋在今后相对长的时期内仍然是我国房屋建筑的主要结构类型。由于砌体材料具有组成上的缺陷和明显的脆性性质，受力破坏时的极限应变小，除具有相对较高的抗压强度以外，其抗剪、抗弯和抗拉强度较低，因此，砌体结构的抗震性能相对较差。在历次大地震中，没有很好地进行抗震设计和精心施工的砌体结构破坏很严重，倒塌率也在常用的几类结构类型中最高。但是，只要根据国家《抗震规范》的要求，通过合理的抗震设防，采取有效的构造措施，保证施工质量，在烈度较高地区，砌体结构房屋和其他结构房屋具有大致相当的抗震能力，大地震影响后轻微破坏，或者基本完好的砌体房子也不乏其例。

正是由于砌体结构是我国今后较长一个时期城市化发展过程中的主要结构形式，以及它在抗震性能方面存在明显的不足，提高砌体结构房屋抗震性能就成为建筑工程抗震工作今后需要认真面对和解决好的重要问题之一。

第一节 震害现象及分析

历次震害调查的结果证明，在强烈地震作用影响下，多层砌体房屋的破坏主要表现在以下几个方面。

1. 房屋倒塌

砌体结构房屋底层为薄弱层，容易引起房屋整体倒塌；房屋上部其他层或局部墙体，构件连接处局部倒塌。

造成房屋倒塌的主要原因，一是结构整体布置不合理，底层形成薄弱层出现应力集中现象，当地震作用力超过砌体抗剪强度时，引起底层墙体开裂破坏甚至导致房屋倒塌；二是局部墙体抗震承载力不足形成薄弱部位，当地震作用力超过砌体抗剪强度时引起局部墙体严重破坏甚至倒塌；三是墙体材料强度不足或施工不符合有关规范和规程要求，质量不保证，造成地震时墙体过早破坏甚至倒塌；四是局部墙体和墙体，墙体和楼（屋）盖等之间拉结不牢靠，强烈地震作用下发生严重破坏引起结构倒塌。

2. 纵横墙连接处的破坏

纵横墙连接处产生竖向裂缝，严重时纵墙倒塌。

这是由于受到纵向和横向地震作用的影响，当纵、横墙连接处拉应力超过了纵横墙之间的拉结强度，同时地震沿房屋双向产生内力的影响以及纵、横墙拉接处的拉结不牢靠造成了纵、横、墙连接处的破坏。

3. 墙体开裂、局部塌落破坏

纵、横墙在各自方向地震作用分量影响下产生交叉裂缝、水平裂缝、斜裂缝，接下来会进一步产生错位、倾斜甚至倒塌。

产生上述破坏的主要原因，一是地震引起的振动的往复作用，当墙体内产生的主拉应力超过其抗剪强度时就产生斜向交叉裂缝；二是地震作用本身的复杂性造成的，墙体除承受剪切作用，同时还承受扭转和竖向地震作用影响，当墙体开裂后墙体平面外方向地震作用分量影响下墙体错位甚至倒塌。

4. 墙体转角处的破坏

墙角位于房屋的端部或局部突出的端部，一般在山墙和外纵墙交汇处或房屋局部突出部位的纵、横墙交汇处，容易产生沿墙面的"V"字形裂缝而破坏，严重时墙角会倒塌。

造成墙角破坏的主要原因是楼板和房屋构件对此处的墙体拉结作用不强，约束作用比较弱，导致墙体转角抗震能力急剧下降，在双向地震作用影响下，房屋受到扭转作用的影响，纵、横向墙体内主拉应力超过抗剪强度产生向墙角交汇的斜裂缝造成墙角破坏。

5. 楼梯间处的破坏

楼梯间侧墙和端墙发生剪切破坏，顶层端墙和侧墙破坏。

造成这种破坏的原因，一是楼梯间楼板不连续，整体性下降，楼梯间开间尺寸小，横墙间距就小，相对其他房间楼梯间刚度大，吸收的地震能量就大，引起侧墙受到较大的剪力而破坏；二是在楼梯间顶层从最后一个休息平台到屋顶，墙体计算高度较下部其他层要大，稳定性差，所以也易发生墙体开裂甚至局部倒塌。

6. 楼盖预制板的破坏

预制板装配式楼盖整体性差，板的支承长度不够时，在地震作用下，容易开裂脱落，造成楼面塌落破坏。

产生这种破坏的原因，一方面是板缝间距太小，灌缝混凝土浇筑不密实，板缝加筋数量不足或长度不够，板的整体性差；另一方面是预制板在梁或墙上支承长度不满足要求，地震发生后楼面振动时造成预制板的塌落，严重时引起墙体倒塌。

7. 突出屋面的屋顶间等附属物的破坏

突出屋面的屋顶间，如楼梯间、水箱间、女儿墙、出屋面的砖砌烟囱，安装于屋面的高大的广告牌等产生整体或局部破坏。

这种破坏产生的主要原因，是由地震引起的"鞭梢效应"造成的。地震发生后屋顶附属物水平位移大，承受的惯性力与同重力荷载的下面楼层要大许多，附属物与主体结构的连接与下面楼层的连接墙体截面相比要小许多，侧移刚度急剧减小，导致变形加大，故容易引起过早破坏。一般情况下在屋顶间与结构主体相连部位地震造成的破坏作用比下部结构严重，特别是拉结和锚固不够牢靠的较高女儿墙和出屋面的烟囱在7度时普遍破坏，在8～9度时几乎全部倒塌。

第二节 砌体结构房屋的抗震概念设计

在进行砌体结构平面、立面以及结构抗震体系布置与选择等设计内容的同时，还应注意根据《抗震规范》的要求，对房屋总高度、总层数、高宽比、抗震墙间距等限制，确保房屋结构受力及变形在合理均衡的范围，以达到减少震害，实现抗震设防目标的效果。

一、房屋的结构布置

历次震害调查表明，在建筑外形尺寸大致相当的情况下，不同的结构布置即不同的抗震体系的选择，震害差异很大。如果建筑结构体系选择不当，平、立、剖面布置不合理，仅靠提高墙体抗震强度通过数值计算和构造措施满足抗震要求的方法既不可能也不经济更不合理。震害分析证明，规则建筑要比平、立和剖面变化大，不均匀也不规则建筑抗震性能好得多。因此结构布置时必须遵循以下原则：

1. 在建筑设计没有特殊要求时，优先采用横墙承重或纵横墙共同承重的结构体系，不应采用砌体墙和混凝土墙混合承重的结构体系；

2. 纵横向砌体抗震墙的布置应符合下列要求：

（1）纵横墙的布置宜均匀对称，沿平面内宜对齐，如受建筑设计限制不能对齐时，错开的墙体在同方向墙体中的比例不宜超过《抗震规范》的限制要求。沿房屋竖向墙体应上下连续，避免形成薄弱部位；且房屋平面内纵横墙的数量不宜相差太大。

（2）房屋平面轮廓凹凸尺寸，不应超过典型尺寸的50%，当超过典型尺寸的25%时，房屋转角处应采取加强措施。

（3）楼板局部大洞口的尺寸不宜超过楼板宽度的30%，且不应在墙体两侧同时开洞。

（4）房屋错层的楼板高差超过500mm时，应按两层计算；错层部位的墙体应采取加强措施。

（5）同一轴线上的窗间墙宽度宜均匀；墙面洞口的面积，6、7度时不宜大于墙体总面积的55%，8、9度时不宜大于50%。

（6）在房屋宽度方向的中部应设置内纵墙，其累计长度不宜小于房屋总长度的60%（高宽比 $\rho=\dfrac{h}{b}>4$ 的墙段不计入）。

二、砌体房屋的层数和总高度

震害调查资料表明，砌体房屋随着层数的增加和总高度的上升震害随之加重，在高烈度地区房的破坏程度和倒塌率几乎与高度成正比。为了使砌体房屋的抗震性能满足"三水准两阶段"设计法设定的标准，根据历次震害分析结果，《抗震规范》给出了砌体房屋在不同烈度、不同类型砌体结构的层数和总高度限值，见表6-1。

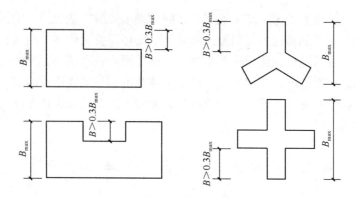

图 6-1 建筑结构平面凹角或凸角不规则

房屋的层数和总高度限值（m）　　　　表 6-1

房屋类别		最小墙厚度(mm)	烈度和设计基本地震加速度										
			6度		7度				8度				9度
			0.05g		0.10g		0.15g		0.20g		0.30g		0.40g
			高度	层数	高度	层数	高度	层数	高度	层数	高度	层数	高度	层数
多层砌体房屋	普通砖	240	21	7	21	7	21	7	18	6	15	5	12	4
	多孔砖	240	21	7	21	7	18	6	18	6	15	5	9	3
	多孔砖	190	21	7	18	6	15	5	15	5	12	4	—	—
	小砌块	190	21	7	21	7	18	6	18	6	15	5	9	3
底部框架—抗震墙砌体房屋	普通砖 多孔砖	240	22	7	22	7	19	6	16	5	—	—	—	—
	多孔砖	190	22	7	19	6	16	5	13	4	—	—	—	—
	小砌块	190	22	7	22	7	19	6	16	5	—	—	—	—

注：1. 房屋的总高度指室外地面到主要屋面板的板顶或檐口的高度，半地下室从地下室内地面算起，全地下室和嵌固条件好的半地下室应允许从室外地面算起；对带阁楼的坡屋面应算到山尖墙的1/2高度处；
2. 室内外高差大于0.6m时，房屋总高度应允许比表中的数据适当增加，但增加量应少于1.0m；
3. 乙类的砌体房屋仍按本地区设防烈度查表，其层数应减少一层且总高度应降低3m，不应采用底部框架—抗震墙砌体房屋；
4. 本表小砌块砌体房屋不包括配筋混凝土小型空心砌块砌体房屋。

1. 房屋有下列情况之一时宜设置防震缝，缝两侧均应设置墙体，缝宽应根据设防烈度和房屋高度确定，可采用70～100mm：

(1) 房屋立面高差在6m以上；

(2) 房屋有错层，且楼板高差大于层高的1/4；

(3) 各部分结构刚度、质量截然不同。

2. 楼梯间不宜设置在房屋的尽端或转角处。

3. 不应在房屋转角处设置转角窗。

4. 横墙较少、跨度较大的房屋，宜采用现浇钢筋混凝土楼、屋盖。

对医院、教学楼等横墙较少的多层砌体房屋，总高度应比表 6-1 的规定降低 3m，层数相应减少一层；各层横墙很少的多层砌体房屋，还应再减少一层。这里所指的横墙较少是指同一楼层内开间大于4.2m的房间占该房屋总面积的40%以上。横墙较少的多层砌体住宅楼,当按规定采取加强措施并满足抗震承载能力要求时,其高度和层数应允许仍按表6-1的规定采用。

普通砖、多孔砖和小砌块砌体承重房屋的层高,不应超过3.6m;底层框架—抗震墙房屋不应超过4.5m。

三、多层砌体房屋的高宽比限值

震害调查表明,在高烈度地区地震发生时地面运动加速度和地面位移都比较大,房屋受到水平方向的地震作用比较强烈,随着房屋高度的上升,高宽比的增加,房屋在水平地震作用下产生整体倾覆的可能性就会增加,即便不会整体倾覆,但是房屋作为整体产生弯曲后在底层产生的弯曲应力超过砌体抗拉强度后,引起底层外墙产生水平裂缝,在地震作用影响下,就可能产生严重破坏甚至倒塌。为有效防止房屋出现整体弯曲破坏,《抗震规范》通过限制房屋高宽比的方法来实现这一目标。当房屋高宽比满足表6-2的规定时,房屋墙体可只验算其抗剪强度,而不需验算房屋整体弯曲强度。

房屋的最大高宽比　　　　　　　　　　　　　　　　表6-2

烈　　度	6	7	8	9
最大高宽比	2.5	2.5	2.0	1.5

注:1. 单面走廊房屋的总宽度不包括走廊宽度;
　　2. 建筑平面接近正方形时,其高宽比宜适当减少。

四、房屋抗震横墙的最大间距

砌体房屋横墙在地震发生后除承受房屋竖向内力影响外,同时也要承受沿房屋横向的水平地震作用,横墙间距的大小对楼、屋盖和横墙形成的横向抗侧力体系的整体受力影响较大。为了确保楼、屋盖和横墙之间能够可靠传递横向地震作用,《抗震规范》对多层砌体房屋的抗震横墙的最大间距作了明确规定,见表6-3。

房屋抗震横墙的最大间距　　　　　　　　　　　　表6-3

楼、屋盖类别		烈　　度			
		6度	7度	8度	9度
现浇或装配整体式钢筋混凝土楼、屋盖		15	15	11	7
装配式钢筋混凝土楼、屋盖		11	11	9	4
木、屋盖		9	9	4	—
底层框架-抗震墙砌体房屋	上部各层	同多层砌体房屋			
	底层或底部两层	18	15	11	

注:1. 多层砌体房屋的顶层,除木屋盖外的最大横墙间距应允许适当放宽,但应采取相应加强措施;
　　2. 多孔砖抗震横墙厚度为190mm时,最大横墙间距应比表中数值减少3m。

五、房屋局部尺寸

墙体是多层砌体房屋中重要受力构件,地震作用具有很高的随机性和复杂性,砌体房屋较大的震害往往开始于墙体的破坏。局部尺寸的不足就会造成房屋内墙体内力分布的严重不均匀,造成某些受力较大的墙肢或墙段首先破坏,进而发展为整体性的破坏。为了防止地震作用影响下这类房子发生上述破坏,《抗震规范》对多层砌体房屋中局部尺寸给出了限值(见表6-4)。

房屋的局部尺寸限值 表 6-4

部　　位	6 度	7 度	8 度	9 度
承重窗间墙最小间距	1.0	1.0	1.2	1.5
承重外墙顶端至门窗洞边的最小距离	1.0	1.0	1.2	1.5
非承重外墙顶端至门窗洞边的最小距离	1.0	1.0	1.0	1.0
内墙阳角至门窗洞边的最小距离	1.0	1.0	1.5	2.0
无锚固女儿墙（非出入口处）的最大间距	0.5	0.5	0.5	0.0

注：1. 局部尺寸不足时应采取局部加强措施弥补，且最小宽度不宜小于 1/4 层高和表列数据的 80%；

2. 出入口处的女儿墙应有锚固。

第三节　多层砌体结构房屋抗震验算

多层砌体结构房屋抗震设计和其他结构形式一样，包括抗震概念设计、结构抗震验算和抗震构造措施三方面。一般情况下砌体房屋横向尺寸小于纵向，房屋横向抗侧刚度要比纵向抗侧刚度小许多，横向侧位移大，地震作用影响下容易发生受力变形破坏，所以，对于砌体房屋，一般只验算它的横向抗震承载力和变形性能。

多层砌体结构验算包括三个步骤：一是确定计算简图；二是计算地震剪力并向各墙分配；三是确定薄弱层和薄弱部位，并对受力不利的墙段进行抗震验算，只要房屋横向受力及变形能满足《抗震规范》的要求，纵向就会自动满足。故纵向可不进行抗震验算。

一、计算简图

多层砌体房屋在水平地震作用影响下，假定将横向平行的各道墙重合在一起共同承受横向地震作用，并假定房屋在水平地震作用下侧移以剪切变形为主，整体弯曲变形可以忽略不计；房屋不考虑扭转变形，且楼盖的刚度无限大，因此，可以认为各道横墙侧移大小相同；各层间的质量分别集中在其相应的楼面标高处。多层砌体结构的计算简图如图 6-2 所示。

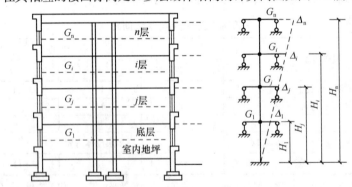

图 6-2　多层砌体结构的计算简图

二、楼层地震剪力的计算及其在各墙体间的分配

1. 水平地震作用计算

多层砌体结构房屋在抗震概念设计阶段，如果能够按《抗震规范》的要求进行结构选型和布置，房屋的质量和刚度沿高度分布一般比较均匀，且在忽略较小的弯曲变形时可以假定为以剪切变形为主；同时，根据表 6-1 的规定，多层砌体房屋的高度都小于 40m。因

此，可按底部剪力法计算各楼层剪力和同一楼层中各道墙受到的水平地震剪力。

多层砌体结构房屋由于刚度较大，基本周期在0.2～0.3s之间比较短，故按公式（3-41）计算时，式中的$\alpha_1=\alpha_{max}$；同时，由于多层砌体房屋为剪切变形，顶层不存在附加地震作用即$\delta_n=0$，可以按公式（3-44）计算总的地震作用，其步骤如下：

(1) 按《抗震规范》的规定计算各质点的重力荷载代表值G_i；

(2) 计算多质点体系的等效重力荷载代表值G_{eq}，其值为各质点重力荷载代表值总和的85％，即

$$G_{eq}=0.85\sum_{i=1}^{n}G_i;$$

(3) 按式（3-41）计算多质点体系的底部总的水平地震作用：$F_{Ek}=\alpha_{max}G_{eq}$；

(4) 按式（3-46）计算各质点地震作用标准值：

$$F_i=\frac{G_iH_i}{\sum_{j=1}^{n}G_jH_j}F_{Ek} \quad (i=1,2,\cdots,n)$$

(5) 按式（3-47）计算各楼层地震剪力

$$V_i=\sum_{j=i}^{n}F_j$$

对于可能产生鞭端效应的屋顶间、出屋面的烟囱和女儿墙等，计算的地震作用应乘以增大系数3，但增大了的两倍在计算下部楼层承受的剪力时不应往下传。

2. 楼层剪力在同层各墙体之间的分配

楼层剪力计算的对象是第三章所讲的薄弱层，墙体验算的对象是受剪力较大，相对说来是抗剪承载力最薄弱的墙段或部位。在计算薄弱层剪力时，可以假想将简化为多质点体系的多层砌体房屋看作是固定在地面的竖向悬臂梁，再根据公式（3-46）求出各质点水平地震作用后，可进一步根据公式（3-47）求出判定为薄弱层的楼层剪力。

根据前面的基本假定可知，层间剪力在同一楼层中横向或纵向各道墙体中的分配，与横向或纵向各道墙自身提供的侧向刚度在该楼层同方向所有墙提供的抗剪刚度总和中所占的比例成正比；横向或纵向各道墙中任意一个墙段提供的抗剪承载力，与该段墙提供的抗剪刚度在这道墙提供的全部抗剪刚度中所占的比例成正比。墙体在平面内的抗剪强度远远高于平面外的抗剪强度，在计算楼层横向抗剪承载力时，我们认为横向的全部抗震墙承担了横向的楼层剪力，而纵向的楼层地震剪力则由纵向全部抗震墙承担。

理论分析和震害调查都证明，墙段的高宽比不同，提供的抗剪刚度就不同；房屋楼、屋盖类型的不同，楼、屋盖和墙体共同工作的程度不同，房屋的空间刚度也就不同，楼层地震剪力在各墙上的分配结果就不同。本节内容的难点和关键是计算各墙段、每道墙侧移刚度及楼层总侧向刚度。

(1) 墙体的侧向刚度

如图6-3为一片底端固定，上端铰接的墙体在顶端施加一单位力所产生的位移δ，δ称为该墙的侧移柔度。根据刚度和柔度互为倒数的关系，则可知使墙顶产生单位位移所施加的力则为该墙体的侧移刚度，用k表示，即$k=\frac{1}{\delta}$。在进行抗震分析时，通常假定各层墙体的上下端均

不发生类似于柱的上下端转动，即只发生剪切变形。根据结构力学知识可知，墙顶在单位力作用下其侧移由弯曲变形位移 δ_m 和剪切变形位移 δ_v 组成，它们的值分别为：

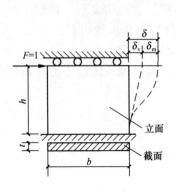

图 6-3 墙体的变形

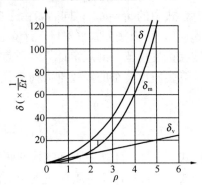

图 6-4 弯曲变形与剪切变形对比

$$\delta_m = \frac{h^3}{12EI} = \frac{1}{EI}\left(\frac{h}{b}\right)^3 = \frac{\rho^3}{Et}$$

$$\delta_v = \frac{\xi h}{AG} = \frac{3}{Et}\frac{h}{b} = \frac{3\rho}{Et}$$

墙顶在单位力作用下的总变形即侧移柔度为：

$$\delta = \delta_m + \delta_v = \frac{1}{Et}(\rho^3 + 3\rho)$$

式中　h——墙体（包括窗间墙或门间墙）高度；

　　　b——墙体水平截面宽（墙长）；

　　　t——墙体水平截面厚（墙厚）；

　　　ξ——截面剪应力分布不均匀系数，矩形截面取 $\xi=1.2$；

　　　I——墙体的水平截面惯性矩，$I=\frac{tb^3}{12}$；

　　　A——墙体的水平截面积，$A=bt$；

　　　E——砌体的弹性模量；

　　　G——砌体的剪变模量，取 $G=0.4E$；

　　　ρ——墙体的高宽比，指计算的墙高与墙长的比，取 $\rho=\frac{h}{b}$，一般是指层高与墙长之比，对门窗洞边的小墙段指洞净高与洞侧墙宽之比。

从图 6-4 中 δ、δ_m 及 δ_v 三者的关系曲线可以看出：当 $\rho=\frac{h}{b}<1$ 时，δ_m 所占比例很小，可略去不计；当 $1<\rho\leqslant 4$ 时，δ_m、δ_v 两者均占有相当比例，宜同时考虑；当 $\rho>4$ 时，δ_v 所占比例很小，δ_m 急剧上升，K 值很小可以忽略不计。因此，不同类型墙段的层间抗侧力等效刚度宜按以下原则确定：

1) 当墙的高宽比 $\rho<1$ 时，侧移刚度

$$K = \frac{1}{\delta_v} = \frac{Et}{3\rho} \tag{6-1}$$

2) 当 $1<\rho\leqslant 4$ 时，侧移刚度

$$K = \frac{1}{\delta_v + \delta_m} = \frac{Et}{3\rho + \rho^3} \tag{6-2}$$

3) 当 $\rho > 4$ 时，取 $K=0$。

墙体抗震抗剪承载力验算时，墙段宜按门窗洞口划分；对设置构造柱的小开口墙段按毛墙面计算的刚度，可根据开洞率乘以表 6-5 的墙段洞口影响系数。

墙段洞口影响系数　　　　表 6-5

开洞率	0.10	0.20	0.30
影响系数	0.98	0.94	0.88

注：1. 开洞率为洞口水平截面积与墙段水平毛截面积之比，相邻洞口之间净宽小于 500mm 的墙段视为洞口；
　　2. 洞口中线偏离墙段中线大于墙段长度的 1/4 时，表中的影响系数值折减 0.9；门洞的洞顶高度大于层高 80% 时，表中数据不适用；窗洞高度大于 50% 层高时，按门洞对待。

（2）横向或纵向水平地震剪力 V_i 的分配

如前所述，多层砌体房屋水平地震作用影响下，仅对两个主轴方向进行抗震验算，由于墙体在平面外提供的抗剪能力太小，垂直于验算方向的墙对验算方向抗剪作用不大，因此可以认为，横向地震作用产生的剪切力由该层全部横墙承受，纵向的地震作用产生的影响全部由该层纵向墙体承受。

理论分析证明，横向楼层地震剪力在横向各抗侧力墙体之间的分配，不仅取决于每片墙体的层间抗侧力等效刚度，而且，在墙体间距符合表 6-3 要求的前提下还取决于楼盖的整体刚度。为了方便计算，习惯上根据楼、屋盖整体性大小以及承重横墙间距的大小将其分为刚性楼盖、柔性楼盖和中等刚度楼、屋盖三种。

1) 刚性楼盖

刚性楼盖是指楼盖平面内刚度很大，在水平地震作用影响下即使变形但这种变形也很小，忽略它后对楼层间墙体剪力计算不产生影响的楼盖，包括现浇或装配整体式钢筋混凝土楼盖。这种楼盖作为平卧的平面刚度很大的受弯构件，受到地震力影响后产生整体平动，因此，各墙体顶部产生的侧移相等，楼层剪力在各墙体之间按各自提供的侧向刚度在楼层总侧向刚度中的比例大小分配。

第 i 楼层每道抗侧墙分担的地震剪切力之和 $\sum_{m=1}^{s} V_{im}$ 等于楼层地震剪切力 V_i 即

$$V_i = \sum_{m=1}^{s} V_{im} \tag{6-3}$$

式中　V_{im}——第 i 楼层第 m 道抗侧墙所分担的地震剪切力，其值为

$$V_{im} = \Delta_i K_{im} \tag{6-4}$$

式中　Δ_i——第 i 楼层层间位移；
　　　K_{im}——第 i 楼层第 m 道抗侧墙的侧向刚度。

$$\sum_{m=1}^{s} \Delta K_{im} = \sum_{m=1}^{s} V_{im} = V_i \tag{6-5}$$

$$\Delta = \frac{V_i}{\sum_{m=1}^{s} K_{im}} \tag{6-6}$$

将式（6-6）代入式（6-4）可得

$$V_{im} = \frac{K_{im}}{\sum_{m=1}^{s} K_{im}} V_i = \frac{K_{im}}{K_i} V_i \tag{6-7}$$

式中 K_i——第 i 层全部抗震抗侧墙提供的侧向刚度之和即 $\sum_{m=1}^{s} K_{im}$。

若同一楼层各道抗侧墙高度和所用材料强度等级都相同，且墙体高宽比 $\rho = \frac{h}{b} < 1$ 时，式（6-7）可以改写为

$$V_{im} = \frac{A_{im}}{\sum_{m=1}^{s} A_{im}} V_i = \frac{A_{im}}{A_i} V_i \tag{6-8}$$

式中 A_{im}——第 i 层 m 道抗侧墙净横截面面积；

$\sum_{m=1}^{s} A_{im}$——第 i 层各道抗侧墙墙段横截面面积之和即 A_i。

式（6-8）说明，当为刚性楼盖时，各道抗侧横墙或纵墙高度、材料相同，且只考虑剪切变形时，该楼层水平地震剪切力可按各道抗侧墙段的横截面在楼层该方向抗侧墙中的比例来分配。

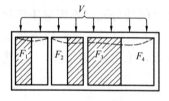

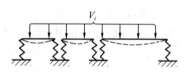

图 6-5 柔性楼盖计算简图

2）柔性楼盖

柔性楼盖是指在其本身平面内刚度很小，楼盖受水平地震作用影响时，楼盖变形除随排架体系产生平移外，还会产生弯曲变形，故作为排架体系顶端（受力出现侧移的墙顶）支承处各道墙端变形各不相同，可以认为楼盖如同一个多跨简支梁简支承于各道抗侧墙顶。各道抗侧墙分担的水平地震作用与其从属的重力荷载的面积大小成正比，如式（6-9）所示。所谓从属的重力荷载面积是在忽略墙体和楼屋盖连续性前提下，把相邻两道抗侧墙之间的楼面从二分之一开间处假想切开，楼面重力荷载就由相距最近的抗侧墙承担，这个面积叫重力荷载从属面积，如图 6-5 所示。

$$V_{im} = \frac{G_{im}}{G_i} V_i \tag{6-9}$$

式中 G_{im}——第 i 层 m 道抗震抗侧墙墙段从属面积上的重力荷载值；

G_i——第 i 层楼屋盖所承担的总重力荷载。

当楼、屋盖组成相同承受的使用可变荷载相同时，楼屋面上从属重力荷载就与从属面积成正比，式（6-9）可以简化为式（6-10）。

$$V_{im} = \frac{F_{im}}{F_i} V_i \tag{6-10}$$

式中 F_{im}——第 i 层 m 道抗震抗侧墙重力荷载的从属面积；

F_i——第 i 层楼盖的总面积。

3）中等刚度楼、屋盖

中等刚度楼、屋盖是指楼屋盖刚度和整体性介于刚性和柔性静力计算方案楼、屋盖刚度之间的楼、屋盖。如预置装配式楼、屋盖就属于中等刚度楼、屋盖。同理，这类楼、屋盖的房屋各道抗震侧墙所承担的地震剪力也就介于刚性楼、屋盖与柔性楼、屋盖所承担的地震剪力之间，为了简化计算，中等刚度楼、屋盖的房屋中各道抗震侧墙分担的水平地震剪力就取同等条件下刚性和柔性楼、屋盖计算结果的平均值，将式（6-7）和式（6-9）两式相加取其平均值可得

$$V_{im} = \frac{1}{2}\left[\frac{K_{im}}{K_i} + \frac{G_{im}}{G_i}\right]_i V_i \tag{6-11}$$

一般情况下，当墙高相同，所用材料相同，楼、屋盖上重力荷载分布均匀时，也可以将式（6-8）与式（6-10）两式相加可得

$$V_{im} = \frac{1}{2}\left[\frac{A_{im}}{A_i} + \frac{F_{im}}{F_i}\right]_i V_i \tag{6-12}$$

式中各字母的含义同前。

三、墙体截面抗震承载力验算

多层砌体房屋墙体抗震验算时，选择荷载从属面积较大或竖向应力较小的墙段进行截面抗震受剪承载力验算。

（1）普通砖、多孔砖墙体

$$V \leqslant \frac{f_{vE}A}{\gamma_{RE}} \tag{6-13}$$

式中　V——墙体剪力设计值；

　　　A——墙体横截面面积，多孔砖取毛截面面积；

　　　γ_{RE}——承载力抗震调整系数。承重墙按第三章表3-10取用，自承重墙取0.75；

　　　f_{vE}——砖砌体沿阶梯形截面破坏的抗震抗剪强度设计值；

$$f_{vE} = \zeta_N f_v \tag{6-14}$$

式中　f_v——非抗震设计的砌体抗剪强度设计值，可由《砌体结构设计规范》查得；

　　　ζ_N——砌体抗震抗剪强度的正应力影响系数，应按表6-6取用。

墙体强度的正应力影响系数　　　　　　表6-6

砌体类别	σ_0/f_v							
	0.0	1.0	3.0	5.0	7.0	10.0	12.0	≥16.0
普通砖、多孔砖	0.80	0.99	1.25	1.47	1.65	1.90	2.05	—
小砌块	—	1.23	1.69	2.15	2.57	3.02	3.32	3.92

注：σ_0为对应于重力荷载代表值的砌体截面平均压应力。

（2）当按式（6-13）验算不满足时，可计入基本均匀设置于墙段中部、截面不小于240mm×240mm（墙厚190mm时为240mm×190mm）且间距不大于4m的构造柱对受剪承载力的提高作用，按式（6-15）进行验算

$$V \leqslant \frac{1}{\gamma_{RE}}[\eta_c f_{vE}(A - A_c) + \zeta_c f_t A_c + 0.8 f_{yc} A_{sc} + \zeta_s f_{yh} A_{sh}] \tag{6-15}$$

式中　A_c——中部构造柱的横截面总面积（对横墙和内纵墙，$A_c > 0.15A$时，取$0.15A$；对外纵墙，$A_c > 0.25A$时，取$0.25A$）；

f_t ——中部构造柱混凝土抗拉强度设计值；

A_{sc} ——中部构造柱的纵向钢筋截面总面积（配筋率不小于0.6%，大于1.4%时取1.4%）；

f_{yh} ——墙体水平钢筋抗拉强度设计值；

f_{yc} ——墙体构造柱钢筋抗拉强度设计值；

ζ_c ——中部构造柱参与工作系数；居中设一根时取0.5，多于一根时取0.4；

η_c ——墙体约束修正系数，一般取1.0，构造柱间距不大于3m时取1.1；

A_{sh} ——层间墙体竖向截面的总水平钢筋面积，无水平钢筋时取0.0。

(3) 配水平钢筋的普通砖、多孔砖墙体的截面抗震承载力，应按式（6-16）验算

$$V \leqslant \frac{1}{\gamma_{RE}}(f_{vE}A + \zeta_s f_{yh} A_{sh}) \quad (6-16)$$

式中　f_{yh} ——水平钢筋抗拉强度设计值；

A_{sh} ——层间墙体竖向截面的总水平钢筋面积，其配筋率不应小于0.07%且不大于0.17%；

ζ_s ——钢筋参与工作系数，可按表6-7取用。

钢筋参与工作系数　　　　　　　　　表6-7

墙体高宽比	0.4	0.6	0.8	1.0	1.2
ζ_s	0.10	0.12	0.14	0.15	0.12

(4) 小型砌块墙体的截面抗震受剪承载力，应按式（6-17）验算

$$V \leqslant \frac{1}{\gamma_{RE}}[f_{vE}A + (0.3f_t A_c + 0.05f_y A_s)\zeta_c] \quad (6-17)$$

式中　f_t ——芯柱混凝土抗拉强度设计值；

A_c ——芯柱截面总面积；

A_s ——芯柱钢筋截面总面积；

f_y ——芯柱钢筋抗拉强度设计值；

ζ_c ——芯柱参加工作系数，可按表6-8采用。

芯柱参加工作系数　　　　　　　　　表6-8

填孔率ρ	$\rho < 0.15$	$0.15 \leqslant \rho < 0.25$	$0.25 \leqslant \rho < 0.5$	$\rho \geqslant 0.5$
ζ_c	0.0	1.0	1.1	1.15

注：填孔率指芯柱根数（含构造柱和填实孔洞数量）与孔洞总数之比。

第四节　多层砌体房屋的抗震构造措施

房屋结构采用抗震构造措施的目的是加强结构的整体性，弥补数值计算的不足，解决数值计算无法确定或难以解决的问题，有效保证抗震设防目标的实现。墙体是多层砌体结构中主要抗侧力构件，抗震设计时只选取承受剪应力较大，竖向墙体传来的压应力较小的

墙段进行验算,所以,对不进行验算的部位和其他墙体,根据历次大地震破坏经验采取相应对策对确保其具有良好的抗震性能十分必要。

一、普通砖房、多孔砖房的抗震构造措施

1. 设置钢筋混凝土构造柱

钢筋混凝土构造柱的延性远远大于墙体材料的延性,它和墙体整体连接后可以在水平方向有效减少墙体长度提高墙体的稳定性;作为墙体的组成部分它可以在地震作用影响下有效提高墙体抗剪性能和整体性,提高墙体极限变形性能;它和楼层平面设置的圈梁水平拉结后,形成笼状的空间受力体系,对由它和圈梁围合的间格内的每片墙乃至整幢房屋形成较大的约束作用,确保墙体在复杂的地震作用下具有必要的稳定性和足够的抗侧移性能,提高了房屋的抗倒塌性能。

(1) 钢筋混凝土构造柱的设置要求

各类多层砌体房屋,应按下列要求设置钢筋混凝土构造柱(以下简称构造柱):

1) 构造柱的设置部位,一般应符合表6-9的要求。

多层砖砌体房屋构造柱设置要求 表6-9

房屋层数				设 置 部 位	
6度	7度	8度	9度		
四、五	三、四	二、三		楼、电梯间四角,楼梯斜梯段上下端对应的墙体处; 外墙四角和对应转角; 错层部位横墙与外纵墙交接处; 大房间内外墙交接处; 较大洞口两侧	隔12m或单元横墙与外纵墙交接处; 楼梯间对应的另一侧内横墙与外纵墙交接处
六	五	四	二		隔开间横墙(轴线)与外墙交接处; 山墙与内纵墙交接处
七	≥六	≥五	≥三		内墙(轴线)与外墙交接处; 内墙的局部较小墙垛处; 内纵墙与横墙(轴线)交接处

注:较大洞口,内墙指不小于2.1m的洞口;外墙在内外墙交接处已设置构造柱时应允许适当放宽,但洞侧墙体应加强。

2) 外廊式和单面走廊式的多层房屋,应根据房屋增加一层的层数,按表6-9的要求设置构造柱,且单面走廊两侧的纵墙均应按外墙处理。

3) 横墙较少的房屋,应根据房屋增加一层的层数,按表6-9的要求设置构造柱。当横墙较少的房屋为外廊式和单面走廊式时,应按2)的要求设置构造柱;但6度时不超过四层、7度时不超过三层、8度时不超过二层时,应按增加二层的层数对待。

4) 各层横墙很少的房屋,应按增加二层的层数设置构造柱。

5) 采用蒸压灰砂砖和蒸压粉煤灰砖的砌体房屋,当墙体的抗剪强度仅达到普通黏土砖砌体的70%时,应根据增加一层的层数按前述的要求设置构造柱,但6度时不超过四层、7度时不超过三层、8度时不超过二层时,应按增加二层的层数对待。

(2) 多层砖砌体房屋构造柱的构造要求

1) 构造柱最小截面可采用180mm×240mm(墙厚190mm时为180mm×190mm),纵向钢筋宜采用4ϕ12,箍筋间距不宜大于250mm,且在柱上下端应适当加密;6、7度时超过六层、8度时超过五层和9度时,构造柱纵向钢筋宜采用4ϕ14,箍筋的间距不应大

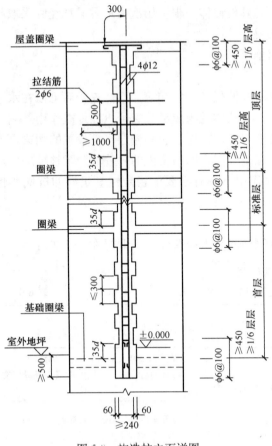

图 6-6 构造柱立面详图

于 200mm；房屋四角的构造柱应适当加大截面尺寸及配筋，如图 6-6 所示。

2）构造柱与墙体连接处应砌成马牙槎，沿墙高每隔 500mm 设置 2φ6 水平钢筋和 φ4 分布短筋平面内点焊组成的拉结网片或 φ4 的点焊钢筋网片，每边伸入墙内不宜小于 1m。6、7 度时底部 1/3 楼层，8 度时底部 1/2 楼层，9 度时全部楼层，上述拉结钢筋网片应沿墙体水平通长设置，如图 6-7 所示。

3）构造柱与圈梁连接处，构造柱的纵筋应在圈梁纵筋内侧穿过，保证构造柱纵筋上下贯通，如图 6-7 所示。

4）构造柱可不单独设置基础，但应伸入室外地面下 500mm，或与埋深小于 500mm 的基础圈梁相连，如图 6-8 所示。

5）房屋高度和层数接近表 6-1 的限值时，纵、横墙内构造柱间距尚应符合下列要求：

①横墙内的构造柱间距不宜大于层高的二倍，下部 1/3 楼层的构造柱间距适当减少；

②当外纵墙开间大于 3.9m 时，应另设加强措施。内纵墙的构造柱间距不宜大于 4.2m。

2. 设置钢筋混凝土圈梁

（1）圈梁的作用

圈梁对于提高房屋抗震性能作用明显。圈梁的主要作用包括：1）和钢筋混凝土构造柱互相拉结形成空间笼状体系，增加房屋空间整体性；2）防止平时和地震发生后房屋基础的不均匀沉降；3）减少墙体在竖直方向的计算高度，增加稳定性；4）限制墙体斜裂缝的开展和延伸；5）设置在楼盖的边缘对楼盖有桶箍作用，提高了楼盖的平面内刚度。

（2）圈梁的设置要求

1）装配式钢筋混凝土楼、屋盖或木屋盖的砖房，应按表 6-10 的要求设置圈梁；当采用纵墙承重体系时，抗震横墙上的圈梁间距应在表内要求基础上适当加密；

2）现浇或装配整体式钢筋混凝土楼、屋盖与墙体有可靠连接的房屋，应允许不另设圈梁，但楼板沿抗震墙体周边均应加强配筋并应与相应的构造柱钢筋可靠连接。

（3）圈梁的构造要求

1）多层砌体房屋现浇混凝土圈梁应闭合，遇有洞口圈梁应上下搭接。圈梁宜与预制板设在同一标高处或紧靠板底，如图 6-9 所示。

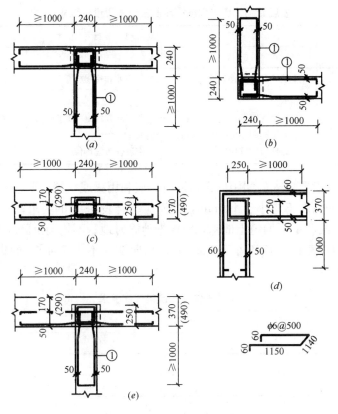

图 6-7 构造柱与墙体的连接

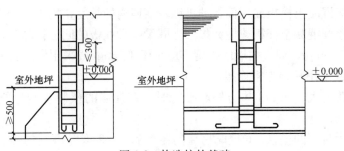

图 6-8 构造柱的基础

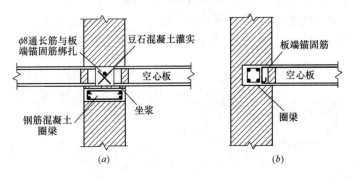

图 6-9 圈梁与预制板的位置
(a) 板底圈梁；(b) 板侧圈梁

多层砖砌体房屋现浇钢筋混凝土圈梁设置要求　　　　表 6-10

墙 类	烈 度		
	6、7	8	9
外墙和内纵墙	屋盖处和每层楼盖处	屋盖处和每层楼盖处	屋盖处和每层楼盖处
内纵墙	同上； 屋盖处间距不应大于 4.5m； 楼盖处间距不应大于 7.2m； 构造柱对应部位	同上； 各层所有横墙，且间距不应大于 4.5m； 构造柱对应部位	同上； 各层所有横墙

2）圈梁在前述设置要求的间距内无横墙时，应利用梁或板缝中配筋替代圈梁。

3）圈梁的截面高度不应小于 120mm，配筋应符合表 6-11 的要求；对于软弱黏性土、液化土、新近填土或严重不均匀土地基，应根据地震时地基不均匀沉降和其他因素，采取相应的措施，如增设截面高度不小于 180mm，纵向配筋不小于 4ϕ12 的钢筋混凝土现浇圈梁。

多层砖砌体房屋圈梁配筋要求　　　　表 6-11

配 筋	烈 度		
	6、7	8	9
最小纵筋	4ϕ10	4ϕ12	4ϕ14
箍筋最大间距（mm）	250	200	150

3. 多层砌体房屋楼、屋盖的抗震构造要求

（1）现浇钢筋混凝土楼板或屋面板伸进纵、横墙内的长度，均不小于 120mm。

（2）装配式钢筋混凝土楼板或屋面板，当圈梁未设在板的同一标高时，板端伸进外墙的长度不应小于 120mm，伸进内墙的长度不应小于 100mm 或采用硬架支模连接，在梁上不应小于 80mm 或采用硬架支模连接。

（3）当板的跨度大于 4.8m 并与外墙平行时，靠外墙的预制板侧边应与墙或圈梁拉结，如图 6-10 所示。

（4）房端部大房间的楼盖，6 度时房屋的屋盖和 7～9 度时房屋的楼、屋盖，当圈梁设在板底时，钢筋混凝土预制板应互相拉结，并应与梁、墙或圈梁拉结，如图 6-11 所示。

（5）楼、屋盖的钢筋混凝土梁或屋架应与墙、柱（包括构造柱）或圈梁可靠连接，如图 6-12；不得采用独立砖柱。跨度不小于 6m 大梁的支承构件应采用组合砌体等加强措施，并应满足承载力要求。

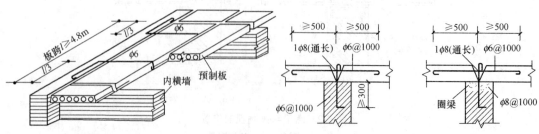

图 6-10　靠外墙的预制板侧边应与墙或圈梁拉结　　　图 6-11　钢筋混凝土预制板与墙体和圈梁拉结

4. 楼梯间的抗震构造要求

(1) 顶层楼梯间墙体应沿墙高每隔500mm设2φ6通长钢筋和φ4分布短钢筋平面内点焊组成的拉结网片或φ4的点焊钢筋网片，如图6-13所示；7～9度时其他各层楼梯间墙体应在休息平台或楼层半高处设置60mm厚、纵向钢筋不少于

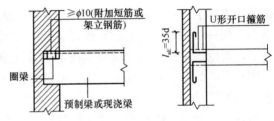

图6-12 梁与圈梁的锚拉

2φ10的钢筋混凝土带或配筋砖带，配筋砖带不少于3皮，每皮砖配筋不少于2φ6，如图6-14所示。砂浆强度等级不应低于M7.5且不低于同层墙体的砂浆强度等级。

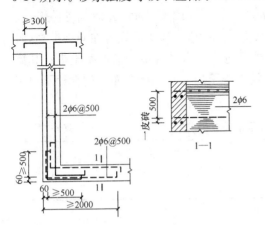

图6-13 楼梯间外墙和内横墙设置通长钢筋

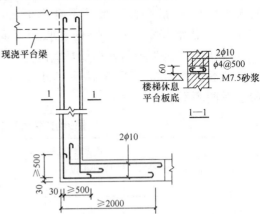

图6-14 楼梯间墙体设置配筋砖带

(2) 楼梯间及门厅内墙阳角处的大梁支承长度不应小于500mm，并应与圈梁连接。

(3) 装配式楼梯段应与平台板的梁可靠连接，8、9度时不应采用装配式楼梯段；不应采用墙中悬挑式踏步或踏步竖肋插入墙体的楼梯，不应采用无筋砖砌栏杆。

(4) 突出屋顶的楼、电梯间，构造柱应伸到顶部，并与顶部圈梁连接，所有墙体应沿墙高每隔500mm设2φ6通长钢筋和φ4分布短筋平面内点焊组成的拉结网片或φ4的点焊网片。

5. 其他构造要求

(1) 6、7度时长度大于7.2m的大房间，以及8、9度时外墙转角及内外墙交接处，应沿墙高每隔500mm配置2φ6每边伸入墙体1m的通长钢筋和φ4分布短筋平面内点焊组成的拉结网片或φ4点焊网片。

(2) 门洞处不应采用砖过梁；过梁支承长度6～8度时不应小于240mm，9度时不应小于360mm。

(3) 坡屋顶房屋的屋架应与顶层圈梁可靠连接，檩条和屋面板应与墙、屋架可靠连接，房屋出入口处的檐口瓦应与屋面构件锚固。采用硬山搁檩时，在顶层内纵墙顶宜增砌支承山墙的踏步式墙垛，并设置构造柱。

(4) 预制阳台，6、7度时应为圈梁和楼板的现浇板带可靠连接，8、9度时不应采用预制阳台。

(5) 后砌的非承重隔墙、烟道、风道、垃圾道不应削弱墙体；当墙体被削弱时，应对

墙体采取加强措施；不宜采用无竖向配筋的附墙烟囱或出屋面的烟囱。

（6）同一结构单元的基础（或桩承台），宜采用同一类型的基础，地面宜埋置在同一标高上，否则应增加基础圈梁并应按1：2的台阶逐步放坡。

（7）丙类的多层砌体房屋，当横墙较少且总高度和层数达到表6-1规定的限值时，应采取下列加强措施：1）房屋的最大开间尺寸不宜大于6.6m；2）同一结构单元内横墙错位数不宜多于两道；错位的墙体交接处均应增设构造柱，且楼、屋面板应采用现浇钢筋混凝土板；3）所有纵横墙均应在楼、屋盖标高处设置加强的钢筋混凝土圈梁；圈梁的截面高度不宜小于150mm，上下纵筋各不小于3ϕ10，箍筋不小于ϕ6，间距不大于300mm；4）所有纵横墙交接处及横墙中部，均应增设满足下列要求的构造柱：在纵、横墙内的柱距不宜大于3.0m，最小截面尺寸不宜小于240mm×240mm（墙厚190mm时为240mm×190mm），配筋宜满足表6-12的要求；5）同一结构单元的楼、屋面应设置在同一标高处；6）房屋顶层和底层窗台标高处，宜设置沿纵、横墙通长的水平现浇钢筋混凝土带；其截面高度不小于60mm，宽度不小于墙厚，纵向钢筋不小于2ϕ10，横向分布筋的直径不小于ϕ6且其间距不大于200mm。

增设构造柱的纵筋和箍筋的设置要求 表6-12

位置	纵向钢筋			箍筋		
	最大配筋率（%）	最小配筋率（%）	最小直径（mm）	加密区范围（mm）	加密区间距（mm）	最小直径（mm）
角柱	1.8	0.8	14	全高	100	6
边柱			14	上端700		
中柱	1.4	0.6	13	下端500		

二、多层砌块房屋的构造措施

1. 设置钢筋混凝土芯柱

（1）芯柱设置要求

灌通各皮小型砌块的钢筋混凝土芯柱，对提高小型砌块房屋的延性，增加其抗震性能具有明显的作用。应按表6-13的要求设置钢筋混凝土芯柱。对外廊式和单面走廊式房屋、横墙较少的房屋、各层横墙很少的房屋，尚应分别按本节"一、1."中（1）钢筋混凝土构造柱设置要求中2）、3）、3）、5）等项次的规定按表6-13的要求设置钢筋混凝土构造柱。

多层小型砌块房屋芯柱设置要求 表6-13

房屋层数				设置位置	设置数量
6度	7度	8度	9度		
四、五	三、四	二、三		外墙转角，楼、电梯间四角，楼梯斜梯段上下端对应的墙体处； 大房间内外墙交接处；错层横墙与外纵墙交接处； 隔12m或单元横墙与外纵墙交接处	外墙转角，灌实3个孔； 内外墙交接处，灌实4个孔； 楼梯斜段上下端对应的墙体处，灌实2个孔
六	五	四		同上； 隔开间横墙（轴线）与外纵墙交接处	

续表

房屋层数				设置位置	设置数量
6度	7度	8度	9度		
七	六	五	二	同上； 各内墙（轴线）与外纵墙交接处； 内纵墙与横墙（轴线）交接处和洞口两侧	外墙转角，灌实5个孔； 内外墙交接处，灌实4个孔；内墙交接处，灌实4~5个孔； 洞口两侧各灌实1个孔
	七	≥六	≥三	同上； 横墙内芯柱间距不大于2m	外墙转角，灌实7个孔； 内外墙交接处，灌实5个孔； 内墙交接处，灌实4~5个孔； 洞口两侧各灌实1个孔

注：外墙转角、内外墙交接处、楼电梯间四角部位，应允许采用钢筋混凝土构造柱替代部分芯柱。

(2) 芯柱的构造要求

1) 小砌块房屋芯柱截面不宜小于120mm×120mm。

2) 芯柱混凝土强度等级，不应低于Cb20。

3) 芯柱的竖向插筋应贯通墙身且与圈梁相连；插筋不应小于1ϕ12，6、7度时超过五层、8度时超过四层和9度时，插筋不应小于1ϕ14。

4) 芯柱应伸入室外地面以下500mm或与埋深小于500mm的基础圈梁相连。

5) 为提高墙体抗震受剪承载力而设置的芯柱，宜在墙体内均匀布置，最大净距离不宜大于2.0m。

(3) 小砌块房屋中替代芯柱的钢筋混凝土构造柱构造要求

1) 构造柱截面不应小于190mm×190mm，纵向钢筋宜采用4ϕ12，箍筋间距不宜大于250mm，且在柱上下端应适当加密；6、7度时超过五层，8度时超过四层，9度时全部楼层，构造柱纵向钢筋宜采用4ϕ14，箍筋间距不宜大于200mm；外墙转角处的构造柱可适当加大截面及配筋。

2) 构造柱与砌体连接处应砌成马牙槎，与构造柱相邻的砌块孔洞，6度时宜填实，7度时应填实，8、9度时应填实并插筋。构造柱与砌块墙之间沿墙高每隔600mm设置ϕ4点焊拉结钢筋网片，并应沿墙体水平通长设置。6、7度时底部1/3楼层，8度时1/2楼层，9度时全部楼层，上述拉结钢筋网片沿墙高间距不大于400mm。

3) 构造柱与圈梁的连接处，构造柱的纵筋应在圈梁纵筋内侧穿过，保证构造柱纵筋上下贯通。

4) 构造柱可不单独设置基础，但应伸入室外地面下500mm，或与埋深小于500mm的基础圈梁相连。

(4) 小型砌块房屋中圈梁的设置

根据《抗震规范》规定，小型砌块房屋中圈梁的设置的位置应与多层砌体砖房中圈梁设置要求相同按照表6-10确定。圈梁宽度不应小于190mm，配筋不应小于4ϕ12，箍筋间距不应大于200mm。

(5) 小型砌块房屋中墙体的拉结

多层小型砌块砌体房屋墙体交接处或芯柱与墙体连接处应设置拉结钢筋网片，网片可采用直径4mm的钢筋点焊而成，沿墙高间距不大于600mm，并应沿墙体水平通长设置。

6、7度时底部1/3楼层，8度时1/2楼层，9度时全部楼层，上述拉结钢筋网片沿墙高间距不大于400mm。

(6) 其他构造要求

6度时超过五层，7度时超过四层，8度时超过三层，9度时全部楼层，在房屋顶层和底层窗台标高处，宜设置沿纵、横墙通长的水平现浇钢筋混凝土带；其截面高度不小于60mm，宽度不小于墙厚，纵向钢筋不小于$2\phi10$，并应有分布拉结钢筋；其混凝土强度等级不要低于C20。水平现浇混凝土带亦可采用槽型砌块替代模板，其纵筋和拉结钢筋不变。

多层小砌块房屋的层数和高度的限制应符合表6-1的规定。其他构造要求可按照《抗震规范》的要求确定。

第五节 底部框架-抗震墙房屋的抗震设计

底部框架-抗震墙房屋主要用于底层需要较大空间的房间，如商店、餐厅和其他商用房屋，而上部其他层为较小房间，如办公、住宅、旅馆等的房屋结构中。这种结构底层由于抗侧构件较上部结构相差很多，底层抗侧刚度很小，竖向刚度变化突然，大地震或特大地震发生后容易形成底部薄弱层引起明显的震害甚至倒塌。这种结构具有经济性能优于框架结构，使用功能优于砌体结构的特点，因此，在中小城市临街建筑中被普遍使用。讨论这类房屋结构的抗震性能，提出合理科学切实有效的实施意见，对降低这类房屋的震害具有重要意义。

一、底部框架-抗震墙房屋的抗震设计要点

1. 对于比较规则的底部框架-抗震墙房屋的抗震设计可采用底部剪力法。

计算简图可取单质点体系，基本周期按一般单质点体系求解，或按能量法近似公式计算。底部剪力、质点地震作用和层间剪力计算方法与一般多层砌体结构房屋相同，地震影响系数取 $\alpha_1 = \alpha_{max}$，不考虑顶部附加地震作用。但考虑到变形集中发生在底部对结构产生的不利影响，计算时需要对底部的地震作用乘以 $\xi=1.2\sim1.5$ 的增大系数适当调整。

底部框架-抗震墙房屋上部砖房部分抗震设计同多层砌体房屋的抗震设计。底部或底部两层框架-抗震墙房屋所承受的横向和纵向地震剪力设计值由该方向全部抗震墙承担，并在各墙之间依据他们自身侧向刚度的大小按比例分配。

2. 底部框架-抗震墙中的框架柱承担的剪力

在进行底部框架-抗震墙结构房屋的框架柱和抗震墙设计时，可按两道防线的思路进行设计，在弹性阶段不考虑框架柱对抗剪的作用，认为在弹性阶段框架柱不参与抗剪，此阶段剪力全部由抗震墙承担。在结构受力变形进入弹塑性阶段后，考虑到抗震墙的损失，认为地震剪力设计值由抗震墙和框架柱共同承担。《抗震规范》规定，框架柱承担的地震剪力设计值，可按各抗侧力构件有效侧向刚度比例分配确定。有效刚度的取值，框架不折减，混凝土墙可乘以0.3的折减系数，砖墙可乘以0.2的折减系数。柱承担的地震剪力为

$$V_c = \frac{K_c}{0.3\Sigma K_{wc} + 0.2\Sigma K_w + \Sigma K_c}V_1 \qquad (6-18)$$

式中 K_{wc} ——一片混凝土抗震墙弹性侧向刚度；

K_w——一片墙开裂前的侧向刚度;

K_c——框架柱的侧向刚度,即 $K_c = \alpha \dfrac{E_c I_c}{h^3}$;

对于钢筋混凝土墙 $\qquad K_w = \dfrac{0.3}{1.2h/GA + h^3/3EI}$

对于黏土砖墙 $\qquad K_w = \dfrac{0.2}{1.2h/GA + h^3/3EI}$

G——混凝土或砖砌体的剪切模量,对于混凝土 $G=0.43E$,对于砌体 $G=0.4E$;

V_1——为底层地震剪力设计值,$V_1 = \xi \alpha_{max} G_{eq}$。

3. 框架柱轴力计算

框架柱的轴力应计入地震倾覆力矩引起的附加轴力。上部砌体房屋可视为刚体,底部各轴线承受的地震剪力的地震倾覆力矩,可近似按底部抗震墙和框架的侧向刚度比进行分配,即

一片抗震墙承担的倾覆力矩为

$$M_w = \dfrac{K'_w}{\overline{K}} M_1 \qquad (6-19)$$

一榀框架承担的倾覆力矩为

$$M_f = (K'_f / \overline{K}) M_1 \qquad (6-20)$$

$$\overline{K} = \Sigma K'_w + \Sigma K'_f \qquad (6-21)$$

式中 M_1——作用于底层框架处的倾覆力矩,$M_1 = \gamma_{Eh} \sum\limits_{i=2}^{n} F_i H_i$($n$ 为总层数,F_i 为作用于 i 质点的水平地震力,H_i 为 i 质点的计算高度)。

K'_w——底层一片抗震墙的平面内转动刚度,即

$$K'_w = \dfrac{1}{h/EI + 1/C_\varphi I_\varphi} \qquad (6-22)$$

K'_f——一榀框架沿自身平面内的转动刚度,即

$$K'_f = \dfrac{1}{h/E\Sigma A_i x_i^2 + 1/C_z \Sigma F'_i x_i^2} \qquad (6-23)$$

式中 I、I_φ——抗震墙水平截面和基础底面积对形心轴的惯性矩;

C_z、C_φ——地基抗压和抗弯刚度系数;

A_i、F'_i——一榀框架中第 i 根柱子水平截面积和基础底面积;

x_i——第 i 根柱子到所在框架中和轴的距离。

当一榀框架所分担的倾覆力矩求出后,柱的附加轴力可以近似取为 $N' = \pm M_f B$(其中 B 为两边柱之间的距离),即假定附加轴力全部由最外边的两边柱承担,或者可考虑各柱均参加抗倾覆,此时

$$N'_i = \pm \dfrac{A_i x_i}{\Sigma A_i x_i^2} M_f \qquad (6-24)$$

4. 底层框架-抗震墙房屋的钢筋混凝土托墙梁地震组合力计算

由于竖向荷载产生的剪力不折减,由竖向荷载产生的弯矩可按下列方法确定:

(1) 当上部的砖墙不超过 4 层时,可计入全部墙体及其承担的重力荷载;

（2）上部的砖墙超过4层且跨中1/2区段的墙体仅有一个洞口时，墙体及其承担的重力荷载可仅取4层计算。

5. 底层框架-抗震墙房屋中嵌砌于框架之间的黏土砖抗震墙的抗震验算：

底层框架柱的轴力和剪力，应计入砖抗震墙引起的附加轴力和附加剪力，计算公式为：

$$N_f = V_m H_f / l \tag{6-25}$$

$$V_f = V_w \tag{6-26}$$

式中　V_w——墙体承担剪力设计值，柱两侧有墙时可取二者较大值；

　　　N_f——框架柱的附加轴压力设计值；

　　　V_f——框架柱的附加剪力设计值；

　　　H_f——框架的层高；

　　　l——框架的跨度；

　　　V_m——砖抗震墙引起的附加剪力设计值。

6. 嵌砌于框架之间的黏土砖抗震墙及两端框架柱受剪承载力计算：

$$V \leqslant \frac{1}{\gamma_{REc}} \Sigma (M_{yc}^u + M_{yc}^l)/H_0 + \frac{1}{\gamma_{REw}} \Sigma f_{vE} A_{w0} \tag{6-27}$$

式中　V——嵌砌烧结普通黏土砖抗震墙及两端框架柱剪力设计值；

　　　A_{w0}——砖墙水平截面的计算面积，无洞口时取实际截面的1.25倍，有洞口时，取净面积，但不计入宽度小于洞口高度1/4的墙肢截面面积；

M_{yc}^u、M_{yc}^l——分别为底层框架柱上下端的正截面受弯承载力设计值，可按国家现行标准《混凝土结构设计规范》非抗震设计的有关公式取等号计算；

　　　H_0——底层框架柱的计算高度，两侧均有砖墙时，取柱净高的2/3，其余情况取柱净高；

　　　γ_{REc}——底层框架柱承载力抗震调整系数，可取0.8；

　　　γ_{REw}——嵌砌普通砖抗震墙承载力抗震调整系数，可取0.9。

二、底部框架-抗震墙砌体房屋抗震构造措施

底部框架-抗震墙房屋由底部框架-抗震墙和上部砖砌体房屋两部分组成，抗震构造也就由两部分构成。

1. 底部框架-抗震墙部分

底部框架梁、柱构件和钢筋混凝土墙主筋、箍筋、截面尺寸等的构造要求除与相应抗震等级钢筋混凝土框架及抗震墙的构造要求相似外，还应注意以下要求：

（1）底部框架-抗震墙房屋的钢筋混凝土托墙梁，其截面尺寸应符合下列要求：

1）梁截面宽度不应小于300mm，梁的截面高度不应小于跨度的1/10；

2）箍筋的直径不应小于8mm，间距不应大于200mm；梁端在1.5倍梁高且不小于1/5净跨范围内，以及上部墙体的洞口处和洞口两侧各500mm且不小于梁高范围内，箍筋间距不应大于100mm；

3）沿梁高应设腰筋，数量不应少于2ϕ14，间距不应大于200mm；

4）梁的纵向受力钢筋和腰筋应按受拉钢筋的要求锚固在柱内，且支座上部的纵向钢筋在柱内的锚固长度应符合钢筋混凝土框支梁的有关要求。

（2）底部框架-抗震墙砌体房屋的楼盖应符合下列要求：

1) 过渡层的底板应采用现浇钢筋混凝土板，板厚不应小于 120mm，并应少开洞、开小洞，当洞口尺寸大于 800mm 时，洞口周边应设置边梁。

2) 其他楼层，采用装配式钢筋混凝土楼板时均应设现浇圈梁；采用现浇钢筋混凝土楼板时应允许不另设圈梁，但楼板沿抗震墙体周边均应加强配筋并应与相应的构造柱可靠连接。

(3) 当 6 度设防的底部框架-抗震墙砖房的底层采用约束砖砌体时，其构造应符合下列规定：

1) 砖墙厚度不小于 240mm，砂浆强度等级不应低于 M10，应先砌墙后浇框架。

2) 沿框架柱每隔 300mm 配置 2ϕ8 水平钢筋和 ϕ4 分布短筋平面内点焊组成的拉结网片，并沿砖墙水平通长设置；在墙体半高处尚应设置与框架柱相连的钢筋混凝土水平系梁。

3) 墙长大于 4m 时和洞口两侧，应在墙内增设钢筋混凝土构造柱。

(4) 当 6 度设防的底部框架-抗震墙砖房的底层采用约束小砌块砌体时，其构造应符合下列规定：

1) 墙厚不应小于 190mm，砌筑砂浆强度等级不应低于 M10，应先砌墙后浇框架。

2) 沿框架柱每隔 400mm 配置 2ϕ8 水平钢筋和 ϕ4 分布短筋平面内点焊组成的拉结网片，并沿砌块墙水平通长设置；在墙体半高处尚应设置与框架柱相连的钢筋混凝土水平系梁；系梁截面不应小于 190mm×190mm，纵筋不应小于 4ϕ12，箍筋直径不应小于 ϕ6，间距不应大于 200mm。

3) 墙体在门、窗洞口两侧设置芯柱，墙长大于 4m 时，应在墙内增设芯柱，芯柱应符合《抗震规范》的相关要求；其余位置宜采用钢筋混凝土构造柱代替芯柱，钢筋混凝土构造柱应符合《抗震规范》的有关规定。

(5) 底部框架－抗震墙砌体房屋的框架柱应符合下列要求：

1) 柱的截面不应小于 400mm×400mm，圆柱直径不应小于 450mm。

2) 柱的轴压比，6 度时不宜大于 0.85，7 度时不宜大于 0.75，8 度时不宜大于 0.65。

3) 柱的纵向钢筋最小配筋率，当钢筋强度标准值低于 400MPa 时，中柱在 6、7 度时不应小于 0.9%，8 度时不应小于 1.1%；边柱、角柱和混凝土抗震墙端柱在 6、7 度时不宜低于 1.0%，8 度时不宜低于 1.2%。

4) 柱的箍筋直径，6、7 度时不应小于 8mm，8 度时不应小于 10mm，并应全高加密箍筋，间距不大于 100mm。

5) 柱的最上端和最下端组合的弯矩设计值应乘以增大系数，一、二、三级的增大系数应分别按 1.5、1.25 和 1.15 采用。

(6) 底部框架-抗震墙砌体房屋的底部采用钢筋混凝土墙时应符合下列要求：

1) 墙体周边应设置梁（或暗梁）或边框架（或框架柱）组成的边框架；边框梁的截面宽度不宜小于墙板厚度的 1.5 倍，截面高度不宜小于墙板厚度的 2.5 倍；边框柱的截面高度不宜小于墙板厚度的 2 倍。

2) 墙板的厚度不宜小于 160mm，且不小于墙板净高的 1/20；墙体宜开设洞口形成若干墙段，各墙段的高宽比不宜小于 2。

3) 墙体的竖向和横向分布筋的配筋率均不小于 0.3%，并应采用双排布置；双排分布钢筋拉筋间距不应大于 600mm，直径不宜小于 6mm。

4) 墙体的边缘构件可按第五章剪力墙结构中一般部位的规定设置。

(7) 底部框架-抗震墙房屋过渡层的楼板应采用现浇钢筋混凝土板,板厚不应小于120mm,并应少开洞、开小洞,当洞口尺寸大于800mm时,洞口周边应设置边梁。

2. 上部砖房部分

底部框架-抗震墙房屋的上部应根据房屋的总层数按表 5-9 的规定设置钢筋混凝土构造柱。过渡层尚应在底部框架柱对应位置处设置构造柱;构造柱的截面不宜小于240mm×240mm;构造柱的纵向钢筋不宜少于4ϕ14,箍筋间距不宜大于200mm;过渡层构造柱的纵向钢筋,7度时不宜少于4ϕ16,8度时不宜少于6ϕ16,一般情况下,纵向钢筋应锚入下部的框架柱内;当纵向钢筋锚入框架柱内时,框架柱相应位置应加强;构造柱应与每层圈梁连接,或与现浇混凝土板可靠拉结;上部抗震墙的中心线宜同底部的框架梁、抗震墙的轴线重合;构造柱宜与框架柱上下贯通。

采用装配式钢筋混凝土楼板时均应设现浇圈梁,采用现浇钢筋混凝土楼板时应允许不另设圈梁,但楼板沿墙面周边应加强配筋并与相应的构造柱可靠连接。

3. 其他构造要求

底部框架-抗震墙砌体房屋的框架柱、抗震墙和托梁的混凝土强度等级,不应低于C30;过渡层砌体块材的强度等级不应低于MU10;砖砌体砌筑砂浆强度等级不应低于M10;砌块砌体砌筑砂浆强度等级不应低于M10;底部框架-抗震墙砌体房屋的其他构造措施应符合本书第五章中的有关规定。

第六节 多层砖砌体房屋抗震验算实例

某五层砖砌体结构办公楼,屋面及楼面板均为现浇混凝土板,纵横墙承重,烧结多孔砖,强度等级 MU10,砂浆为 M5.0、M7.5、M10,外纵墙厚为 360mm,其余墙为 240mm,抗震设防烈度 8 度,设计地震基本加速度为 0.2g,无地下室,门洞 1.8m。结构平面布置图如图 6-15 所示,计算简图如图 6-16 所示。试验算多遇地震作用下该办公楼抗震性能是否满足要求。

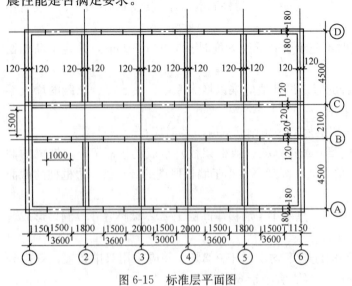

图 6-15 标准层平面图   图 6-16 计算简图

解: 1. 地震作用

(1) 各层重力荷载代表值

以每一楼层为一质点，包括楼盖自重楼层、上下各半层的墙体自重以及可变荷载等；质点假定集中在楼层标高处，各层重力荷载代表值经先前计算为：$G_5 = 2850$kN，$G_4 = 3150$kN，$G_3 = 3150$kN，$G_2 = 3150$kN，$G_1 = 3400$kN，$\Sigma G_i = 15700$kN。

(2) 各层地震作用和地震剪力

1) 总水平地震作用

查表 3-2 得知 $\alpha_{max} = 0.16$，所以

$$F_{Ek} = \alpha_{max} G_{eq} = \alpha_{max} \times 0.85 \Sigma G_i = 0.16 \times 0.85 \times 1570 = 2135.2 \text{kN}$$

2) 各层水平地震作用标准值按式（3-46）计算

$$F_i = \frac{G_i H_i}{\sum_{i=1}^{n} G_i H_i} F_{Ek}$$

计算结果如表 6-14 所列。

3) 各层地震剪力按式（3-47）计算

$$V_i = \sum_{j=i}^{n} F_j \quad (i = 1, 2, \cdots, n)$$

计算结果如表 6-14 所列。

4) 为了以下计算方便，先将 V_i 乘以 $\gamma_{Eh} = 1.3$。

计算结果如表 6-14 所列。

2. 抗震墙截面净截面积计算

(1) 横墙净截面积计算

各层地震剪力计算　　　表 6-14

楼层	G_i (kN)	H_i (m)	$G_i H_i$	F_i (kN)	V_i (kN)	$1.3 V_i$ (kN)
5	2850	16.5	47025	621.53	621.53	807.99
4	3150	13.5	42525	562.05	1183.58	1538.65
3	3150	10.5	33075	437.15	1620.73	2106.95
2	3150	7.5	33625	312.25	1932.98	2512.87
1	3400	4.5	15300	202.22	2135.2	2775.76
	15700		161550	2135.2		

$$A_1 = A_6 = 0.24 \times 9.96 = 2.39 \text{m}^2$$

(2) 纵墙净截面积计算

$$A_A = A_D = 0.36 \times 10.14 = 3.65 \text{m}^2$$

$$A_B = A_C = 0.24 \times 12.64 = 3.03 \text{m}^2$$

$$A_Z = (3.65 + 3.03) \times 2 = 13.36 \text{m}^2$$

3. 横墙地震剪力分配及强度验算

因为各道横墙的高宽比 $\rho = \dfrac{h}{b} < 1$，所以，横向地震作用引起的剪力按各道墙横截面积的大小比例关系分配到各道横墙，由于①、⑥轴上的两道山墙上承受的竖向应力较小，

横向仅验算其中一道墙即可。

(1) 第五层强度验算

砖为 MU10，砂浆 M5，$f_v = 120\text{kPa}$

$$V_{15} = \frac{9.96 \times 0.24}{14} \times 807.99 = 137.96\text{kN}$$

$$\sigma_0 = \frac{8 \times 5.4}{4.8 \times 0.24} = 37.5\text{kPa}$$

$$\frac{\sigma_0}{f_v} = \frac{37.5}{120} = 0.31$$

查表 6-6 可知 $\zeta_N = 0.86$，$f_{vE} = \zeta_N f_v = 0.86 \times 120 = 103.07\text{kPa}$

查表 3-10 得知 $\gamma_{RE} = 0.9$

$$V_{15u} = \frac{f_{vE} \cdot A}{\gamma_{RE}} = \frac{103.07 \times 9.96 \times 0.24}{0.9} = 273.75\text{kN} > V_{15} = 137.96\text{kN}，满足要求。$$

(2) 第四层强度验算

砖为 MU10，砂浆 M5，$f_v = 120\text{kPa}$

$$V_{14} = \frac{9.96 \times 0.24}{14} \times 1538.65 = 262.71\text{kN}$$

$$\sigma_0 = \frac{15 \times 5.4}{4.8 \times 0.24} + \frac{4.5 \times 3}{0.24} = 126.6\text{kPa}$$

$$\frac{\sigma_0}{f_v} = \frac{126.6}{120} = 1.06$$

查表 6-6 可知 $\zeta_N = 1.0$，$f_{vE} = \zeta_N f_v = 1.0 \times 120 = 120\text{kPa}$

查表 3-10 得知 $\gamma_{RE} = 0.9$

$$V_{14u} = \frac{f_{vE} \cdot A}{\gamma_{RE}} = \frac{120 \times 9.96 \times 0.24}{0.9} = 318.72\text{kN} > V_{14} = 262.71\text{kN}，满足要求。$$

(3) 第三层强度验算

砖为 MU10，砂浆 M7.5，$f_v = 150\text{kPa}$

$$V_{13} = \frac{9.96 \times 0.24}{14} \times 2106.95 = 359.75\text{kN}$$

$$\sigma_0 = \frac{22 \times 5.4}{4.8 \times 0.24} + \frac{4.5 \times 6}{0.24} = 215.6\text{kPa}$$

$$\frac{\sigma_0}{f_v} = \frac{215.6}{150} = 1.44$$

查表 6-6 可知 $\zeta_N = 1.05$

$$f_{vE} = \zeta_N f_v = 1.05 \times 150 = 157.5\text{kPa}$$

查表 3-10 得知 $\gamma_{RE} = 0.9$

$$V_{13u} = \frac{f_{vE} \cdot A}{\gamma_{RE}} = \frac{157.5 \times 9.96 \times 0.24}{0.9} = 418.32\text{kN} > V_{13} = 359.75\text{kN}，满足要求。$$

(4) 第二层强度验算

砖为 MU10，砂浆 M10，$f_v = 180\text{kPa}$

$$V_{12} = \frac{9.96 \times 0.24}{14} \times 2512.87 = 429.05\text{kN}$$

$$\sigma_0 = \frac{29 \times 5.4}{4.8 \times 0.24} + \frac{4.5 \times 9}{0.24} = 304.7 \text{kPa}$$

$$\frac{\sigma_0}{f_v} = \frac{304.7}{180} = 1.69$$

查表 6-6 可知 $\zeta_N = 1.08$

$$f_{vE} = \zeta_N f_v = 1.08 \times 180 = 194.4 \text{kPa}$$

查表 3-10 得知 $\gamma_{RE} = 0.9$ $V_{12u} = \dfrac{f_{vE} \cdot A}{\gamma_{RE}} = \dfrac{194.4 \times 9.96 \times 0.24}{0.9} = 516.33 \text{kN} > V_{12} = 429.05 \text{kN}$,满足要求。

(5) 第一层强度验算

砖为 MU10,砂浆 M10,$f_v = 180 \text{kPa}$

$$V_{11} = \frac{9.96 \times 0.24}{14} \times 2775.76 = 473.94 \text{kN}$$

$$\sigma_0 = \frac{36 \times 5.4}{4.8 \times 0.24} + \frac{4.5 \times 12}{0.24} = 393.8 \text{kPa}$$

$$\frac{\sigma_0}{f_v} = \frac{393.8}{180} = 2.19$$

查表 6-6 可知,$\zeta_N = 1.14$,$f_{vE} = \zeta_N f_v = 1.14 \times 180 = 205.2 \text{kPa}$

查表 3-10 得知 $\gamma_{RE} = 0.9$

$V_{11u} = \dfrac{f_{vE} \cdot A}{\gamma_{RE}} = \dfrac{205.2 \times 9.96 \times 0.24}{0.9} = 545.01 \text{kN} > V_{11} = 473.94 \text{kN}$,满足要求。

4. 纵向地震剪力分配及强度计算

同上,在墙体高宽比大于 1 但小于 4 的情况下,纵向地震剪力按墙面积分配,Ⓐ、Ⓓ轴上的外纵墙窗洞面积大于内纵墙门洞宽度,墙厚是外纵墙厚度大于内纵墙厚度,理论上讲内、外纵墙均应选一道进行墙肢地震抗剪承载力验算。为了节省篇幅这里仅选Ⓐ轴各墙肢的各层进行验算。

Ⓐ轴各墙肢各层剪力分配计算结果如表 6-15 所列。

验算 2.0m 墙肢。

(1) 第五层强度验算

砖 MU10,砂浆 M5,$f_v = 120 \text{kPa}$

$$V_5 = 44.7 \text{kN} \qquad \sigma_0 = \frac{3.24 \times 8}{2 \times 0.36} = 36 \text{kPa}$$

Ⓐ轴各墙肢的各层地震剪力分配　　　　表 6-15

洞净高 h (m)	洞侧墙宽 l (m)	个数 n	$\rho = \dfrac{h}{l}$	$\dfrac{1}{\rho^3 + 3\rho}$	各墙肢剪力 $V_{mr} = \dfrac{\dfrac{1}{\rho^3 + 3\rho}}{\Sigma \dfrac{1}{\rho^3 + 3\rho}} V_{im}$				
					V_1	V_2	V_3	V_4	V_5
1.8	1.27	2	1.42	0.14	76.1	68.9	57.6	41.9	21.6
1.8	2.0	2	0.9	0.29	157.6	142.7	119.4	86.7	44.7
1.8	1.8	2	1	0.25	135.9	123	102.9	74.7	38.5
Σ	10.14			1.36	739.1	669.2	559.8	406.6	209.7

$$\frac{\sigma_0}{f_v} = 0.3,\text{查表 6-6 可知 } \zeta_N = 0.86$$

$$f_{vE} = \zeta_N f_v = 0.86 \times 120 = 103.2\text{kPa}$$

查表 3-10 得 $\gamma_{RE} = 1.0$

$$V_{5u} = \frac{f_{vE} \cdot A}{\gamma_{RE}} = \frac{103.2 \times 2 \times 0.36}{1.0} = 74.3\text{kN} > V_5 = 44.7\text{kN}$$

(2) 第四层强度验算

砖 MU10, 砂浆 M5, $f_v = 120\text{kPa}$

$$V_4 = 86.7\text{kN}$$

$$\sigma_0 = \frac{3.24 \times 17}{2 \times 0.36} + \frac{6.5 \times 3}{0.36} = 130.7\text{kPa}$$

$$\frac{\sigma_0}{f_v} = 1.09$$

查表 6-6 可知 $\zeta_N = 1.01$

$$f_{vE} = \zeta_N f_v = 1.01 \times 120 = 121.2\text{kPa}$$

查表 3-10 得知 $\gamma_{RE} = 1.0$

$$V_{4u} = \frac{f_{vE} \cdot A}{\gamma_{RE}} = \frac{121.2 \times 2 \times 0.36}{1.0} = 87.26\text{kN} > V_4 = 86.7\text{kN}$$

(3) 第三层强度验算

砖 MU10, 砂浆 M7.5, $f_v = 150\text{kPa}$

$$V_3 = 119.4\text{kN}$$

$$\sigma_0 = \frac{3.24 \times 22}{2 \times 0.36} + \frac{6.5 \times 6}{0.36} = 207.3\text{kPa}$$

$$\frac{\sigma_0}{f_v} = 1.38,\text{查表 6-6 可知 } \zeta_N = 1.04$$

$$f_{vE} = \zeta_N f_v = 1.04 \times 150 = 156\text{kPa}$$

查表 3-10 得知 $\gamma_{RE} = 1.0$

$$V_{3u} = \frac{f_{vE} \cdot A}{\gamma_{RE}} = \frac{156 \times 2 \times 0.36}{1.0} = 112.32\text{kN} < V_3 = 119.4\text{kN}$$

$\frac{119.4 - 112.32}{119.4} = 6\%$, 基本满足要求。

(4) 第二层强度验算

砖 MU10, 砂浆 M10, $f_v = 180\text{kPa}$

$$V_2 = 142.7\text{kN}$$

$$\sigma_0 = \frac{3.24 \times 29}{2 \times 0.36} + \frac{6.5 \times 9}{0.36} = 300.3\text{kPa}$$

$\frac{\sigma_0}{f_v} = 2.0$, 查表 6-6 可知 $\zeta_N = 1.12$

$$f_{vE} = \zeta_N f_v = 1.12 \times 180 = 201.6\text{kPa}$$

查表 3-10 得知 $\gamma_{RE} = 1.0$

$$V_{2u} = \frac{f_{vE} \cdot A}{\gamma_{RE}} = \frac{201.6 \times 2 \times 0.36}{1.0} = 145.15\text{kN} > V_2 = 142.7\text{kN},满足要求。$$

(5) 第一层强度验算

砖 MU10,砂浆 M10,$f_v = 180\text{kPa}$

$$V_1 = 157.6\text{kN}$$

$$\sigma_0 = \frac{3.24 \times 36}{2 \times 0.36} + \frac{6.5 \times 12}{0.36} = 387.7\text{kPa}$$

$$\frac{\sigma_0}{f_v} = 2.17$$

查表 6-6 可知 $\zeta_N = 1.14$,$f_{vE} = \zeta_N f_v = 1.14 \times 180 = 205.2\text{kPa}$

查表 3-10 得知 $\gamma_{RE} = 1.0$

$$V_{1u} = \frac{f_{vE} \cdot A}{\gamma_{RE}} = \frac{205.2 \times 2 \times 0.36}{1.0} = 147.74\text{kN} < V_1 = 157.6\text{kN}$$

$$\frac{157.6 - 147.74}{157.6} = 6.25\%,基本满足要求$$

小 结

1. 砌体结构是我国今后相当长一个时期内房屋建筑的主要结构形式,在房屋建筑中约占 80%,在住宅建筑中占 76%。由于砌体结构房屋材料的脆性特征决定了它在地震作用下极限应变小,容易发生超过极限变形的严重破坏,所以,砌体结构抗震性能的改善显得特别重要。

2. 根据历次大地震震害调查可知,砌体结构的震害主要包括房屋倒塌、纵横墙连接处破坏、墙体开裂、局部塌落破坏、转角处破坏、楼梯间破坏、出屋面的屋顶间发生鞭端效应引起的破坏。

3. 概念设计是提高砌体房屋抗震性能的有效途径,概念设计主要内容包括砌体房屋的结构布置,房屋的层数和总高度限值,规则建筑,抗震缝的设置,多层砌体房屋的高宽比限值,房屋抗震横墙的最大间距限制,房屋局部尺寸限制等内容。

4. 多层砌体房屋的抗震验算采用底部剪力法进行,楼层水平剪切力在本层各墙体上的内力分配,一方面取决于楼盖的刚度,刚性楼盖、柔性楼盖和中等刚度楼、屋盖三类楼层剪力在层内抗震墙中分配的机制不同;另一方面与墙体本身的侧向刚度大小有关,刚度大的墙承担的水平地震作用就大。

5. 底部框架-抗震墙砖砌体房屋是中小城镇临街建筑的主要形式,用途较广,但组成上必然会在房屋底层形成抗震薄弱层,处理好底部框架-抗震墙部分和上部砖房的衔接十分重要,构造措施的加强是协调两部分共同工作的基础。

6. 抗震构造措施是概念设计的重要组成部分,许多无法用精确数值计算和解决的问题,通过合理的抗震构造措施可以得到解决。抗震构造柱、圈梁、墙体拉结钢筋等是砌体房屋中主要的构造措施;砌体结构房屋的抗震构造包括普通砖砌体房屋的抗震构造、砌块房屋的抗震构造和底部框架-抗震墙砖房的抗震构造三个方面的内容。

复 习 思 考 题

一、名词解释

鞭端效应　规则建筑　房屋的高宽比　抗震横墙的间距　房屋的局部尺寸　刚性楼盖　柔性楼盖　中等刚度楼盖　墙体的高宽比　墙体侧向刚度　底部框架-抗震墙砖房

二、问答题

1. 为什么要限制砌体房屋的总高度和总层数？
2. 为什么要限制砌体房屋的最大高宽比？
3. 多层砌体房屋中设置构造柱有什么作用？构造柱应该设置在什么部位？
4. 多层砌体房屋中设置圈梁的作用有哪些？圈梁设置应注意哪些事项？
5. 多层砌体房屋抗震验算的主要内容、步骤、方法和主要公式有哪些？
6. 多层砌体房屋水平地震作用怎样计算？
7. 底部框架-抗震墙房屋的主要抗震措施有哪些？

三、计算题

1. 某四层砖砌体结构办公楼，平面、立面如图 6-17 所示。楼盖与屋盖采用钢筋混凝

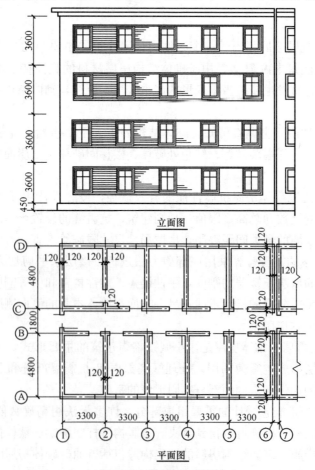

图 6-17　计算题 1 附图

土现浇板,横墙承重。窗洞尺寸为 1.5m×1.8m,房间门尺寸为 1.0m×2.5m,过道门洞尺寸为 1.5m×2.5m,墙体的厚度均为 240mm。窗下墙高度 1.00m,窗上墙的高度为 0.8m。楼面永久荷载 3.2kN/m²,可变荷载 1.5kN/m²,屋面可变荷载 5.4kN/m²,雪荷载为 0.3kN/m²。砖的强度等级为 MU10,混合砂浆的强度等级分别为:底层、二层为 M7.5,三层、四层为 M5。设防烈度 8 度,设计地震基本加速度为 $0.2g$,丙类建筑,Ⅱ类场地。

(1) 复核该楼局部尺寸是否符合《抗震规范》限定的尺寸要求。

(2) 确定该楼构造柱及圈梁的布置。

(3) 试求楼层剪力并验算底层纵、横墙不利墙段截面的抗震承载力是否满足要求。

第七章 单层钢筋混凝土柱工业厂房的抗震设计

学习目标与要求
1. 了解单层钢筋混凝土柱厂房的震害特点、结构的选型及布置。
2. 掌握单层钢筋混凝土柱厂房抗震验算的思路及方法。
3. 熟悉单层钢筋混凝土柱厂房的抗震构造措施。

第一节 震害现象及其分析

单层钢筋混凝土柱工业厂房,是工业建筑中应用最广泛的一种类型。在低烈度区很少发现经正式设计的单层钢筋混凝土柱工业厂房有明显的震损破坏;7度区曾发生过围护墙开裂外闪的情况;8、9度区地震作用较大,主体结构有不同的破坏情况发生,围护墙倒塌严重;10、11度区,厂房屋盖系统脱落、排架柱破坏严重,甚至发生了厂房倒塌的情况。这类厂房结构在强烈地震作用下发生破坏主要表现在以下几个方面。

一、屋盖系统

震害调查表明,7度时主体结构基本完好,围护墙有轻微破坏发生;8度区发生屋面错动、位移震落,造成屋盖局部倒塌;9度区发生屋架倾斜、屋盖部分塌落,屋面板大量开裂、错位;9度以上地区则发生屋盖大面积塌落。这些现象在1976年7月28日唐山大地震和2008年5月12日汶川大地震中普遍发生。

发生这些震害的原因主要是,屋面板端部预埋件小,有的屋面板在屋架上支承长度太短,屋面板与屋架的焊接点数量不足,焊接质量差,屋面板间没有灌缝或灌缝质量差等原因,因而,造成屋面板与屋架之间的连接质量不高;屋盖支撑少或布置不合理,就使得很多这类厂房屋盖刚度不足屋盖整体性差,导致地震时屋盖体系发生上述震害。

二、天窗架

7度时天窗架立柱与侧板连接处及立柱与天窗架垂直支撑连接处混凝土开裂;在8度区,上述裂缝贯穿全截面,严重者天窗架在立柱底部折断倒塌,并引起厂房屋盖塌落;9度以上地区,天窗架大面积倒塌。这些充分反映了突出屋面的天窗架的纵向抗震能力不足的实际。

天窗架的破坏主要是天窗架垂直支撑布置不合理;其次,天窗架设计和构造上的缺陷等,如截面不足,天窗侧板与竖杆刚性连接形成刚度突变,容易造成应力集中;突出屋面的天窗架的纵向侧移刚度要比厂房柱纵向刚度小很多,位于房屋顶端的天窗架在高振型影响下使纵向水平地震作用明显增大等。在纵向地震作用下一旦支撑发生破坏退出工作,地震作用全部转由天窗架承担，当超过天窗架的承载能力和变形能力后，就会出现天窗架沿厂房纵向的破坏。

三、柱

钢筋混凝土柱只是在8、9度区开始有轻微的破坏，也有少数发生上柱根部折断的破坏；在10、11度区有部分厂房发生倾倒。钢筋混凝土柱的震害主要表现在以下几方面。

1. 上柱根部或吊车梁顶面附近出现水平裂缝、酥裂或者折断（如图7-1）所示。

发生这一震害的原因是屋盖系统的重力荷载由地震引起水平作用施加在上柱，上柱底部是上下柱连接的部位截面突然减小，侧移刚度下降很多产生应力集中现象，上柱变形较大，这些影响抗震性能的缺陷是产生这种破坏的原因。

2. 高低跨毗邻的厂房中柱的破坏

高低跨毗邻的厂房中柱支承低跨屋盖的牛腿的竖向劈裂，如图7-2所示。出现这一震害的主要原因是高低跨厂房在高振型影响下，高低两个屋盖会发生相反的运动，增加了牛腿的地震水平拉力，导致竖向开裂。

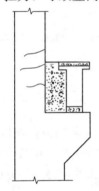 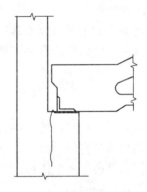

图7-1 上柱吊车梁顶面附近水平裂缝　　图7-2 下柱顶部（柱肩）竖向劈裂

3. 柱间支撑处的破坏

在柱间支撑和柱的连接部位，由于支撑的拉力作用和应力集中的影响，柱上多有水平裂缝出现，严重时柱间支撑可能将柱脚剪断。

4. 下柱根部的破坏

下柱在水平地震作用下承受较大的剪力和弯矩，当柱自身强度不足时，可能会在柱底截面产生水平裂缝或者环裂，严重时可能发生错位或者折断。

四、连接破坏

装配式单层钢筋混凝土柱单层厂房，由于它是由若干标准件拼装而成的，所以连接部位非常多，从天窗、屋架、排架柱到支撑系统，几乎全部都是由构件连接而成的。节点多，质量隐患就多，当连接强度不足时在地震引起的内力作用下破坏。例如，屋架从柱顶掉落，就是屋架在柱顶连接的预埋件之间焊接强度不够，导致柱和屋架各自振动时屋架掉落。同样，吊车梁如果和牛腿柱连接不牢靠，预埋件焊接不牢，填充吊车梁侧面和上柱内侧的空隙细石混凝土不牢靠，在横向地震作用下连接被破坏，在横向可能造成吊车梁发生位移或掉落。

五、支撑破坏

厂房单个横向排架在其平面外的纵向侧移刚度很小，组成空间整体后其刚度的大小主要取决于支撑系统设置的是否合理可靠。在一般情况下，支撑不是依据抗震验算的结果设置，而是根据施工需要及构造要求设置的。因此，间距过大，数量有限，杆件刚度偏低、受力性能较低，加之节点比较单薄，在地震作用下，杆件压屈、部分节点扭转断裂，焊缝开裂，锚固件拉脱的现象非常普遍；震害严重时可能发生支撑杆件被拉断的情况。发生上面几种或多种情况时，支撑系统部分或全部失效，横向各榀排架之间的连接损坏，排架错位塌倒，屋盖系统损害，导致厂房损毁。表现最为明显的是天窗架垂直支撑、其次是屋盖垂直支撑和柱间支撑。因为柱间支撑刚度大，支撑间距过大使得纵向地震作用过度集中到设置柱间支撑的柱子上，柱身在较大剪力作用下被强行切断。

六、围护墙的破坏

如前所述，7度时厂房围护墙损害程度轻微，少量拉结不牢靠的产生开裂、外闪；8度区围护墙破坏就比较普遍；9度及以上地区，围护墙破坏就比较严重，倒塌现象很严重，从檐口、山尖处墙体脱离主体结构开始，进一步发展使整个墙体或上下两层圈梁间墙体外闪或产生水平裂缝。严重时局部脱落，甚至大面积倒塌。高低跨组合的厂房中高跨的封墙更易外闪或倒塌。

发生上述震害的主要原因是砖墙与屋盖和柱的拉结不牢靠，圈梁与柱无坚固的连接、布置不合理以及高低跨厂房有高振型影响等。

第二节 单层钢筋混凝土柱厂房抗震设计的一般规定

单层钢筋混凝土柱厂房的震害及分析中可以明确看出，这类结构存在许多薄弱环节，为了有效防止和减少它的震害，针对本章第一节所指出的薄弱环节，在结构布置、构件选型、刚度协调、提高厂房整体性、改进连接构造、保证构件和节点强度等方面都是必须认真考虑、妥善解决的问题。

一、厂房布置

厂房的平面及竖向布置应简单、规整、对称和均匀，使地震作用下各部分变形协调一致，避免局部突变出现应力集中，使厂房刚度中心和质量中心重合减少和避免扭转效应引起厂房震害加剧。如厂房两端的山墙、两侧的外纵墙和内部的隔墙等尽可能均匀对称布置，以确保厂房刚度均匀，简化地震作用力的传递和分配。具体的做法是：①厂房同一结构单元内，不应采取不同的结构形式；厂房的端部应设置屋架，不应由山墙承担，厂房单元内不应采用横墙和排架柱共同承重；②厂房各柱的侧移刚度宜均匀；③两个主厂房之间的过渡跨至少应有一侧采用防震缝与主厂房脱开；④厂房内上吊车的钢梯不应靠近防震缝设置；多跨厂房各跨上吊车的钢梯不宜设置在同一横向定位轴线附近；⑤工作平台应与厂房主体结构分开。

多跨厂房的各跨宜等长；不宜在厂房的外侧紧贴、接建披屋，也不宜在主厂房的角部和紧邻防震缝处贴建披屋。当厂房的平面和竖向布置不规则时，应采取防震缝将其分成对称规则的单元。厂房体型复杂或有贴建房屋和构筑物时，宜设置防震缝；在厂房纵横跨交接处、大柱网厂房或不设柱间支撑的厂房防震缝宽度可采用100~150mm，其他情况可采用50~90mm。

二、结构体系

1. 天窗架的设置

《抗震规范》规定厂房天窗架的设置应符合下列要求：①天窗宜采用突出屋面较小的避风型天窗，有条件或9度时宜采用下沉式天窗。②突出屋面的天窗宜采用钢天窗架；6～8度时，可采用矩形截面的钢筋混凝土天窗架。③天窗架不宜从厂房结构单元第一开间开始设置；8度和9度时，宜从厂房单元端部第三柱间开始设置。④天窗屋盖、端壁板和侧板，宜采用轻型板材；不宜采用端壁板代替端天窗架的做法。

2. 厂房屋架的设置

《抗震规范》规定：①厂房宜采用钢屋架、或重心较低的预应力混凝土、钢筋混凝土屋架。②跨度不大于15m时，可采用钢筋混凝土屋面梁。③跨度大于24m，或8度Ⅲ、Ⅳ类场地和9度时，应优先采用钢屋架。④柱距为12m时，可采用预应力混凝土托架（梁）；当采用钢屋架时，亦可采用钢托架（梁）。⑤有突出屋面的天窗架的屋盖不宜采用预应力混凝土或钢筋混凝土空腹屋架。⑥8度（0.3g）和9度时，跨度大于24m的厂房不宜采用大型屋面板。

3. 厂房柱的设置

《抗震规范》规定厂房柱的设置应符合下列要求：①8度和9度时，宜采用矩形、工字型截面柱或斜腹杆双肢柱，不宜采用薄壁工字型柱、腹板开孔工字型柱、预制腹板的工字型柱和管柱。②柱底至室内地坪以上500mm范围内和阶型柱的上柱宜采用矩形截面。

4. 支撑

屋盖的交叉支撑，一般多用单角钢，竖杆和系杆则用两个等边或不等边角钢通过垫板组成对称的T形或十字形截面。柱间交叉支撑，一般采用T形组合截面或槽钢，当排架柱截面高度较大或者两侧都有吊车时，往往采用由两个槽钢组成的双片支撑，或由四个角钢组成的格构式杆件。柱间交叉支撑的斜杆和水平面的夹角，不得大于35°。柱子很高时，交叉支撑可有多节。

5. 围护结构

砌体墙是厂房的围护结构，也是厂房抗震的第二道防线，它也是结构的主要抗侧力构件。山墙发挥了横向第一道抗震防线的作用，它使屋架空间工作性能得以发挥。纵墙在纵向分担水平地震作用的影响，减轻了纵向柱列的破坏。所以在厂房设计中要充分注重墙体作为抗侧构件所发挥的作用，也要注重墙体、柱、连系梁、圈梁等的拉结。

①尽量采用破坏较轻的轻质墙板和大型钢筋混凝土墙板；②高大的山墙，要用到顶的抗风柱和墙顶沿屋面的卧梁来改善其抗震性能；③砌体内隔墙要与柱脱开，以减少对柱子的不利影响，可利用压顶梁和构造柱来增加其稳定性，提高抗震性能；④除单跨厂房外，围护砌体墙均应采用外贴式，以减轻墙体对排架柱带来的不利影响，但应加强砌体墙和厂房柱之间的锚拉。山墙更应该增加其顶部与厂房屋盖构建和抗风柱的锚拉。

第三节 单层钢筋混凝土柱厂房抗震验算

一、抗震计算一般原则

1. 一般规定

《抗震规范》规定，各类建筑结构一般可在其两个主轴方向分别计算地震作用并进行抗震验算。纵向地震作用应全部由纵向抗侧力构件承担，横向地震作用应由横向抗侧力构件承担；因此，单层厂房的抗震验算应在纵、横两个方向分别计算。

单层厂房按《抗震规范》的规定采取抗震构造措施并符合下列条件之一时，可不进行横向和纵向抗震验算。1）7度Ⅰ、Ⅱ类场地、柱高不超过10m且结构单元两端均有山墙的单跨或等高多跨厂房（锯齿形厂房除外）；2）7度时和8度（0.2g）Ⅰ、Ⅱ类场地的露天吊车栈桥。

2. 单层厂房抗震计算方法

（1）横向抗震计算

《抗震规范》规定，厂房的横向抗震计算，应采用下列方法：1）混凝土有檩和无檩屋盖厂房，一般情况下，宜计及屋盖的横向弹性变形，按多质点空间分析；当符合《抗震规范》附录J的条件时，可按平面排架计算，并按附录J的规定对排架柱的地震剪力和弯矩进行调整。2）轻型屋盖厂房，柱距相同时，可按平面排架计算。

（2）纵向抗震计算。

《抗震规范》规定，厂房的纵向抗震计算，对于混凝土无檩和有檩屋盖及有较完整支撑系统的轻型屋盖厂房，可采用下列方法：1）一般情况下，宜计及屋盖的纵向弹性变形，围护墙和隔墙的有效刚度，不对称时尚宜计算扭转的影响，按多质点进行空间结构分析。2）柱顶标高不大于15m且平均跨度不大于30m的单跨或等高多跨的钢筋混凝土柱厂房，宜按《抗震规范》附录K第K.1节规定的修正的刚度计算。3）纵墙对称布置的单跨厂房和轻型屋盖的多跨厂房，可按柱列分片独立计算。

3. 单层厂房抗震计算步骤

（1）选取合适的结构计算简图，利用等效方法计算各质点的质量；

（2）计算结构自振周期；

（3）计算厂房结构各质点的地震作用；

（4）计算厂房结构的地震作用效应，并进行适当的调整；

（5）将所确定的地震作用效应与其他已确定的荷载效应进行最不利效应组合；

（6）利用最不利组合效应对结构进行截面抗震承载力计算；

（7）对于8度Ⅲ、Ⅳ类场地和9度时的高大单层钢筋混凝土柱厂房，应进行罕遇地震作用下薄弱层（部位）弹塑性变形验算。

二、单层厂房空间分析

1. 基本假定

（1）以平面结构（排架、柱列、山墙、纵墙）为基本单元，只考虑平面内的刚度，忽略出平面的刚度，也不考虑构件本身的抗扭刚度；

（2）在平面结构对称布置时，只考虑屋盖平面内的剪切变形而忽略其弯曲变形；

（3）在平面结构非对称布置时，考虑各平面结构绕厂房单元质心的扭转刚度，进行扭转耦联振动分析。但屋盖一般也只考虑剪切变形，相当于附加了一定的约束；

（4）砌体山墙和纵墙的侧移刚度，要考虑地震作用下墙体开裂引起的刚度退化。

2. 空间工作性质

不论在厂房的横向还是纵向，屋盖在中间排架柱顶变形与山墙处排架柱顶的变形有明显的差异，这说明厂房结构屋盖系统在平面内刚度有限，不可能带动所有排架柱产生整体侧移，这就是单层厂房屋盖与山墙空间工作的特点。

(1) 两端有山墙时，中间排架柱的侧移及其山墙的侧移差随着山墙间距的加大而加大，这是由于山墙对屋架中部排架柱侧移的约束作用变小的缘故。随着屋盖刚度的增加，中间排架柱位移与山墙位移差在减少，这是由于这种情况下厂房整体性增加的缘故；随着墙体侧移刚度的增加，墙体与排架的侧移刚度差越大，虽然结构的侧移在减少，但是墙体与排架的侧移差却在增大。

(2) 仅一端设置山墙时，另一端排架的侧移，随着厂房单元长度的加大而增加，并随着屋盖刚度的增加而加大，还随着山墙与排架刚度差别的加大而加大。其变性特征与两端设置山墙的厂房不同。

三、横向抗震计算

(1) 横向抗震计算分类

钢筋混凝土柱厂房一般分为钢筋混凝土有檩体系和无檩体系，轻型屋盖等类型。地震作用计算时应满足下列要求：1) 混凝土有檩体系和无檩体系厂房，一般情况下宜计算横向弹性变形，按照多质点空间结构进行分析；当符合下列条件时，可采用平面排架计算柱的剪力和弯矩，但要进行考虑空间作用和扭转影响的调整：7度和8度时柱顶标高不大于15m的厂房；厂房单元屋盖长度与总跨度（高低跨相差较大时，总跨度可不包括低跨）之比小于8或者厂房总跨度大于12m；山墙的厚度小于240mm，开洞所占的水平截面面积不超过总面积的50%，并与屋盖系统有良好的连接。对于9度区的单层钢筋混凝土柱厂房，由于砌体墙的开裂，空间作用明显减弱，可以不考虑调整。2) 轻型屋盖（指屋面为压型钢板、瓦楞铁、石棉瓦等有檩屋盖）厂房，柱距相等时可以按照平面排架计算。

(2) 单层钢筋混凝土柱厂房横向平面排架地震作用效应调整

1) 基本自振周期的调整，考虑到纵墙影响及屋架与柱的固接作用，对钢筋混凝土屋架或钢屋架与钢筋混凝土柱厂房，有纵墙时取周期折减系数0.8，无纵墙时取周期折减系数0.9。2) 排架柱地震剪力和弯矩的调整：①除高低跨交接处上柱以外的钢筋混凝土柱，7度和8度时有砖山墙或横墙的钢筋混凝土屋盖厂房，在地震作用下存在着明显的空间工作影响。因此，在进行横向地震作用分析时，其地震剪力和弯矩应采用考虑空间工作和扭转影响的响应调整系数，见表7-1；②高低跨交接处钢筋混凝土上柱，对不等高厂房高低跨交接处的上柱各截面，按照底部剪力法求得的地震剪力和弯矩，其增大系数按式（7-1）采用。

钢筋混凝土柱考虑工作和扭转影响的响应调整系数　　　　表 7-1

屋盖	山墙		屋盖长度（m）										
			≤30	36	42	48	54	60	66	72	78	84	90	96
钢筋混凝土无檩屋盖	两端山墙	等高厂房			0.75	0.75	0.75	0.80	0.80	0.80	0.80	0.80	0.80	0.90
		不等高厂房			0.85	0.85	0.85	0.90	0.90	0.90	0.95	0.95	0.95	1.00
	一端山墙		1.05	1.15	1.20	1.25	1.30	1.30	1.30	1.30	1.35	1.35	1.35	1.35
钢筋混凝土有檩屋盖	两端山墙	等高厂房			0.80	0.85	0.90	0.95	0.95	1.00	1.00	1.05	1.05	1.10
		不等高厂房			0.85	0.90	0.95	1.00	1.05	1.10	1.10	1.10	1.10	1.15
	一端山墙		1.05	1.15	1.10	1.10	1.15	1.15	1.15	1.20	1.20	1.20	1.25	1.25

$$\eta = \zeta\left(1 + 1.7\frac{n_h}{n_0} \cdot \frac{G_{EL}}{G_{Eh}}\right) \tag{7-1}$$

式中 η——地震剪力和弯矩增大系数;

ζ——不等高跨厂房高低跨交接处的空间工作系数,按表 7-2 采用;

n_h——高跨的跨数;

n_0——计算跨数,仅一侧有低跨时应取总跨数,两侧均有低跨时应取总跨数和高跨跨数之和;

G_{EL}——集中于交接处一侧的各低跨屋盖标高处的总重力荷载代表值;

G_{Eh}——集中于高跨柱顶标高处的总重力荷载代表值。

高低跨交接处钢筋混凝土上柱空间工作系数　　　　　表 7-2

屋盖	山墙	屋盖长度(m)									
		≤36	42	48	54	60	66	72	78	84	90	96
钢筋混凝土无檩屋盖	两端山墙	0.70	0.76	0.82	0.88	0.94	1.00	1.06	1.06	1.06	1.06
	一端山墙	1.25									
钢筋混凝土有檩屋盖	两端山墙	0.9	1.00	1.05	1.10	1.10	1.15	1.15	1.15	1.20	1.20
	一端山墙	1.05									

(3) 吊车桥架引起的地震作用效应的增大系数

由于桥式吊车桥架引起厂房局部振动产生的地震作用效应,导致排架柱在吊车桥架水平地震作用处产生局部破坏,在抗震设计中应考虑其影响,即钢筋混凝土柱单层厂房吊车梁顶标高处的上柱截面的地震剪力和弯矩乘以增大系数。当采用底部剪力法等简化计算时,其增大系数可以按表 7-3 取用。该表中的增大系数只用于吊车桥架自重引起的地震作用效应。由于地震作用的随机性和吊车停留位置的不确定性,各榀排架都要考虑吊车桥架的影响。

桥架引起的地震剪力和弯矩乘以增大系数　　　　　表 7-3

屋盖类型	山墙	边柱	高低跨柱	其他中柱
钢筋混凝土无檩屋盖	两端山墙	2.0	2.5	3.0
	一端山墙	1.5	2.0	2.5
钢筋混凝土有檩屋盖	两端山墙	1.5	2.0	2.5
	一端山墙	1.5	2.0	2.0

四、纵向抗震计算

单层厂房的纵向振动是很复杂的,对于质量和刚度分布均匀的等高厂房,在纵向地震作用下,其上部结构仅产生纵向平动振动,不产生扭转变形;对于质量和刚度分布不均匀,质心与刚心不重合的不等高跨厂房,受纵向地震作用的影响,厂房将产生平动振动和扭转振动的藕联作用。大量震害表明,地震期间厂房产生侧移,扭转振动的同时,整个屋盖沿纵向还产生了剪切变形,地震时中柱列的侧移大于边柱的侧移。由此可以证明厂房屋盖在其平面内的刚度是有限的,根据这个特性,《抗震规范》指出了单层厂房内力计算的规定和方法,内容如下:对于纵墙对称布置的单跨厂房和轻型屋盖的多跨厂房,一般情况下,宜计及屋盖的纵向弹性变形,围护墙与隔墙的有效刚度,不对称时尚宜计算扭转的影响,按多质点进行空间结构分析;当柱顶标高不大于15m且平均跨度不大于30m的单跨或等高多跨的钢筋混凝土柱厂房,可以按《抗震规范》附录J规定的修正刚度计算。

1. 纵向柱列的刚度

纵向第i柱列的刚度一般由三部分组成,即本列所有柱提供的侧移刚度之和、支撑提供的侧移刚度之和以及墙体提供的侧移刚度之和三部分组成,即:

$$K_i = \Sigma K_c + \Sigma k_b + \Sigma K_w \tag{7-2}$$

式中 K_i——i柱列柱顶的总侧移刚度,应包括i柱列内柱子和上、下柱间支撑的侧移刚度总和;贴砌的砖围墙侧移刚度系数,可以根据柱列侧移的大小取0.2~0.6;

ΣK_c——i柱列内全部柱子提供的侧移刚度之和;

Σk_b——i柱列内全部柱间支撑提供的侧移刚度之和;

ΣK_w——i柱列内全部围护墙提供的侧移刚度之和。

2. 柱列等效集中重力荷载代表值

(1) 计算柱列自振周期时

第i柱列换算到柱顶标高处的集中质点等效重力荷载代表值,包括柱列左右跨各半的屋盖重力荷载代表值,以及该柱列、纵墙和山墙等按动能等效原则换算到柱顶处的重力荷载代表值,即

$$G_i = 1.0 G_{屋盖} + 0.5 G_{雪} + 0.5 G_{积灰} + 0.25 G_{柱} + 0.35 G_{纵墙}$$
$$+ 0.25 G_{山墙} + 0.5 G_{吊车梁} + 0.5 G_{吊车架} \tag{7-3}$$

(2) 计算柱列水平地震作用时,第i柱列换算到柱顶标高处的集中质点等效重力荷载代表值

除包括柱列左右半跨度屋盖的重力荷载代表值外,尚应包括柱、纵墙、山墙等按内力等效原则换算到柱顶处得重力荷载代表值,即

$$G_i = 1.0 G_{屋盖} + 0.5 G_{雪} + 0.5 G_{积灰} + 0.5 G_{柱} + 0.7 G_{纵墙} + 0.5 G_{山墙}$$
$$+ 0.75 G_{吊车梁} + 0.75 G_{吊车桥架} \tag{7-4}$$

式中 $G_{吊车桥架}$——在第i柱列左右跨各两台最大吊车的吊车桥架重力荷载代表值之和的一半,硬钩吊车尚应包括其吊重的30%。

(3) 第i柱列等效集中到吊车梁顶标高处的重力荷载代表值

$$G_i = 0.4 G_c + 0.1 G_b + 1.0 G_{cr} \tag{7-5}$$

式中 G_c——柱列中所有柱重力荷载代表值;

G_b——柱列中所有吊车梁的重力荷载代表值;

G_{cr}——第i柱列左、右跨所有吊车桥架自重之和的一半,硬钩吊车尚应包括其吊重的30%。

3. 厂房纵向自振周期的计算

(1) 按厂房纵向刚度计算

这种方法先假定整个屋盖在平面内刚度为无限大,把所有柱列的纵向刚度加在一起,按单质点体系计算。但在其基本周期计算公式中,根据考虑屋盖变形的计算的结果引进一个修正系数ψ_T,以获得设计周期,厂房自振周期按下式计算:

$$T_1 = 2\psi_T\sqrt{\frac{\sum G_i}{\sum K_i}} \tag{7-6}$$

式中 G_i——第 i 柱列集中到屋盖标高处的等效重力荷载代表值；

　　　K_i——第 i 柱列的总刚度；

　　　ψ_T——厂房纵向自振周期修正系数，其值按表 7-4 采用。

钢筋混凝土厂房纵向自振周期修正系数 ψ_T　　　　表 7-4

屋盖 纵向围护墙	无檩屋盖		有檩屋盖	
	边跨无天窗	边跨有天窗	边跨无天窗	边跨有天窗
砖墙	1.45	1.50	1.60	1.65
无墙、石棉瓦、挂板	1.0	1.0	1.0	1.0

(2) 按经验公式计算

按《抗震规范》规定，计算单跨和等高多跨的钢筋混凝土柱厂房纵向地震作用时，在柱顶标高不大于 15m 且平均跨度不大于 30m 时，厂房纵向自振周期按下式计算：

1) 砖围护墙厂房计算公式为：

$$T_1 = 0.23 + 0.00025\psi_1 l\sqrt{H^3} \tag{7-7}$$

式中 ψ_1——屋盖类型修正系数，大型屋面板钢筋混凝土屋架可采用 1.0，钢屋架可采用 0.85；

　　　l——厂房跨度（m），多跨厂房可取各跨平均值；

　　　H——基础顶面至柱顶的高度（m）。

2) 敞开、半敞开或墙板与柱子柔性连接的厂房，可按下式 (7-8) 计算，并乘以下列围护墙影响系数：

$$\psi_2 = 2.6 - 0.002l\sqrt{H^3} \tag{7-8}$$

式中 ψ_2——围护墙影响系数，小于 1.0 时应采用 1.0。

4. 厂房纵向水平地震作用的计算

(1) 等高多跨钢筋混凝土屋盖的厂房，各纵向柱列的柱顶标高处的地震作用标准值，可按下式确定：

$$F_i = \alpha_1 G_{eq} \frac{K_{ai}}{\sum K_{ai}} \tag{7-9}$$

$$K_{ai} = \psi_3 \psi_4 K_i \tag{7-10}$$

式中 F_i——i 柱列柱顶标高处的纵向地震作用标准值；

　　　α_1——相应于厂房纵向基本自振周期的水平地震作用影响系数；

　　　G_{eq}——厂房单元柱列总等效重力荷载代表值；

　　　K_i——i 柱列柱顶的总侧移刚度，应包括 i 柱列内柱子和上、下柱间支撑的侧移刚度及纵墙折减侧移刚度的总和，贴砌的砖围护墙侧移刚度的折减系数，可根据柱列侧移值的大小，采用 0.2～0.6；

　　　K_{ai}——i 柱列柱顶的调整侧移刚度；

　　　ψ_3——柱列侧移刚度的围护墙影响系数，可按表 7-5 采用；有纵向围护墙的四跨或五跨厂房，由边柱列数起的第三列，可按表内相应的数值乘以 1.15 倍采用；

ψ_4——柱列侧移刚度的柱间支撑影响系数，纵向为砖围护墙时，边柱列可采用1.0，中间柱列可按表7-6采用。

围护墙影响系数 表7-5

围护墙类别和烈度		柱列和屋盖类别				
		边柱列	中柱列			
240墙	370墙		无檩屋盖		有檩屋盖	
			边跨无天窗	边跨有天窗	边跨无天窗	边跨有天窗
	7度	0.85	1.7	1.8	1.8	1.9
7度	8度	0.85	1.5	1.6	1.6	1.7
8度	9度	0.85	1.3	1.4	1.4	1.5
9度		0.85	1.2	1.3	1.3	1.4
无檩、石棉瓦、挂板		0.90	1.1	1.1	1.2	1.2

纵向采用砖围护墙时中柱列柱间支撑影响系数 表7-6

厂房单元内设置下柱支撑的柱间数	中柱列下柱支撑斜杆的长细比					中柱列无支撑
	≤40	41～80	81～120	121～150	>150	
一柱间	0.9	0.95	1.0	1.1	1.25	1.4
二柱间			0.9	0.95	1.0	

(2) 等高多跨钢筋混凝土屋盖厂房，柱列各吊车梁顶标高处的纵向地震作用标准值，可按下式计算：

$$F_{ci} = \alpha_1 G_{ci} \frac{H_{ci}}{H_i} \tag{7-11}$$

式中 F_{ci}——i柱列在吊车梁顶标高处的纵向地震作用标准值；

G_{ci}——集中于i柱列在吊车梁顶标高处的等效重力荷载代表值；

H_{ci}——i柱列吊车梁顶高度；

H_i——i柱列柱顶高度。

5. 天窗架的纵向抗震计算

柱高不超过15m的单跨和等高多跨钢筋混凝土无檩屋盖的天窗架纵向地震作用，可采用底部剪力法计算，但天窗架的地震作用效应还应分别乘以下列增大系数。

边跨屋盖或纵向内隔墙的中跨屋盖：

$$\eta = 1 + 0.5n \tag{7-12}$$

其他各跨屋盖：

$$\eta = 0.5n \tag{7-13}$$

式中 η——效应增大系数；

n——厂房跨数，超过四跨时按四跨考虑。

6. 柱间支撑的抗震验算

在进行柱间支撑抗震承载力验算时，对于长细比不大于200的斜杆的抗震承载力，可仅验算拉杆的抗震承载力,但压杆卸载的影响,考虑压杆超过临界状态后承载力的降低。这时,第 i 节间斜杆的轴力可按下式确定:

$$N_\mathrm{t} = \frac{l_i}{(1+\psi_\mathrm{c}\varphi_i)S_\mathrm{c}} V_{\mathrm{b}i} \quad (7\text{-}14)$$

式中　N_t ——i 节间支撑斜杆抗拉验算时的轴向拉力设计值;

　　　l_i ——i 节间斜杆的全长;

　　　φ_i ——i 节间斜杆轴心受压稳定系数;

　　　ψ_c ——压杆卸载系数,压杆长细比为 60、100 和 200 时,可分别采用 0.7、0.6 和 0.5;

　　　$V_{\mathrm{b}i}$ ——i 节间支撑承受的地震剪力设计值;

　　　S_c ——支撑所在柱间的净跨。

第四节　单层钢筋混凝土柱厂房抗震构造措施

一、屋盖支撑系统

1. 有檩屋盖

有檩屋盖构件的连接及布置,应符合下列要求:(1)檩条应与混凝土屋架(屋面板)焊牢,并应有足够的支承长度;(2)双脊檩应在 1/3 处相互拉结;(3)压型钢板应与檩条可靠连接、瓦楞铁、石棉瓦等应与檩条拉结;(4)支撑布置宜符合表 7-7 的要求。

有檩屋盖的支撑布置　　表 7-7

支撑名称		烈　度		
		6、7 度	8 度	9 度
屋架支撑	上弦横向支撑	单元端开间各设一道	单元端开间及单元长度大于 66m 的柱间支撑开间各设一道;天窗开洞范围的两端各增设局部的支撑一道	单元端开间及单元长度大于 42m 的柱间支撑开间各设一道
	下弦横向支撑	同非抗震设计		天窗开洞范围的两端各增设局部的上弦横向支撑一道
	跨中竖向支撑			
	端部竖向支撑	屋架端部高度大于 900mm 时,单元端开间及柱间支撑开间各设一道		
天窗架支撑	上弦横向支撑	单元端开间各设一道		
	两侧竖向支撑	单元天窗端开间及每隔 36m 各设一道	单元天窗端开间及每隔 30m 各设一道	单元天窗端开间及每隔 18m 各设一道

2. 无檩屋盖

无檩屋盖的连接及支撑布置,应符合下列要求:(1)大型屋面板应与屋架(屋面梁)焊牢,靠柱列的屋面板(屋面梁)的连接焊缝长度不宜小于 80mm;(2)6 度和 7 度时有天窗厂房单元的端开间,或 8 度和 9 度时各开间,宜将垂直屋架方向两侧相邻的大型屋面板的顶面彼此焊牢;(3)8 度和 9 度时,大型屋面板端头底面的预埋件宜采用角钢与主筋焊牢;(4)非标准屋面板宜采用装配式接头,或将板四角切掉后与屋架(屋面板)焊牢;(5)屋架(屋面梁)端部顶面预埋件的锚筋,8 度时不宜少于 4ϕ10,9 度时不宜少于 4ϕ12;

（6）支撑的布置宜符合表7-8的要求，有中间井式天窗时宜符合表7-9的要求；8度和9度时跨度不大于15m的厂房屋盖采用屋面板时，可仅在厂房单元两端各设竖向支撑一道；单坡屋面梁的屋盖支撑布置，宜按屋架端部高度大于900mm的屋盖支撑布置执行。

无檩屋盖的支撑布置 表7-8

支撑名称			烈 度		
			6、7度	8度	9度
屋架支撑	上弦横向支撑		屋架跨度小于18m时同非抗震设计，跨度不小于18m时在厂房单元端开间设一道	单元端开间及柱支撑开间各设一道，天窗开洞范围的两端各增设局部的支撑一道	
	上弦通长水平系杆		同非抗震设计	沿屋架跨度不大于15m设一道，但装配整体式屋面可仅在天窗开洞范围内设置；围护墙在屋架上弦高度有现浇圈梁时，其端部可不另设	沿屋架跨度不大于12m设一道，但装配整体式屋面可仅在天窗开洞范围内设置；围护墙在屋架上弦高度有现浇圈梁时，其端部处可不另设
	下弦横向支撑		同非抗震设计	同非抗震设计	同上弦横向支撑
	跨中竖向支撑				
天窗架支撑	两端竖向支撑	屋架端部高度≤900mm		单元端开间各设一道	单元开间及每隔48m各设一道
		屋架端部高度>900mm	单元端开间各设一道	单元端开间及柱间支撑开间各设一道	单元端开间，柱间支撑开间及每隔30m各设一道
天窗架支撑	天窗两侧竖向支撑		厂房单元天窗架端开间及每隔30m各设一道	厂房单元天窗端开间及每隔24m各设一道	厂房单元天窗端开间及每隔18m各设一道
	上弦横向支撑		同非抗震设计	天窗跨≥9m时，单元天窗端开间及柱间支撑开间设一道	单元开间及柱间支撑开间各设一道

柱间井式天窗无檩屋盖支撑布置 表7-9

支撑名称		6、7度	8度	9度
上弦横向支撑 下弦横向支撑		厂房单元端开间各设一道	厂房单元端开间及柱间支撑开间各设一道	
上弦通长水平系杆		天窗范围内屋架跨中上弦节点处设置		
下弦通长水平系杆		天窗两端及天窗范围内屋架下弦节点处设置		
跨中竖向支撑		有上弦横向支撑开间设置，位置与下弦通长系杆相对应		
两端竖向支撑	屋架端部高度≤900mm	同非抗震设计		有上弦横向支撑开间，且间距不大于48m
	屋架端部高度>900mm	厂房单元端开间各设一道	有上弦横向支撑开间，且间距不大于48m	有上弦横向支撑开间，且间距不大于30m

3. 屋盖支撑应满足的其他要求

（1）天窗开洞范围内，在屋架脊点处应设置上弦通长水平压杆；8度Ⅲ、Ⅳ类场地和9度时，梯形屋架端部上节点应沿厂房纵向设置通长水平压杆。

（2）屋架跨中竖向支撑在跨度方向的间距，6到8度时不大于15m，9度时不大于12m；当仅在跨中设一道时，应设在跨中屋架屋脊处；当设二道时，应在跨度方向均匀设置。

（3）屋架上、下弦通长水平系杆与竖向支撑宜配合设置。

（4）柱距不小于12m且屋架间距6m的厂房，托架（梁）区段及其相邻开间应设下弦纵向水平支撑。

（5）屋盖支撑构件宜用型钢。

4. 突出屋面的混凝土天窗架，其两端墙板与天窗立柱宜采用螺栓连接。

二、混凝土屋架的截面和配筋要求

（1）屋架第一节间和梯形屋架端竖杆的配筋，6度和7度时不宜小于4ϕ12，8度和9度时不宜少于4ϕ14。

（2）梯形屋架的端竖杆截面宽度宜与上弦宽度相同。

（3）拱形和折线型屋架上弦端部支撑屋面板的小立柱，截面不宜小于200mm×200mm，高度不宜大于500mm，主筋宜采用∩形，6度和7度时不宜少于4ϕ12，8度和9度时不宜少于4ϕ14，箍筋可采用ϕ6，间距不宜大于100mm。

三、设置厂房柱子的箍筋要求

（1）下列范围内柱的箍筋应加密：1）柱头，取柱顶以下500mm并不小于柱截面边长尺寸；2）上柱，取阶形柱自牛腿面至起重机梁顶面以上300mm高度范围内；3）牛腿（柱肩），取全高；4）柱根，取下柱柱底至室内地坪以上500mm；5）柱间支撑与柱连接点和柱变位受平台等约束的部位，取节点上、下各300mm。

（2）加密区箍筋间距不应大于100mm，箍筋肢距和最小直径应符合表7-10的规定。

柱加密区箍筋最大肢距和最小箍筋直径　　　　表7-10

烈度和场地类别		6度和7度Ⅰ、Ⅱ类场地	7度Ⅲ、Ⅳ场地和8度Ⅰ、Ⅱ类场地	8度Ⅲ、Ⅳ场地和9度时
箍筋最大间距（mm）		300	250	200
箍筋最小直径	一般柱头和柱根	ϕ6	ϕ8	ϕ8（ϕ10）
	角柱柱头	ϕ8	ϕ10	ϕ10
	上柱牛腿和有支撑的柱根	ϕ8	ϕ8	ϕ10
	有支撑的柱头和柱变位受约束部位	ϕ8	ϕ10	ϕ12

注：括号内的数值用于柱根。

（3）厂房柱侧向受约束且剪跨比不大于2的排架柱，柱顶预埋钢板和柱的箍筋加密区的构造尚应符合下列要求：1）柱顶预埋钢板沿排架平面方向的长度，宜取柱顶截面高度，且不得小于截面高度的1/2及300mm；2）屋架的安装位置，宜减少在柱顶的偏心，其柱顶轴向力的偏心距不应大于截面高度的1/4；3）柱顶轴力排架平面内的偏心距在截面高度的1/6～1/4范围时，柱顶箍筋加密区的箍筋体积配筋率9度不宜小于1.2%；8度不宜小于1.0%；6、7度时不宜小于0.8%；4)加密区箍筋宜配置四肢箍，肢距不宜大于200mm。

四、山墙抗风柱的配筋要求

抗风柱柱顶以下300mm和牛腿（柱肩）面以上300mm范围内的箍筋，直径不宜小于6mm，间距不宜大于100mm，肢距不宜大于250mm。

抗风柱的变截面（柱肩）处，宜设置纵向受拉钢筋。

五、厂房柱间支撑的设置和构造规定

(1) 厂房柱间支撑的布置应符合下列规定：

1)一般情况下，应在厂房单元中部设置上、下柱间支撑，且下柱支撑应与上柱支撑配套设置；2)有吊车或8度和9度时，宜在厂房单元两端增设上柱支撑；3)厂房单元较长或8度Ⅲ、Ⅳ类场地和9度时，可在厂房单元中部1/3区段内设置两道柱间支撑。

(2) 柱间支撑应采用型钢，支撑形式宜采用交叉式、其斜杆与水平面的交角不宜大于55度。

(3) 支撑杆件的长细比不宜超过表7-11规定。

交叉支撑斜杆的最大长细比　　　　表7-11

位　置	烈　度			
	6度和7度Ⅰ、Ⅱ类场地	7度Ⅲ、Ⅳ场地和8度Ⅰ、Ⅱ类场地	8度Ⅲ、Ⅳ场地和9度时Ⅰ、Ⅱ类场地	9度Ⅲ、Ⅳ场地
上柱支撑	250	250	200	150
下柱支撑	200	150	120	120

(4) 下柱支撑的下节点位置和构造措施，应保证将地震作用直接传给基础，当6度和7度（0.1g）不能直接传给基础时，应计及支撑对柱和基础的不利影响采取加强措施。

(5) 交叉支撑在交叉点应设置节点板，其厚度不小于10mm，斜杆与交叉节点板应焊接，与端节点板宜焊接。

六、8度时跨度不小于18m的多跨厂房中柱和9度时多跨厂房各柱，柱顶宜设置通长水平压杆，此压杆可与梯形屋架支座处通长水平系杆合并设置，钢筋混凝土系杆端头与屋架的空隙应采用混凝土填实。

七、厂房结构构件的连接节点应符合下列要求

(1) 屋架（屋面梁）与柱顶的连接，8度时宜采用螺栓，9度时宜采用钢板铰，亦可采用螺栓；屋架（屋面梁）端部支承垫板的厚度不宜小于16mm。

(2) 柱顶预埋件的锚筋，8度时不宜少于$4\phi14$，9度时不宜少于$4\phi16$；有柱间支撑的柱子，柱顶预埋件尚应增设抗剪钢板。

(3) 山墙抗风柱的柱顶，应设置预埋钢板，使柱顶与端屋架的上弦（屋面梁上翼缘）可靠连接。连接部位应位于上弦横向支撑与屋架的连接点处，不符合时可在支撑中增设次腹杆或设置型钢梁，将水平地震作用传至节点部位。

(4) 支承低跨屋架的中柱牛腿（柱肩）的预埋件，应与牛腿（柱肩）中按计算承受水平拉力部分的纵向钢筋焊接，且焊接的钢筋，6度和7度时不应少于$2\phi12$，8度不应少于$2\phi14$，9度时不应少于$2\phi16$。

（5）柱间支撑与柱连接点预埋件的锚件，8度Ⅲ、Ⅳ类场地和9度时，宜采用角钢加端板，其他情况可采用不低于HRB400级的热轧钢筋，但锚固长度不应小于30倍锚筋直径或增设端板。

（6）厂房中的起重机走道板，端屋架与山墙间的填充小屋面板、天沟板、天窗端壁板和天窗侧板下的填充砌体等构件应与支承结构有可靠的连接。

小　　结

1. 单层钢筋混凝土柱厂房的震害主要发生在屋盖系统，柱间支撑与柱连接处，围护墙等部位。烈度越高厂房的震害越严重，厂房的纵向震害较横向严重。

2. 在单层钢筋混凝土柱厂房结构选型时，要优先选择轻质高强的结构，要注意震害可能发生的屋架、天窗架、柱子及围护结构的选型。并且应力求使厂房纵、横向结构在质量与刚度分布均匀、对称，以利于协调振动。

3. 单层钢筋混凝土柱厂房抗震验算时要遵循建筑抗震验算的一般原则。在厂房横向抗震验算中，要选择合适的结构计算简图并正确计算等效重力荷载代表值。厂房横向自振周期的计算要以排架侧移柔度的计算为前提。厂房横向水平地震作用的计算中要掌握厂房总水平地震作用标准值和水平地震作用沿高度分布时水平地震作用标准值公式及天窗架的地震作用计算与调整，在求得水平地震作用后，可进行排架内力分析与组合，然后进行截面抗震变形验算。

4. 厂房纵向抗震验算时，首先要确定厂房各纵向柱列的刚度及柱列等效集中荷载代表值；厂房的纵向自振周期计算可按厂房纵向刚度计算确定，也可按经验公式确定；纵向水平地震作用的计算与分配要掌握各纵向柱列的柱顶标高处的地震作用标准值及柱列各吊车梁顶标高处的纵向地震作用标准值的计算公式。同时也要对天窗架及柱间支撑进行抗震验算。

5. 单层工业厂房在地震作用下，由于构件强度不足、节点或连接强度不足、支撑薄弱而造成比较普遍的震害，此外由于结构布置、构件选型以及构造上的不合理引起震害，处理好单层厂房结构的抗震构造十分重要。

复 习 思 考 题

1. 单层钢筋混凝土柱厂房有哪些震害？产生各类震害的原因是什么？
2. 从满足抗震要求出发，单层工业厂房在结构布置上有何要求？为什么？
3. 单层钢筋混凝土柱厂房横向抗震验算的基本假定有哪些？抗震验算的步骤和计算公式有哪些？
4. 对排架柱地震作用效应怎样调整？
5. 怎样进行单层钢筋混凝土柱厂房纵向抗震验算？
6. 厂房柱间支撑设置时的要求和构造要求有哪些？

第八章 隔震、消能减震房屋

学习目标与要求
1. 熟悉建筑隔震,建筑消能减震的基本概念。
2. 理解建筑隔震、建筑消能减震的基本原理和工程应用。
3. 熟悉隔震房屋的构造措施。

第一节 概 述

地震是一种自然现象,会对自然界和人类社会产生一定的影响,尤其是特大地震会造成巨大的人员伤亡和财产损失。地震灾害的发生具有随机性、突发性和不确定性等特点。20世纪以来,地震造成的财产损失高达数千亿美元,导致130多万人死亡,近千万人严重残废。我国也是地震灾害非常严重的国家,20世纪以来,发生里氏6级以上地震560多次,其中8级以上地震9次。强烈地震不仅造成大量房屋倒塌和人员伤亡,还会引起火灾、泥石流、火山爆发、疾病传播、爆炸、海啸、核辐射等一系列次生灾害,2006年12月印尼苏门答腊岛附近海域地震,2008年5月12日我国四川省汶川大地震,2011年3月11日本东北部海域大地震,都是破坏性很强,损失非常大,次生灾害严重,伤亡人数很多的非常有名的大地震。

一、减震防灾对策及抗震设计理论的发展

1. 减震防灾对策

一是控制地震对策。20世纪60年代,美国地质工作者通过给油井灌水引发强度不大的地震,于是有人建议沿震源断裂带布设多个深井并向其中灌水,以强度不高的地震削弱未来主震的强度,即把未来可能一次突然的大地震化成多次发生的破坏性小的地震。在我国这样一个地震活动多发,人口稠密的国家,难以实施有效控制地震的对策。二是地震预报对策。主要根据地震地质、地震活动情况、地震前兆异常和环境因素等方面的研究,对未来可能发生的地震的发震时间、地点和强度做出预报。经过国内外地质工作者不懈的努力,地震预报取得长足进步。但地震孕育过程极其复杂,使得地震预报尤其是短期预报、临震预报仍然处在经验型探索阶段。三是抗震防灾对策。即通过科学合理的抗震设计,提高城市综合抗御地震的能力和各单体结构的抗震性能,保证地震时建筑物和工程设施不破坏,达到减轻或避免地震灾害的目的。这种对策是现阶段人类减轻地震灾害中最积极最有效的措施。

2. 抗震设计理论的发展

地震作用是由地震引起的结构动态作用,可以人为分解为水平和竖向两种。结构地震动力分析时,按照结构动力学和地震工程学原理,较为正确、合理地根据实际地震、地质条件、场地、结构动力特性等诸多因素确定建筑的地震作用,是结构抗震设计中面临的重要问题。地震作用计算和抗震理论的发展经历了如下四个阶段:

(1) 静力理论阶段(20世纪初到20世纪40年代)

该理论是由日本学者大森房吉提出的震度法的概念。该理论假定结构为绝对刚体,结构上任一点的绝对加速度与地面地震运动加速度相同,而与结构动力特性无关。这个观点显然具有严重不符合实际的缺陷。

(2) 反应谱理论阶段(20世纪50到60年代)

地震反应谱是指单自由度弹性体系在给定的地震作用下,其最大位移、最大速度及最大加速度等其中之一与结构自振周期T的关系。反应谱理论考虑了结构动力特性和地震动特性之间的动力关系,通过反应谱来计算结构的自振周期、振型、阻尼和产生的地震作用。这种理论尽管考虑了结构的动力特性,但它仍然把地震力当作静力看待,所以又称等效静力法。

(3) 动力理论阶段(20世纪70年代至今)

这种理论有如下特点:1)需要给出符合场地情况、具有概率意义的加速度时程,对于复杂结构要求给出地震动三个分量的反应的过程及其空间相关性。2)全面考虑了地震动特性三要素:幅值、频谱、持时。3)结构和构件的动力模型应接近实际情况,包括结构的非线性恢复力特性。4)动力反应分析要给出结构反应的全过程,包括变形和能量损耗的积累。5)设计原则考虑多种使用状态和安全的概率保证。这种理论研究包括地震波(强震记录、人工模拟地震波),时程分析方法(力学模型、恢复力模型),逐步积分法,结构破坏试验,结构竖向振动和扭转效应,地基—基础—上部结构共同作用,结构减震与控制,结构物地震波的多点输入,专家系统,模糊识别等。

(4) 基于性态的抗震设计理论(20世纪90年代至今)

20世纪80年代末美国工程师提出基于性态的抗震设计理论,它是指根据建筑物的重要性和用途,并考虑建筑物所处场地的地震强度及所能接受的地震破坏水平、建造费用、震后修复费用及投资者的经济实力,选择合适的结构性态设计目标;并根据不同性态目标提出不同的抗震设防标准,使设计的建筑在未来的地震中具备预期功能。它是比现阶段世界上许多国家执行的"小震不坏、中震可修、大震不倒"作为设防准则只强调生命安全的单一设防目标更为合理更科学的抗震设计理论,已成为未来设计理论发展的新方向。它包括确定地震设防水准,选择合适的抗震性态目标、研究抗震性态的分析方法和研究基于性态的抗震设计方法等。地震设防水准是指未来可能作用于场地的地震作用的大小。为了使结构满足多水准的设防要求,需要根据不同重现期选择可能发生的、对应于不同等级的用于结构抗震设计的地震动参数。结构抗震性态目标是指针对某一地震设防标准而期望达到的结构抗震性能等级。基于性态的抗震设计应既有效地减轻工程结构的地震破坏,减少经济损失和人员伤亡,又能合理地使用有限的建设投资,保证结构在地震作用下的使用功能。因此,结构抗震性态目标的确定应综合考虑场地和结构的功能与重要性、投资与效益、震后损失与恢复重建、社会效益以及业主的承受能力等诸多因素。结构性态目标分为基本性能目标、重要性能目标和安全临界性能目标三个等级。抗震性态分析方法主要包括线性静力分析法、线性动力分析法、非线性静力分析法和非线性动力分析法。基于抗震性态的抗震设计法主要包括基于位移的设计法、综合设计法、能量设计法等。

3. 传统抗震设计理论的局限性

为了使工程结构在强震作用下满足承载力、变形能力和稳定性要求,传统抗震设计方法以概率论为基础,提出了"三水准"的设防要求,并用"两阶段的设计法"来实现,第一阶段设计按第一水准确保小震作用下结构处于弹性状态,并满足承载力和弹性变性要求;第二阶段采用第三水准烈度的地震动参数,确保结构处于弹塑性状态,要求结构具有足够的弹塑性变形能力,但又不超过《抗震规范》给定的变形限值。传统设计法存在如下缺陷:1) 结构安全性难以保证。基于《抗震规范》指明的"设防烈度"作为设计的依据,与地震发生时的实际情况存在较大差异,尤其是特大地震发生后,烈度极端异常,当发生超烈度的地震时,结构的损坏和倒塌难以控制,房屋破坏就会非常严重。2) 建筑成本大幅增加。通常为了达到设计目标,设计时通过提高材料强度、加大构件截面、提高、构件截面刚度。在增加刚度的同时,结构自重在增加,随之地震作用也在增加,所需的构件断面及配筋也就更大。结果是造价增加的同时,结构的地震响应却没有的得到明显地抑制。3) 适用范围受到限制。传统抗震设计方法适用于延性结构体系,允许结构部件在强震作用下发生较大的塑性变形,以消耗地震能量,减轻地震反应;对于在地震中不允许破坏的结构或内部有贵重装饰,重要设备的结构是不适应的;4) 施工难度大。结构构件和节点配筋太密,9度区甚至无法排布钢筋;5) 建筑物的高度受限制。

4. 隔震、减震控制技术的优越性

隔震、减震控制技术的优越性包括以下几方面:1) 抗震途径和方法得到改进。隔震则是在基础与上部结构之间(或上部结构与上部结构之间)设置隔震层,限制和减少地震能量向上部结构输入,达到隔离地震,降低地震响应的目的。减震控制则是在结构上设置减震装置,通过消耗地震能量,调节结构动力特性等方法达到减轻地震响应的目的。隔震与减震与传统抗震技术采用的加强结构、加大构件截面尺寸,加大构件配筋量,提高结构刚度等的"硬抗"方法相比有了很大进步,也更加科学。2) 减震效果良好。从实验观测结果得知,隔震结构上部的地震加速度明显降低,只有传统结构抗震方式的同类房屋的8%～25%;消能减震结构的地震反应比传统抗震结构降低40%～60%,且结构越高、越柔、消能减震效果越明显。3) 结构安全性能显著提高。结构隔震体系在遭遇超过抗震设防烈度的地震影响下,上部结构仍能处于正常的弹性工作状态,从而确保上部结构及其内部设施能安全和正常使用;消能减震结构通过消能阻尼器在强震中率先消耗地震能量,迅速衰减结构地震反应并保护主体结构和构件免遭破坏。而传统抗震方法按照预先确定的设防烈度进行的设计,当发生超过设防烈度的特大地震时,结构就会处于不安全状态,这已为唐山大地震、汶川特大地震和日本东北部海域的8级特大地震等历次大地震所证明。4) 经济效果明显。基础隔震体系的上部结构受到的地震作用大幅度降低,使得上部结构构件和节点截面、配筋减少,构造施工简单,从而使上部结构的造价节省。统计资料显示,多层隔震房屋的土建造价,考虑隔震装置约5%的投入后,7度区与传统抗震设计的房屋基本持平,8度区比传统房屋节省5%～10%,9度区节省10%～15%,且抗震安全度大大提高。消能减震结构是通过形成"柔性消能"的途径来减少地震反应,因而可以减少抗侧力构件的截面配筋,并提高结构的抗震性能。消能减震结构若用于抗震加固可以节约造价

10%～60%。5) 震后修复容易。

隔震和减震控制结构，处于弹性或轻微非线性状态，故震后只需对隔震和减震装置进行必要的检查，而不需考虑建筑物的修复或只需简单修复即可。传统抗震设计方法设计的结构，在大地震发生后，构件大多进入弹塑性工作阶段，变形和破坏严重，因而必须进行修复加固，修复加固工作量大，修复难度大。基于上述特性，隔震、减震消能结构体系，不仅能在新建的多高层建筑、高耸结构、大跨结构等体系中使用，也能在既有建筑的抗震加固中使用。

现阶段隔震消能建筑在国际国内许多建筑中已经采用，受到实际大地震考验表现良好。国内在北京等20多个省市先后建造了隔震房屋200多万平方米，叠层橡胶垫隔震技术已经比较成熟，发展前景光明。在日本凡有减震装置的建筑均成为市场上人们争先购置的建筑。

第二节　隔　震　原　理

一、隔震原理简介

结构隔震就是隔离地震对建筑物的作用和影响，其基本的思路是将整个结构物或其局部坐落在隔震支座上，或者坐落在起隔震作用的地基或基础上，通过隔震装置的有效工作，减少地震波向上部结构的输入，控制上部结构物地震作用效应和隔震部位的变形，从而减少结构的地震响应，提高结构的抗震安全性。

震害调查得知，典型地震动的卓越周期一般约为0.1～1.0s，因此，自振周期为0.1～1.0s的中低层结构在地震时容易发生共振而遭受破坏。隔震系统是通过减小房屋结构的刚度使得自振周期增大，从而有效避开地震动卓越周期，避免地震时可能发生的共振或接近共振现象，较大程度减少了上部结构的地震作用。

隔震体系是在上部结构物底部与基础底面或底部柱顶之间设置隔震装置而形成的结构体系。它包括了上部结构、隔震装置、基础或下部结构，如图8-1所示。常用的隔震装置有橡胶隔震垫和摩擦隔震装置。

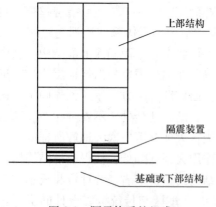

图 8-1　隔震体系的组成

如上所述，一般中低层建筑刚度大、周期短，结构地震反应处在地震影响系数曲线的最高端，但由于结构本身刚度大，结构受到的地震作用较大，位移反应谱的值较小，大震时结构处于弹塑性工作状态，结构主要通过构件本身的塑性变形来消耗输入的地震能量。隔震结构由于设有隔震垫，与非隔震结构相比，其自振周期有较大的增加，处在地震影响系数曲线的第三段或第四段，地震加速度和地震作用力比起非隔震的结构要低许多。隔震结构中由于柔性垫层的存在，结构整体位移很大且集中发生在隔震层，上部结构层间位移很小处于整体平动状态。隔震结构的隔震层地震作用有较大降低，但位移值可能超出允许值。为控制位移可在隔震层设置各种形式的阻尼器，由于阻尼器的存在，结构的位移会下降，地震作用会进一步减小，且隔震结构整体位移也进一步下降，隔震层的位移得到有效控制。

工程中已经采用的基础隔震可分为橡胶垫基础隔震、滑移基础隔震和混合基础隔震等隔震系统。它们虽然各自隔震反应的性态不同，但隔震原理大致相同，都是通过限制隔震层减少和削弱上部结构与基础的联系，改变结构系统的动力特性，避免共振或接近共振的现象发生，达到减少地震作用和降低隔震层位移的目的。

二、基础隔震技术简介

根据基础隔震的工作原理，基础隔震可分为橡胶垫基础隔震、滑移基础隔震和混合基础隔震等隔震系统，现分别介绍如下。

橡胶隔震支座按所用材料可分为：天然橡胶夹层橡胶垫，铅芯夹层橡胶垫，高阻尼夹层橡胶垫等，如图 8-2 所示。

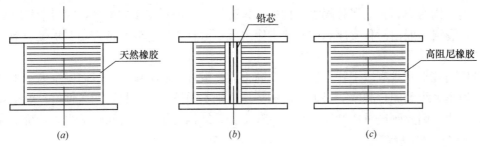

图 8-2 不同材料类型的建筑隔震橡胶支座

1. 橡胶垫基础隔震

橡胶垫基础隔震结构是在隔震层由建筑隔震橡胶支座支撑。建筑隔震支座又称为夹层橡胶隔震垫或形象的称为叠层橡胶隔震垫，是一种竖向承载力高、水平刚度较小、水平侧移允许值较大的装置，它既能减少水平地震作用，又能承受竖向地震作用，适用于房屋等各种结构物及设备的隔震，它是目前世界各国应用最多的隔振器。橡胶式隔震支座按所用的材料分为：叠层橡胶支座、铅芯橡胶支座以及高阻尼橡胶支座等。

（1）叠层橡胶垫

是由多层橡胶夹着钢板通过专用的胶水粘结而成的，它具有低水平刚度与高竖向刚度的特性。钢板作为加劲层，可避免因荷载较大时橡胶垫与侧面产生拉力，影响橡胶垫的疲劳强度和耐久性，如图 8-2（a）所示。试验分析证明，叠层橡胶垫在外力作用下吸收的地震能量有限，地震发生时可能产生过大位移，并且无法抵抗环境振动，工程应用时需要在隔震层辅以阻尼器作为吸收能量的元件。

（2）铅芯夹层橡胶垫

是在橡胶垫中心置入一高纯度的铅芯形成的，它是目前应用最为普遍的一种隔震支座，它是由叠层橡胶和中心的高纯度铅芯组成。采用铅芯的原因是铅是很好的耗能材料，因为铅的剪切屈服强度为 $10N/mm^2$ 左右，铅屈服后可产生迟滞耗能作用达到降低结构位移反应的目的，如图 8-2（b）所示。同时铅具有在常温下可迅速发生再结晶，不易产生应变硬化现象，可以长期使用。通常情况下，铅芯保持弹性，可以承受环境振动。地震时铅芯屈服，可以发挥耗能作用。其橡胶部分可提供较低的侧向刚度，以延长结构周期，降低地震作用。

2. 滑移基础隔震

滑移隔震系统是利用滑移摩擦截面来隔断地震作用的传递。上部结构所受地震力不超过界面间最大摩擦力，从而大幅降低上部结构的地震反应。滑移隔震系统无侧向刚度，上部结构可能产生偏移，一般需要设置附加的恢复装置。国际上通常采用聚四氟乙烯板—不锈钢板作为摩擦界面，国内也有不少工程采用柔性石墨及涂层作为摩擦面。

滑移隔震系统可根据隔震层有无恢复力情况，分为无恢复力的隔震结构和有恢复力的隔震结构两类。无恢复力的隔震结构，隔震层部件主要由纯摩擦滑移支座或砾砂等材料组成。为提高其可靠性，还应设置安全锁位构造。有恢复力的隔震结构，其恢复部件可与滑移支座合为一体，也可分开设置，便于设计参数选取和震后检修。

滑移隔震系统根据恢复部件是否承受竖向重力荷载可以分为普通滑移隔震结构和混合滑移隔震结构两类。普通滑移隔震结构中，只有滑移支座承受重力荷载；混合滑移隔震结构中，隔震层一般由滑移支座和橡胶垫支座组成，滑移支座和恢复部件均要承受一部分重力荷载。

滑移隔震支座具有以下特点：支承净高不大，设计上容易配合，竖向刚度大，承重能力强；隔震系统无固定频率，对地震波和场地类别不敏感；防腐性、耐久性好；摩擦力与载重成正比，因此刚度重心和质量重心始终重合，结构的扭转效应可以减少；造价低廉。

3. 混合基础隔震

图 8-3　并联基础隔震

混合基础隔震包括并联基础隔震、串联基础隔震和串并联基础隔震等。并联基础隔震是指建筑隔震橡胶支座和滑移支座在隔震层并联设置，分别承担上部结构的重力荷载，如图8-3所示。并联基础隔震将两种支座联合起来，通过合理配置，可以有效地提高隔振效果。滑移支座可以提供较大的阻尼，且有足够的初始刚度和承载力，以保证风载、环境振动等正常使用条件下结构的稳定。普通橡胶垫支座可提供恢复力。由于两种隔震支座分别承担一部分结构自重，故与橡胶垫隔震相比可以减少建筑隔震橡胶支座的尺寸或数量，降低隔震层的造价；与滑移隔震相比，滑移支座承担的结构自重减少，若提供相同的摩擦力，其摩擦系数可较大，故降低了对摩擦材料的要求，且减少了隔震效果对摩擦系数的敏感性，即放宽了材料的性能要求及其波动范围。

并联基础隔震的缺点是：随着位移的增大，两种隔震支座竖向刚度的比值会产生变化，并导致不同的竖向变形，引起自重在各支座之间重分布，特别是滑移支座上的压力和摩擦力的变化将影响到上部结构的地震反应。

串联基础隔震是指建筑隔震橡胶支座和滑移支座在隔震层串联设置，共同承担上部结构的重力荷载。串联基础隔震相当于有两个隔震层。它的构造形式有分层式和一体式两种，如图8-4所示。其中，分层式在下层支座与上层支座间设一个平面整体构架，以有利于协调上下层之间的水平位移，并使滑移支座保持一致滑移，其造价较高。一体式即为去掉前述的平面构架，将剪切变形集中于一个支座，水平侧力通过滑板和橡胶层直接传递。

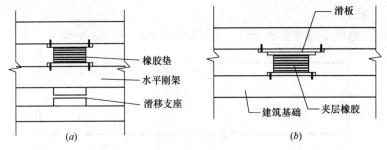

图 8-4 串联基础隔震的构造形式

混合基础隔震结构中，还可以将滑移支座和橡胶垫支座串联后再进行并联组成更复杂的混合隔震系统。

第三节 隔 震 设 计

一、一般规定

采用隔震方案的多层砌体、钢筋混凝土框架等房屋，应符合下列要求：

（1）结构高宽比小于 4，且不应大于相关规范规程对非隔震结构的具体规定，其变形特征接近剪切变形，最大高度应满足《抗震规范》非隔震结构的要求；高宽比大于 4 或非隔震结构相关规定的结构采用隔震设计时，应进行专门研究。

（2）建筑场地宜为Ⅰ、Ⅱ、Ⅲ类，并应选用稳定性较好的基础类型。

（3）风荷载和其他非地震作用的水平荷载标准值产生的总水平力不宜超过结构总重力的 10%。

二、隔震设计简介

1. 隔震层的设置

隔震层的设置应符合下列要求：

（1）隔震层的位置宜设置在结构的底部或下部，如图 8-5 所示。

（2）橡胶支座应设置在受力较大的部位，间距不宜过大，其规格、数量和分布应根据竖向承载力、侧向刚度和阻尼的要求通过计算确定。隔震层在罕遇地震作用下应保持稳定，不宜出现不可恢复的变形；其橡胶支座在罕遇地震的水平和竖向地震同时作用下，拉应力不应大于 1MPa。

（3）橡胶支座和隔震层的其他部位尚应根据隔震层所在位置的耐火等级，采取相应的防火措施。

（4）隔震层的水平等效刚度和等效黏滞阻尼比可按下列公式计算：

$$K_h = \Sigma K_j \tag{8-1}$$

$$\zeta_{eq} = \Sigma K_j \zeta_j / K_h \tag{8-2}$$

式中 ζ_{eq}——隔震层等效黏滞阻尼比；

K_h——隔震层水平等效刚度；

ζ_j——j 隔震支座由试验确定的等效黏滞阻尼比，设置阻尼装置时，应包括相应阻尼比；

K_j——j 隔震支座（含消能器）由试验确定的水平等效刚度。

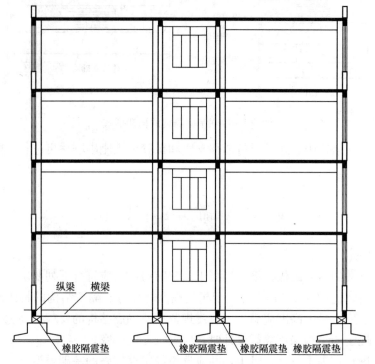

图 8-5 隔震层的设置

（5）隔震支座由试验确定设计参数时，竖向荷载应保持表 8-1 的压应力限值；对水平向减震系数计算应取剪切变形 100%的等效刚度和等效黏滞阻尼比；对罕遇地震验算，宜采用剪切变形 250%时的等效刚度和等效黏滞阻尼比，当隔震支座较大时可采用剪切变形 100%时的等效刚度和等效黏滞阻尼比。当采用时程分析时，应以试验所得滞回曲线作为计算依据。

橡胶隔震支座平均压应力限值（MPa）　　　　表 8-1

建筑类别	甲类建筑	乙类建筑	丙类建筑
平均压应力限值	10	12	15

2. 隔震房屋设计的计算分析方法规定

（1）计算简图可采用剪切型结构模型，如图 8-6 所示。

（2）一般采用时程分析法计算。输入地震波反应谱特性和数量，应符合《抗震规范》中时程分析法的规定，计算结果宜取其包络值。

（3）当处于发震断层 10km 以内时，若输入地震波未考虑近场影响，对甲、乙类建筑，计算结果尚应乘以近场影响系数；5km 以内取 1.5；5km 以外取 1.25。

3. 隔震层以上结构的地震作用计算

（1）对多层结构，水平地震作用沿高度可按重力荷载代表值分布。

(2) 隔震后水平地震作用计算的水平地震影响系数可按第三章第三节所述的方法计算。其水平地震影响系数最大值可按式（8-3）计算：

$$\alpha_{\max 1} = \beta \alpha_{\max}/\psi \quad (8-3)$$

式中 $\alpha_{\max 1}$——隔震后的水平地震影响系数最大值；

$\alpha_{\max}$——非隔震的水平地震影响系数最大值，按第三章第三节所述的方法确定；

ψ——调整系数；一般橡胶支座，取 0.8；支座性能偏差为 S—A 类，取 0.85；隔震装置带有阻尼器时，相应减少 0.05；

β——水平向减震系数，它描述了隔震建筑的地震作用较不隔震建筑的地震作用降低的程度，其值可由式（8-4）、式（8-5）计算；对于多层建筑，为按弹性计算所得的隔震与非隔震各层剪力的最大值。对于高层建筑结构，尚应计算隔震与非隔震各层倾覆力矩的最大比值，并与层间剪力的最大比值相比较，取二者较大值；

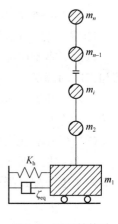

图 8-6 隔震结构动力计算简图

$$\beta = \frac{(\psi_i)_{\max}}{0.7} \quad (8-4)$$

$$\psi_i = \frac{V_{gi}}{V_i} \quad (8-5)$$

式中 $(\psi_i)_{\max}$——设防烈度下，结构隔震与非隔震时各层层间剪力比的最大值；

ψ_i——设防烈度下，结构隔震时第 i 层层间剪力与非隔震时第 i 层层间剪力比；

V_{gi}——设防烈度下，结构隔震时第 i 层层间剪力；

V_i——设防烈度下，结构非隔震时第 i 层层间剪力。

(3) 水平向减震系数的取值不宜低于 0.25，且隔震层以上结构的总水平地震作用不得低于非隔震结构在 6 度设防时的总水平地震作用，并应进行抗震验算。表 8-2 中是层间剪力最大比值与水平向减震系数的对应关系，表中水平向减震系数是最大层间剪力比的最大值除以 0.7，因此隔震层以上结构的实际水平地震作用，仅为水平地震作用值的 70%。这就意味着按水平向减震系数进行设计，隔震层以上结构的水平地震作用和抗震验算均留有大约半度的安全储备。因此，相应的构造要求可以降低。验算时各楼层的水平地震剪力尚应满足式（3-49）的限定。

层间剪力最大比值与水平向减震系数的对应关系　　表 8-2

层间剪力最大比值 $(\psi_i)_{\max}$	0.53	0.35	0.26	≤0.18
水平向减震系数 β	0.75	0.50	0.38	0.25

(4) 9 度时和 8 度且水平向减震系数不大于 0.3 时，隔震层以上的结构应进行竖向地震作用计算。隔震层以上结构竖向地震作用标准值计算时，各楼层可视为质点，并应按式（3-54）和式（3-55）计算竖向地震作用标准值沿高度的分布。

4. 隔震层承载力验算

《抗震规范》规定，隔震层的橡胶隔震支座应符合下列要求：

(1) 隔震支座在表 8-1 所列的压应力下的极限水平变位，应大于其有效直径的 0.55 倍和支座内部橡胶层总厚度的 3 倍二者较大值即满足式 (8-8)、式 (8-9) 的要求。

(2) 在经历相应设计基准期的耐久试验后，隔震支座阻尼特性变化不超过初期值的 ±20%，徐变量不超过支座内部橡胶总厚度的 5%。

(3) 橡胶隔震支座在重力荷载代表值的竖向压应力不应超过表 8-1 的规定。

5. 隔震层支座水平剪力应根据隔震层在罕遇地震下的水平剪力按各层隔震支座的水平等效刚度分配；隔震支座对于罕遇地震水平剪力的水平位移，应符合下列要求：

$$u_i \leqslant [u_i] \tag{8-6}$$

$$u_i = \eta u_c \tag{8-7}$$

式中 u_i——罕遇地震作用下第 i 个隔震支座考虑扭转的水平位移；

u_c——罕遇地震下隔震层质心处或不考虑扭转的水平位移；

η——第 i 个隔震支座扭转影响系数，应取考虑扭转和不扭转时 i 支座计算位移的比值；当隔震层以上结构的质心与隔震层刚度中心在两个主轴方向无偏心时，边支座的扭转影响系数不应小于 1.15；

$[u_i]$——第 i 个隔震支座的水平位移限值；对橡胶隔震支座，不应超过该支座有效直径的 0.55 倍和支座内部橡胶总厚度 3.0 倍二者的较小值，即

$$u_{\max} < 0.55d \tag{8-8}$$

$$u_{\max} < 3t_r \tag{8-9}$$

式中 $u_{\max}$——在罕遇地震作用下，考虑扭转影响时隔震支座的最大水平位移；

d——隔震支座有效直径；

t_r——隔震支座各橡胶层总厚度。

6. 隔震结构抗倾覆验算

对高宽比较大的结构，应进行罕遇地震作用下的抗倾覆验算。抗倾覆验算包括结构整体抗倾覆验算和隔震支座承载力验算。抗倾覆验算安全系数应大于 1.2。

三、隔震结构的隔震措施

1. 隔震结构应采取不阻碍隔震层在罕遇地震下发生大变形的下列措施：

(1) 上部结构的周边应设置竖向隔离缝，缝宽不宜小于各隔震支座在罕遇地震作用下的最大水平位移值的 1.2 倍且不小于 200mm。对两相邻隔震结构，其缝宽取最大水平位移值之和，且不小于 400mm。

(2) 上部结构与下部结构之间，应设置完全贯通的水平隔离缝，缝高可取 20mm，并用柔性材料填充；当设水平隔离缝确实有困难时，应设置可靠的水平滑移垫层。

(3) 穿越隔离层的门廊、楼梯、电梯、车道等部位，应防止可能的碰撞。

2. 隔离层以上结构的抗震措施，当水平向减震系数大于 0.4 时（设置阻尼器时为 0.38）不应降低非隔震时有关要求；水平向减震系数不大于 0.4 时（设置阻尼器时为 0.38），可适当降低《抗震规范》有关章节对非隔震建筑的要求，但烈度降低不得超过 1 度，与抵抗竖向地震作用有关的抗震构造措施不应降低。此时，对砌体结构，可按《抗震规范》附录 L 采取抗震构造措施。

四、隔震层与上部结构的连接要求

1. 隔震层顶部应设置梁板式楼盖，且应符合下列要求：

（1）隔震支座的相关部位应采用现浇钢筋混凝土梁板结构，现浇板厚度不应小于160mm；

（2）隔震层顶部梁、板的刚度和承载力，宜大于一般楼盖梁板的刚度和承载力；

（3）隔震支座附近的梁、柱应计算冲切和局部承压，加密箍筋并根据需要配置网状钢筋。

2. 隔震支座阻尼装置的连接构造，应符合下列要求：

（1）隔震支座和阻尼装置应安装在便于维护人员接近的部位；

（2）隔震支座与上部、下部结构的连接件，应能传递罕遇地震下支座的最大水平剪力和弯矩；

（3）外露的预埋件应有可靠的防锈措施。预埋件的锚固钢筋应与钢板牢固连接，锚固钢筋的锚固长度宜大于20倍锚固钢筋直径，且不应小于250mm。

五、隔震层以下的结构和基础应符合下列要求

1. 隔震层支墩、支柱及相连构件，应采用隔震结构罕遇地震下隔震支座底部的竖向力、水平力和力矩进行承载力验算。

2. 隔震层以下结构（包括地下室和隔震塔楼下的底盘）中直接支承隔震层以上结构相关构件，应满足嵌固的刚度比和隔震后设防地震的抗震承载力要求，并按罕遇地震进行抗剪承载力验算。隔震层以下地面以上的结构在罕遇地震下的间位移角限值应满足表8-3要求。

隔震层以下地面以上的结构在罕遇地震下的间位移角限值　　　　表8-3

下部结构类型	$[\theta_p]$
钢筋混凝土框架和钢结构	1/100
钢筋混凝土框架-抗震墙	1/200
钢筋混凝土抗震墙	1/250

3. 隔震建筑地基基础的抗震验算和地基处理仍应按本地区抗震设防烈度进行，甲、乙类建筑的抗液化措施应按提高一个液化等级确定，直至全部消除液化沉陷。

第四节　房屋消能减震设计简介

一、消能减震概述

地震波传播的过程中经过岩土等介质的过滤、折射、反射、放大和吸收，通过建筑场地振动带动建筑振动，结构在吸收了大量的地震能量后，势必就要产生一定程度的反应来耗散地震能量。不同的抗震体系采用不同的机理来抵御地震作用。传统的抗震设计思路是通过概念设计，从结构场地选择、结构体系的选型、材料使用、设计方法、施工工艺等方面着手，采取加强结构受力和变形能力，允许结构局部产生塑性变形（局部破坏）的所谓硬抗的途径抵御地震作用，这种思路指导下，结构的抗震能力主要取决于结构的弹塑性变形能力与构件在地震作用下受力变形的滞回曲线上滞回环的大小即耗能能力的大小。本章前半部分讲的隔震体系，则通过使隔震支座产生较大的剪切变形，改变结构的动力特性，

延长隔震层上部结构的自振周期，使其避开场地土的卓越周期，从而可有效地将地震从底部隔断，大大减少上部结构的地震反应，有效保护了建筑物自身及其内部设备的安全正常使用。

与上两类方式的机理不同，结构消能减震体系是将房屋中的非承重构件（如支撑、剪力墙等）设计成消能部件，或在房屋的某些部位（节点或连接处）装设一些消能装置（阻尼器）、摩擦消能器、金属阻尼器等，通过消能材料的摩擦、变形或黏性液体的流动等产生的能量耗散来消耗结构吸收地震引起的振动能量。在风载和小地震作用下，消耗部件和阻尼器处于弹性状态，结构体系的抗侧刚度足以满足使用要求；在强震作用下，消能部件和阻尼器率先进入弹塑性状态，耗散大部分地面运动传递给结构的能量，同时对于消能支撑，其软化使结构体系的自振周期加长，降低了动力反应，从而保护主体结构在地震作用中免遭破坏或免于产生较大的变形，通常称之为消能减震，这种方法也可以看作是增加阻尼的方法。

消能减震与传统结构依靠本身及节点延性耗散地震能量相比，显然是前进了一步，但是消能元件往往与主体结构是不能分离的，而且它们常常是主体结构的组成部分，因此，也不能完全避免主体结构出现弹塑性变形，这种体系也没有完全脱离延性结构的概念。消能减震对抗震和抗风都有效，而且性能完全可靠，但耗能部件安装少时作用不明显，安装过多时房屋结构的经济成本大幅提高。对消能减震体系的试验研究和工程运用现阶段还处在探索阶段。但有一点可以确定，对于高度较大、水平刚度较大、水平位移较明显的高层、超高层结构减震消能效果比较显著。

二、结构减震消能类型简介

1. 按消能部件分类

结构消能减震体系由主体结构和消能部件组成。消能减震部件分为以下几类：

（1）消能支撑

可以代替一般的结构支撑，在抗震和抗风中发挥支撑的水平刚度和消能减震作用，如图 8-7 所示。

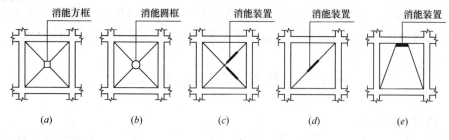

图 8-7 消能支撑

（2）消能剪力墙

可以代替一般结构的剪力墙，在抗震和抗风中发挥支撑的水平刚度和消能减震作用，如图 8-8 所示。

（3）消能支撑和悬吊设备

对于某些线结构（如管道、线路），设置各种支承或者悬吊消能装置，当线结构发生振动时，支承或悬吊构件即发生消能减震作用。

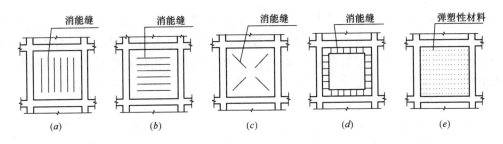

图 8-8　消能剪力墙

（4）消能节点

在结构的梁柱的节点或梁节点处安装消能装置。当结构产生侧向位移，在节点处产生角变化或者转动式错动时，消能装置可以发挥消能减震作用，如图 8-9 所示。

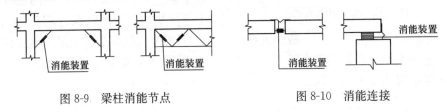

图 8-9　梁柱消能节点　　　　　　图 8-10　消能连接

（5）消能连接

在结构的缝隙处或构件之间的连接处安装消能装置。当结构在缝隙或连接处产生相对变形时，消能装置可以发挥消能减震作用，如图 8-10 所示。

2. 按消能器形式分类

消能器的功能是：当由消能器连接的结构构件（或节点）发生相对位移（或转动）时，产生较大阻尼，从而发挥消能减震作用。为了达到最佳效果，要求消能器提供最大的阻尼，即当构件（或节点）发生相对位移（或转动）时，消能器所做的功最大。消能器阻尼的力-位移关系滞回曲线所包络的面积越大，消能器消能的效果越明显。消能器的主要类型如下：

（1）金属阻尼器

金属阻尼器在建筑结构发生塑性变形前首先发生屈服，以耗散地面运动传给结构的振动能。金属阻尼器可分为软钢阻尼器和铅阻尼器两类。X 形和三角形软钢阻尼器是由多块 X 形和三角形钢板叠加而成，在强烈地震作用下通过钢板的侧向弯曲屈曲耗散结构受到的振动能量。如图 8-11 所示。

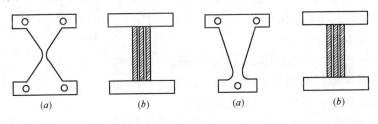

图 8-11　软钢阻尼器

铅挤压阻尼器是由外钢管、中心轴和铅组成，如图 8-12 所示。当中心轴与管壁产生相对运动时，管内的铅被挤压产生塑性变形，从而耗散大量的振动能量。由于铅具有再结晶的特性，不会硬化和疲劳，使铅挤压阻尼器具有良好的稳定性和耐久性。剪切阻尼器是由铅和剪切板组成。结构变形会使中间的铅产生滞回变形，可以耗散大量的地震能量。这种阻尼器对微小变形十分敏感，在较小位移下也可以起到消能减震作用，同时也具有良好的稳定性和耐久性。

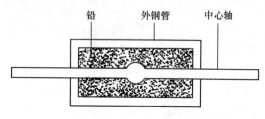

图 8-12 铅挤压阻尼器

（2）摩擦阻尼器

摩擦阻尼器耗能能力强，受荷载幅值与频率影响小，构造简单，取材容易，造价低，具有良好的应用前景。摩擦阻尼器种类较多，这里只介绍普通摩擦阻尼器。它是通过开有狭长槽孔的中间钢板相对于上下两块铜垫板的摩擦运动而耗能。滑动摩擦力与螺栓的紧固力成正比，故可方便地调节。钢与铜接触面之间的最大静摩擦力与滑动摩擦力差别不大，滑动摩擦力的衰减也不大，从而保证了摩擦耗能系统工作的稳定性。普通摩擦阻尼器如图 8-13 所示。

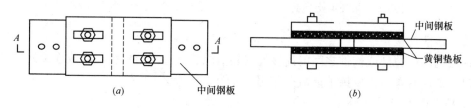

图 8-13 普通摩擦阻尼器

（3）黏弹性阻尼器

黏弹性阻尼器通过黏弹性材料的滞回耗能来耗散结构振动能量。黏弹性阻尼器通过黏弹性材料和约束钢板组成。根据黏弹性层的变形方式不同，可将黏弹性阻尼器分为拉压型阻尼器和剪切型阻尼器。常用的黏弹性阻尼器是在钢板中间夹有黏弹性材料，黏弹性材料通过硫化的方法与钢板结合在一起。如图 8-14 所示。

分析证明，影响黏弹性材料性能的主要因素是温度、频率和应变幅值，故影响黏弹性阻尼器性能的因素也是温度、频率和应变幅值，温度和频率的影响更为明显。黏弹性阻尼器存在一个最优使用温度和最优使用频率。

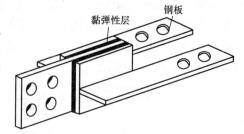

图 8-14 常用的黏弹性阻尼器

（4）黏滞流体阻尼器

黏滞流体阻尼器一般由缸体、导杆、活塞、阻尼孔和黏滞流体阻尼材料等部分组成，活塞在缸体内做往复运动，活塞上有适量小孔成为阻尼孔，缸体内装满黏滞阻尼材料。当活塞与缸体之间相对运动发生时，活塞前后的压力差使流体阻尼材料从阻尼孔中通过，从而产生阻尼力，达到耗能的目的。

黏滞流体阻尼器根据其构造可分为单出杆、双出杆、油缸间隙式，如图 8-15～图 8-

17所示。它们的性能及工作原理不再赘述。

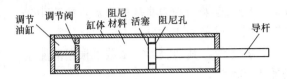

图 8-15 设置调节装置的单出杆型流体阻尼器

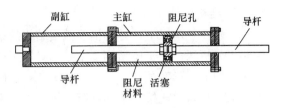

图 8-16 双出杆型流体阻尼器

三、结构减震设计简介

如前所述，消能减震结构是将结构中某些非承重构件（支撑剪力墙等）设计成耗能元件，或在结构的某些部位（节点或连接处）设置消能阻尼器来吸收和耗散地震（风振）能量，以减少结构振动响应的一种新型耗能结构。

图 8-17 油缸间隙式流体阻尼器

1. 适用范围

一般说来，结构层数越多、高度越高、跨度越大、振动变形越大、设防烈度越高、消能减震效果越明显。消能减震技术的主要适用范围包括：

（1）高层建筑、超高层建筑；
（2）高柔结构、高耸塔架；
（3）大跨桥梁；
（4）柔性管道、管线（生命线工程）；
（5）既有建筑物的抗震（抗风）加固改造。

2. 设防目标

采取消能减震设计的建筑抗震设防目标是，当遭遇到多遇地震影响时，基本不影响和不影响使用功能；当遭遇到设防烈度地震影响时，不需要维修可继续使用；当遭遇到高于本地区设防烈度的罕遇烈度影响时，将不发生危及生命安全和丧失使用功能的破坏。与非消能建筑相比，抗震标准有所提高。

3. 消能减震装置的选择

消能减震装置的选择包括减震装置的类型和规格的选择。一般说来，侧移比较小的结构，选择黏滞流体阻尼器和黏弹性阻尼器更为合适，因为它们在很小位移下，阻尼力就达到一定值，就能发挥作用，耗散能量。金属阻尼器需要足够的相对位移才能屈服耗能；摩擦阻尼器承受的拉力小于静摩擦力时，其作用如同普通的钢支撑。如果除了需要阻尼还需要较大侧移刚度来满足位移限值，可考虑位移相关型阻尼器（金属阻尼器和摩擦阻尼器），因为黏滞阻尼器的刚度几乎为零；如果阻尼器设置在温度变化较大的环境，则可考虑选择金属阻尼器、摩擦阻尼器和黏滞流体阻尼器。

4. 装置的布置

消能部件可根据需要沿结构的两个主轴方向分别设置。消能部件宜设置在层间变形较大的位置，其数量和分布应通过综合分析确定。对于有扭转的结构，尚应根据地震作用下结构扭转的情况，不对称设置抗扭的阻尼器。

5. 结构设计

(1) 一般情况下，计算消能减震结构的地震反应，宜采用静力非线性分析方法或非线性时程分析法。当主体结构基本处于弹性工作阶段时，可采用线性分析方法简化估算，并根据结构的变形特征和高度等，按规范规定确定计算方法。其地震影响系数可根据消能减震结构的总阻尼比按《抗震规范》第5.1.5条的规定确定。

(2) 消能减震结构的总阻尼比应为结构的阻尼比与消能部件附加给结构的有效阻尼比之和。

1) 消能减震装置附加给结构的有效阻尼可按下式估算：

$$\zeta_a = \frac{W_{cj}}{4\pi W_s} \tag{8-10}$$

式中　　ζ_a——消能减震结构的附加有效阻尼比；

　　　　W_{cj}——所有消能部件在结构预期位移下往复一周所消耗的能量；

　　　　W_s——设置消能部件的结构在预期位移下的总应变能。

2) 不计扭转影响时，减震结构在其水平地震作用下的总应变能，可按下式估算：

$$W_s = (1/2\sum F_i u_i) \tag{8-11}$$

式中　　F_i——质点i的水平地震作用标准值；

　　　　u_i——质点i对应于水平地震作用标准值的位移。

3) 速度相关型阻尼器在水平地震作用下所消耗的地震能量，可按下式估算：

$$W_{cj} = (2\pi^2/T_1)\sum C_j \cos^2\theta_j \Delta u_j^2 \tag{8-12}$$

式中　　T_1——消能减震结构的基本自振周期；

　　　　C_j——第j个消能器由试验确定的线性阻尼系数；

　　　　θ_j——第j个消能器消能方向与水平面的夹角；

　　　　Δu_j——第j个阻尼器两端的相对水平位移。

当消能器的阻尼系数和有效刚度与结构振动有关时，可取相应于消能减震结构基本自振周期的值。

4) 位移相关型，速度非线性相关型和其他类型消能器在水平地震作用下所消耗的能量，可按下式估算：

$$W_{cj} = A_j \tag{8-13}$$

式中　　A_j——第j个消能器的恢复力滞回环在相对水平位移Δu_j时的面积。

5) 消能部件附加给结构的有效阻尼比如果大于20%，只能取20%。

(3) 消能减震结构的总刚度应为结构刚度和消能部件有效刚度之和。消能器的有效刚度可取消能器的恢复力滞回环在相对水平位移Δu_j时的割线刚度。当消能器的有效刚度与结构振动周期有关时，可取相应消能减震结构基本自振周期的有效刚度值。

(4) 减振分析后，应按照《抗震规范》规定的反应谱方法求出结构各层的地震剪力系数，并满足式（3-47）的规定。

(5) 消能减震结构的层间弹塑性位移角限值，框架结构宜采用1/80。

6. 减震装置的连接节点

(1) 消能减震装置或节点与支撑、墙体、梁等支承构件的连接，应符合钢构件连接或钢与混凝土构件连接的构造要求，并能承担消能减震装置施加给连接节点的最大作用力。

(2) 消能支撑的设计要求：为了使变形和变形速度集中在消能减震装置上，保证消能减震装置充分发挥作用，应使消能支撑的刚度满足一定的要求。

1) 速度线性相关型消能器与斜撑、墙体或梁等支承构件组成消能部件时，该支承构件在消能器消能方向的刚度可按下式计算：

$$K_b = (6\pi/T_1)C_D \quad (8-14)$$

式中 K_b——支承构件在消能器消能方向的刚度；

C_D——消能器由试验确定的相应于结构基本自振周期的线性阻尼系数；

T_1——消能减震结构的基本自振周期。

2) 位移线性相关型消能器与斜撑、墙体或梁等支承构件组成消能部件时，该部件的恢复力模型参数宜符合下列要求：

$$\Delta u_{py}/\Delta u_{sy} \leqslant 2/3 \quad (8-15)$$

$$(K_p/K_s)(\Delta u_{py}/\Delta u_{sy}) \leqslant 0.8 \quad (8-16)$$

式中 K_p——部件在水平方向的初始刚度；

K_s——消能部件的结构楼层侧向刚度；

Δu_{py}——消能部件的屈服位移；

Δu_{sy}——消能部件的结构层间屈服位移。

3) 黏弹性消能器的黏弹性材料的总厚度应满足下列要求：

$$t \geqslant \Delta u/[\gamma] \quad (8-17)$$

式中 t——黏弹性消能器的黏弹性材料的总厚度；

Δu——沿消能器方向的最大可能的位移；

$[\gamma]$——黏弹性材料允许的最大剪切应变。

4) 消能支撑除了满足相关刚度要求外，还应按最大阻尼力的1.2倍以上的力来设计消能支撑截面。

(3) 与消能减震结构相连的部件应保证在罕遇地震作用下，不发生损坏，且能承担消能减震装置施加给连接点的最大作用力。

小 结

1. 结构隔震就是隔离地震对建筑物的作用和影响，其基本的思路是将整个结构物或其局部坐落在隔震支座上，或者坐落在起隔震作用的地基或基础上，通过隔震装置的有效工作，减少地震波向上部结构的输入，控制上部结构物地震作用效应和隔震部位的变形，从而减少结构的地震响应，提高结构的抗震安全性。

2. 结构消能减震体系是将房屋中的非承重构件（如支撑、剪力墙等）设计成消能部件，或在房屋的某些部位（节点或连接处）装设一些消能装置（阻尼器）、摩擦消能器、金属阻尼器等，通过消能材料的摩擦、变形或黏性液体的流动等产生的能量耗散来消耗结构吸收的由地震引起的振动能量。在风载和小地震作用下，消耗部件和阻尼器处于弹性状态，结构体系的抗侧刚度足以满足使用要求；在强震作用下，消能部件和阻尼器率先进入弹塑性状态，耗散大部分地面运动传递给结构的能量，同时对于消能支撑，其软化使结构体系的自振周期加长，降低了动力反应，从而保护主体结构在地震作用中免遭破坏或免于产生较大的变形，通常称之为消能减震，这种方法也可以看作是增加阻尼的方法。

3. 采用隔震设计方案的适用范围

采用隔震方案的多层砌体、钢筋混凝土框架等房屋，应符合下列要求：

（1）结构高宽比小于4，且不应大于相关规范规程对非隔震结构的具体规定，其变形特征接近剪切变形，最大高度应满足《抗震规范》非隔震结构的要求；高宽比大于4或非隔震结构相关规定的结构采用隔震设计时，应进行专门研究。

（2）建筑场地宜为Ⅰ、Ⅱ、Ⅲ类，并应选用稳定性较好的基础类型。

（3）风荷载和其他非地震作用的水平荷载标准值产生的总水平力不宜超过结构总重力的10%。

4. 消能部件分为消能支撑、消能剪力墙、消能支撑和悬吊设备、消能剪力墙和消能连接；常用的消能器有金属阻尼器、摩擦阻尼器、黏弹性阻尼器、黏滞流体阻尼器等。

复 习 思 考 题

1. 何为隔震房屋？隔震房屋的适用范围隔震原理各是什么？
2. 什么是隔震层？隔震层应设置在什么位置？
3. 《抗震规范》规定隔震房屋抗震承载力验算应包括哪些内容？
4. 什么是消能减震房屋？它的原理是什么？
5. 常用的消能器和阻尼器各有哪些？

第九章 非结构构件抗震设计

学习目标与要求
1. 了解非结构构件的种类。
2. 理解非结构构件震害产生的原因。
3. 掌握非结构构件抗震设计的原理和构造要求。

非结构构件包括持久性的建筑非结构构件和支承于建筑结构的附属机电设备。这里所说的建筑非结构构件是指建筑中除承重骨架体系以外的规定构件和部件，主要包括非承重墙，附着于楼面和屋面结构的构件，装饰构件和部件，固定于楼面的大型储物架等。这里所说的建筑附属机电设备指为现代建筑使用功能服务的附属机械，电气构件、部件和系统，主要包括电梯、照明和应急电源、通信设备、管道系统、采暖和空调系统、烟火监测和消防系统、公用天线等。上述非结构构件的抗震设计往往被忽视，加上它们自身强度较低，或与结构连接薄弱，地震时倒塌伤人、砸坏设备，引起主体结构局部破坏，损坏室内贵重装修等，震害损失很大。因此，非结构构件的抗震设计实际上是建筑抗震设计的一个有机组成部分，必须引起足够重视。

第一节 非结构墙体对整体结构的影响

围护墙、内隔墙、框架填充墙等属于非结构墙体，如果它们设置不当，就会对结构带来不利的影响，表现在以下几个方面：

1. 减小主体结构的自振周期，增大地震作用。平面不对称布置的填充墙将会造成结构在水平地震作用下整体受扭。
2. 当填充墙沿房屋高度不连续布置时会形成薄弱层。
3. 填充墙的斜向支撑作用导致框架梁端、柱端剪力增加，如图9-1所示。
4. 与填充墙相连的柱轴力加大，严重时引起框架柱受压破坏，如图9-2所示。
5. 柱受填充墙的约束形成短柱，吸收的地震能量增加，导致柱过早破坏。填充墙的刚度和强度对主体结构地震剪力的分配有较大影响。

因此，在确定填充墙时，不仅要根据房屋高度、建筑体型、结构层间位移、墙体自身抗侧力性能的利用、设防烈度等因素，经综合分析后，确定非承重墙的材料；而且也应重视非承重墙的构造。

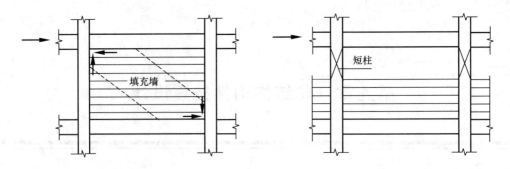

图 9-1 填充墙斜向支撑作用　　　　图 9-2 柱受填充墙约束形成短柱

第二节　抗震设防目标

《抗震规范》规定,非结构构件应根据所属建筑的抗震设防类别和非结构地震破坏的后果及其对整个建筑结构影响的范围,采取不同的抗震措施,达到相应的性能化设计目标。即非结构构件抗震设计时,其抗震设防目标要与主体结构体系的三水准设防目标相协调,容许非结构构件的损坏程度略大于主体结构,但不得危及生命安全。

非结构构件的抗震设防目标大致可分为高、中、低三个层次。具体来说,高要求时,非结构构件外观可能损坏而不影响使用功能和防火能力,安全玻璃可能裂开。中等要求时,使用功能基本正常或可很快恢复,耐火时间减少 25%,强化玻璃破碎,其他玻璃无下落。低要求时,多数构件基本处于原位,但系统可能破坏,需修理才能恢复功能,耐火时间明显下降,容许玻璃破碎下落。

第三节　基本设计要求

一、建筑结构整体抗震计算时应计入非结构构件的影响

1. 地震作用计算时,应计入支承于结构构件的建筑构件附属机电设备的重力。

2. 对柔性连接的建筑构件,可不计入刚度;对嵌入抗侧力构件平面内的刚性建筑非结构构件,应计入其刚度影响,可采用周期调整等简化方法;一般情况下不应计入其抗震承载力,当有专门的构造措施时,尚可按有关规定计入其抗震承载力。

3. 支承非结构构件的结构构件,应将非结构构件地震作用效应作为附加作用对待,并满足连接件的锚固要求。

二、非结构构件的地震作用计算方法,应符合下列要求

1. 各构件和部件的地震力应施加于其重心,水平地震力应沿任一水平方向。

2. 一般情况下,非结构构件自身重力产生的地震作用可采用等效侧力法计算;对支承于不同楼层或防震缝两侧的非结构构件,除自身重力产生的地震作用外,尚应同时计及地震时支承点之间相对位移产生的作用效应。

3. 建筑附属设备(含支架)的体系自振周期大于 0.1s 且其重力超过所在楼层重力的 1%,或建筑附属设备的重力超过所在楼层重力的 10% 时,宜进入整体结构模型的抗震设计,也可采用《抗震规范》附录 M 第 M.3 节的楼面谱方法计算。其中与楼盖非弹性连接

的设备，可直接将设备和楼盖作为一个质点计入整个结构的分析中得到设备所受的地震作用。

三、采用等效侧力法时，水平地震作用标准值宜按下式计算

$$F = \gamma\eta\zeta_1\zeta_2\alpha_{max}G \tag{9-1}$$

式中　F——沿最不利方向施加于非结构构件重心处的水平地震作用标准值；

　　　γ——非结构构件功能系数，由相关标准确定或按《抗震规范》附录 M 第 M.2 节执行；

　　　η——非结构构件类别系数，由相关标准确定或按《抗震规范》附录 M 第 M.2 节执行；

　　　ζ_1——状态系数；对预制建筑构件、悬臂类构件、支承点低于质心的任何设备和柔性体系宜取 2.0，其余情况可取 1.0；

　　　ζ_2——位置系数，建筑的顶点宜取 2.0，底部宜取 1.0，沿高度线性分布；对《抗震规范》第 5.1.2 条要求采用时程分析法补充计算的结构，应按计算结果调整；

　　　α_{max}——地震影响系数最大值；可按《抗震规范》第 5.1.4 条关于多遇地震的规定采用；

　　　G——非结构构件的重力，应包括运行时有关的人员，容器和管道中的介质及储物柜中物品的重力。

四、非结构构件因支承点相对水平位移产生的内力，可按该构件在位移方向的刚度乘以规定的支承点相对水平位移计算。

非结构构件在位移方向的刚度，应根据其端部的实际连接状态，分别采用刚接、铰接、弹性连接或滑移连接等简化的力学模型。

相邻楼层的相对水平位移，可按《抗震规范》规定的限值采用。

五、非结构构件的地震作用效应（包括自身重力产生的效应和支座相对位移产生的效应）和其他荷载效应的基本组合，按《抗震规范》中对结构构件的有关规定计算；幕墙需要计算地震作用效应与风荷载效应的组合；容器类尚应计算设备运转时的温度，工作压力等产生的作用效应。

非结构构件抗震验算时，摩擦力不得作为抵抗地震作用的抗力。

六、楼面反应谱法的计算公式

楼面反应谱法对应于整体结构设计所用的"地面反应谱"。对不同结构或同一结构的不同楼层，其楼面谱均不相同。

当采用楼面反应谱法时，非结构构件通常采用单质点模型，其水平地震作用标准值按下式计算：

$$F = \gamma\eta\beta_s G \tag{9-2}$$

式中　β_s——非结构构件楼面反应谱值，取决于设防烈度、场地条件、非结构构件与整体结构之间的周期比、质量比和阻尼，以及非结构构件与主体结构构件的连接的位置、数量和连接的性质。

其他字母含义同前。

一般用专门的计算软件，采用随机振动法和时程分析法计算楼面谱。

小 结

1. 非结构构件包括持久性的建筑非结构构件和支承于建筑结构的附属机电设备。此处的建筑非结构构件是指建筑中除承重骨架体系以外的规定构件和部件，主要包括非承重墙、附着于楼面和屋面结构的构件，装饰构件和部件，规定与楼面的大型储物架等。此处的建筑附属机电设备指为现代建筑使用功能服务的附属机械、电气构件、部件和系统，主要包括电梯、照明和应急电源、通信设备、管道系统、采暖和空调系统、烟火监测和消防系统、公用天线等。

2. 非结构墙体对整体结构的影响包括：（1）减小主体结构的自振周期，增大地震作用；（2）减小主体结构的自振周期，增大地震作用；（3）填充墙的斜向支撑作用导致框架梁端、柱端剪力增加；（4）与填充墙相连的柱轴力加大，严重时引起框架柱受压破坏；（5）柱受填充墙的约束形成短柱，吸收的地震能量增加，导致柱过早破坏。

3. 非结构构件抗震设防目标：《抗震规范》规定，非结构构件应根据所属建筑的抗震设防类别和非结构地震破坏的后果及其对整个建筑结构影响的范围，采取不同的抗震措施，达到相应的性能化设计目标。即非结构构件抗震设计时，其抗震设防目标要与主体结构体系的三水准设防目标相协调，允许非结构构件的损坏程度略大于主体结构，但不得危及生命安全。非结构构件的抗震设防目标大致可分为高、中、低三个层次。具体来说，高要求时，非结构构件外观可能损坏而不影响使用功能和防火能力，安全玻璃可能裂开。中等要求时，使用功能基本正常或可很快恢复，耐火时间减少 25%，强化玻璃破碎，其他玻璃无下落。低要求时，多数构件基本处于原位，但系统可能破坏，需修理才能恢复功能，耐火时间明显下降，容许玻璃破碎下落。

复 习 思 考 题

1. 非结构构件包括哪些类型？
2. 非结构构件抗震设防目标是什么？
3. 非结构构件的地震作用计算应符合哪些要求？
4. 非结构构件的地震作用怎样计算？

附录 A 我国主要城镇抗震设防烈度、设计基本地震加速度和设计地震分组

本附录仅提供我国抗震设防区各县级及县级以上城镇的中心地区建筑工程抗震设计时所采用的抗震设防烈度、设计基本地震加速度值和所属的设计地震分组。

注：本附录一般把"设计地震第一、二、三组"简称为"第一组、第二组、第三组"。

A.0.1 首都和直辖市

1 抗震设防烈度为8度，设计基本地震加速度值为0.20g：

第一组：北京（东城、西城、崇文、宣武、朝阳、丰台、石景山、海淀、房山、通州、顺义、大兴、平谷），延庆，天津（汉沽），宁河。

2 抗震设防烈度为7度，设计基本地震加速度值为0.15g：

第二组：北京（昌平、门头沟、怀柔），密云；天津（和平、河东、河西、南开、河北、红桥、塘沽、东丽、西青、津南、北辰、武清、宝坻），蓟县，静海。

3 抗震设防烈度为7度，设计基本地震加速度值为0.10g：

第一组：上海（黄浦、卢湾、徐汇、长宁、静安、普陀、闸北、虹口、杨浦、闵行、宝山、嘉定、浦东、松江、青浦、南汇、奉贤）；

第二组：天津（大港）。

4 抗震设防烈度为6度，设计基本地震加速度值为0.05g：

第一组：上海（金山），崇明；重庆（渝中、大渡口、江北、沙坪坝、九龙坡、南岸、北碚、万盛、双桥、渝北、巴南、万州、涪陵、黔江、长寿、江津、合川、永川、南川），巫山，奉节，云阳，忠县，丰都，壁山，铜梁，大足，荣昌，綦江，石柱，巫溪*。

注：上标 * 指该城镇的中心位于本设防区和较低设防区的分界线，下同。

A.0.2 河北省

1 抗震设防烈度为8度，设计基本地震加速度值为0.20g：

第一组：唐山（路北、路南、古冶、开平、丰润、丰南），三河，大厂，香河，怀来，涿鹿；

第二组：廊坊（广阳、安次）。

2 抗震设防烈度为7度，设计基本地震加速度值为0.15g：

第一组：邯郸（丛台、邯山、复兴、峰峰矿区），任丘，河间，大城，滦县，蔚县，磁县，宣化县，张家口（下花园、宣化区），宁晋*；

第二组：涿州，高碑店，涞水，固安，永清，文安，玉田，迁安，卢龙，滦南，唐海，乐亭，阳原，邯郸县，大名，临漳，成安。

3 抗震设防烈度为7度，设计基本地震加速度值为0.10g：

第一组：张家口（桥西、桥东），万全，怀安，安平，饶阳，晋州，深州，辛集，赵县，隆尧，任县，南和，新河，肃宁，柏乡；

第二组：石家庄（长安、桥东、桥西、新华、裕华、井陉矿区），保定（新市、北市、南市），沧州（运河、新华），邢台（桥东、桥西），衡水，霸州，雄县，易县，沧县，张北，兴隆，迁西，抚宁，昌黎，青县，献县，广宗，平乡，鸡泽，曲周，肥乡，馆陶，广平，高邑，内丘，邢台县，武安，涉县，赤城，定兴，容城，徐水，安新，高阳，博野，蠡县，深泽，魏县，藁城，栾城，武强，冀州，巨鹿，沙河，临城，泊头，永年，崇礼，南宫*；

第三组：秦皇岛（海港、北戴河），清苑，遵化，安国，涞源，承德（鹰手营子*）。

4 抗震设防烈度为6度，设计基本地震加速度值为0.05g：

第一组：围场，沽源；

第二组：正定，尚义，无极，平山，鹿泉，井陉县，元氏，南皮，吴桥，景县，东光；

第三组：承德（双桥、双滦），秦皇岛（山海关），承德县，隆化，宽城，青龙，阜平，满城，顺平，唐县，望都，曲阳，定州，行唐，赞皇，黄骅，海兴，孟村，盐山，阜城，故城，清河，新乐，武邑，枣强，威县，丰宁，滦平，平泉，临西，灵寿，邱县。

A.0.3 山西省

1 抗震设防烈度为8度，设计基本地震加速度值为0.20g：

第一组：太原（杏花岭、小店、迎泽、尖草坪、万柏林、晋源），晋中，清徐，阳曲，忻州，定襄，原平，介休，灵石，汾西，代县，霍州，古县，洪洞，临汾，襄汾，浮山，永济；

第二组：祁县，平遥，太谷。

2 抗震设防烈度为7度，设计基本地震加速度值为0.15g：

第一组：大同（城区、矿区、南郊），大同县，怀仁，应县，繁峙，五台，广灵，灵丘，芮城，翼城；

第二组：朔州（朔城区），浑源，山阴，古交，交城，文水，汾阳，孝义，曲沃，侯马，新绛，稷山，绛县，河津，万荣，闻喜，临猗，夏县，运城，平陆，沁源*，宁武*。

3 抗震设防烈度为7度，设计基本地震加速度值为0.10g：

第一组：阳高，天镇；

第二组：大同（新荣），长治（城区、郊区），阳泉（城区、矿区、郊区），长治县，左云，右玉，神池，寿阳，昔阳，安泽，平定，和顺，乡宁，垣曲，黎城，潞城，壶关；

第三组：平顺，榆社，武乡，娄烦，交口，隰县，蒲县，吉县，静乐，陵川，盂县，沁水，沁县，朔州（平鲁）。

4 抗震设防烈度为6度，设计基本地震加速度值为0.05g：

第三组：偏关，河曲，保德，兴县，临县，方山，柳林，五寨，岢岚，岚县，中阳，石楼，永和，大宁，晋城，吕梁，左权，襄垣，屯留，长子，高平，阳城，泽州。

A.0.4 内蒙古自治区

1 抗震设防烈度为8度，设计基本地震加速度值为0.30g：

第一组：土墨特右旗，达拉特旗*。

2 抗震设防烈度为8度，设计基本地震加速度值为0.20g：

第一组：呼和浩特（新城、回民、玉泉、赛罕），包头（昆都仑、东河、青山、九原），乌海（海勃湾、海南、乌达），土墨特左旗，杭锦后旗，磴口，宁城；

第二组：包头（石拐），托克托*。

3 抗震设防烈度为7度，设计基本地震加速度值为0.15g：

第一组：赤峰（红山*、元宝山区），喀喇沁旗，巴彦淖尔，五原，乌拉特前旗，凉城；

第二组：固阳，武川，和林格尔；

第三组：阿拉善左旗。

4 抗震设防烈度为7度，设计基本地震加速度值为0.10g：

第一组：赤峰（松山区），察右前旗，开鲁，傲汉旗，扎兰屯，通辽*；

第二组：清水河，乌兰察布，卓资，丰镇，乌特拉后旗，乌特拉中旗；

第三组：鄂尔多斯，准格尔旗。

5 抗震设防烈度为6度，设计基本地震加速度值为0.05g：

第一组：满洲里，新巴尔虎右旗，莫力达瓦旗，阿荣旗，扎赉特旗，翁牛特旗，商都，乌审旗，科左中旗，科左后旗，奈曼旗，库伦旗，苏尼特右旗；

第二组：兴和，察右后旗；

第三组：达尔罕茂明安联合旗，阿拉善右旗，鄂托克旗，鄂托克前旗，包头（白云矿区），伊金霍洛旗，杭锦旗，四子王旗，察右中旗。

A.0.5 辽宁省

1 抗震设防烈度为8度，设计基本地震加速度值为0.20g：

第一组：普兰店，东港。

2 抗震设防烈度为7度，设计基本地震加速度值为0.15g：

第一组：营口（站前、西市、鲅鱼圈、老边），丹东（振兴、元宝、振安），海城，大石桥，瓦房店，盖州，大连（金州）。

3 抗震设防烈度为7度，设计基本地震加速度值为0.10g：

第一组：沈阳（沈河、和平、大东、皇姑、铁西、苏家屯、东陵、沈北、于洪），鞍山（铁东、铁西、立山、千山），朝阳（双塔、龙城），辽阳（白塔、文圣、宏伟、弓长岭、太子河），抚顺（新抚、东洲、望花），铁岭（银州、清河），盘锦（兴隆台、双台子），盘山，朝阳县，辽阳县，铁岭县，北票，建平，开原，抚顺县*，灯塔，台安，辽中，大洼；

第二组：大连（西岗、中山、沙河口、甘井子、旅顺），岫岩，凌源。

4 抗震设防烈度为6度，设计基本地震加速度值为0.05g：

第一组：本溪（平山、溪湖、明山、南芬），阜新（细河、海州、新邱、太平、清河门），葫芦岛（龙港、连山），昌图，西丰，法库，彰武，调兵山，阜新县，康平，新民，黑山，北宁，义县，宽甸，庄河，长海，抚顺（顺城）；

第二组：锦州（太和、古塔、凌河），凌海，凤城，喀喇沁左翼；

第三组：兴城，绥中，建昌，葫芦岛（南票）。

A.0.6 吉林省

1 抗震设防烈度为8度，设计基本地震加速度值为0.20g：

前郭尔罗斯，松原。

2 抗震设防烈度为7度，设计基本地震加速度值为0.15g：

大安*。

3 抗震设防烈度为7度，设计基本地震加速度值为0.10g：

长春（难关、朝阳、宽城、二道、绿园、双阳），吉林（船营、龙潭、昌邑、丰满），白城，乾安，舒兰，九台，永吉*。

4 抗震设防烈度为6度，设计基本地震加速度值为0.05g：

四平（铁西、铁东），辽源（龙山、西安），镇赉，洮南，延吉，汪清，图们，珲春，龙井，和龙，安图，蛟河，桦甸，梨树，磐石，东丰，辉南，梅河口，东辽，榆树，靖宇，抚松，长岭，德惠，农安，伊通，公主岭，扶余，通榆*。

注：全省县级及县级以上设防城镇，设计地震分组均为第一组。

A.0.7 黑龙江省

1 抗震设防烈度为7度，设计基本地震加速度值为0.10g：

绥化，萝北，泰来。

2 抗震设防烈度为6度，设计基本地震加速度值为0.05g：

哈尔滨（松北、道里、南岗、道外、香坊、平房、呼兰、阿城），齐齐哈尔（建华、龙沙、铁锋、昂昂溪、富拉尔基、碾子山、梅里斯），大庆（萨尔图、龙凤、让胡路、大同、红岗），鹤岗（向阳、兴山、工农、南山、兴安、东山），牡丹江（东安、爱民、阳明、西安），鸡西（鸡冠、恒山、滴道、梨树、城子河、麻山），佳木斯（前进、向阳、东风、郊区），七台河（桃山、新兴、茄子河），伊春（伊春区、乌马、友好），鸡东，望奎，穆棱，绥芬河，东宁，宁安，五大连池，嘉荫，汤原，桦南，桦川，依兰，勃利，通河，方正，木兰，巴彦，延寿，尚志，宾县，安达，明水，绥棱，庆安，兰西，肇东，肇州，双城，五常，讷河，北安，甘南，富裕，龙江，黑河，肇源，青冈*，海林*。

注：全省县级及县级以上设防城镇，设计地震分组均为第一组。

A.0.8 江苏省

1 抗震设防烈度为8度，设计基本地震加速度值为0.30g：

第一组：宿迁（宿城、宿豫*）。

2 抗震设防烈度为8度，设计基本地震加速度值为0.20g：

第一组：新沂，邳州，睢宁。

3 抗震设防烈度为7度，设计基本地震加速度值为0.15g：

第一组：扬州（维扬、广陵、邗江），镇江（京口、润州），泗洪，江都；

第二组：东海，沭阳，大丰。

4 抗震设防烈度为7度，设计基本地震加速度值为0.10g：

第一组：南京（玄武、白下、秦淮、建邺、鼓楼、下关、浦口、六合、栖霞、雨花台、江宁），常州（新北、钟楼、天宁、戚墅堰、武进），泰州（海陵、高港），江浦，东台，海安，姜堰，如皋，扬中，仪征，兴化，高邮，六合，句容，丹阳，金坛，镇江（丹徒），溧阳，溧水，昆山，太仓；

第二组：徐州（云龙、鼓楼、九里、贾汪、泉山），铜山，沛县，淮安（清河、青浦、淮阴），盐城（亭湖、盐都），泗阳，盱眙，射阳，赣榆，如东；

第三组：连云港（新浦、连云、海州），灌云。

5 抗震设防烈度为 6 度，设计基本地震加速度值为 0.05g：

第一组：无锡（崇安、南长、北塘、滨湖、惠山），苏州（金阊、沧浪、平江、虎丘、吴中、相成），宜兴，常熟，吴江，泰兴，高淳；

第二组：南通（崇川、港闸），海门，启东，通州，张家港，靖江，江阴，无锡（锡山），建湖，洪泽，丰县；

第三组：响水，滨海，阜宁，宝应，金湖，灌南，涟水，楚州。

A.0.9　浙江省

1 抗震设防烈度为 7 度，设计基本地震加速度值为 0.10g：

第一组：岱山，嵊泗，舟山（定海、普陀），宁波（北仑、镇海）。

2 抗震设防烈度为 6 度，设计基本地震加速度值为 0.05g：

第一组：杭州（拱墅、上城、下城、江干、西湖、滨江、余杭、萧山），宁波（海曙、江东、江北、鄞州），湖州（吴兴、南浔），嘉兴（南湖、秀洲），温州（鹿城、龙湾、瓯海），绍兴，绍兴县，长兴，安吉，临安，奉化，象山，德清，嘉善，平湖，海盐，桐乡，海宁，上虞，慈溪，余姚，富阳，平阳，苍南，乐清，永嘉，泰顺，景宁，云和，洞头；

第二组：庆元，瑞安。

A.0.10　安徽省

1 抗震设防烈度为 7 度，设计基本地震加速度值为 0.15g：

第一组：五河，泗县。

2 抗震设防烈度为 7 度，设计基本地震加速度值为 0.10g：

第一组：合肥（蜀山、庐阳、瑶海、包河），蚌埠（蚌山、龙子湖、禹会、淮山），阜阳（颍州、颍东、颍泉），淮南（田家庵、大通），枞阳，怀远，长丰，六安（金安、裕安），固镇，凤阳，明光，定远，肥东，肥西，舒城，庐江，桐城，霍山，涡阳，安庆（大观、迎江、宜秀），铜陵县*；

第二组：灵璧。

3 抗震设防烈度为 6 度，设计基本地震加速度值为 0.05g：

第一组：铜陵（铜官山、狮子山、郊区），淮南（谢家集、八公山、潘集），芜湖（镜湖、戈江、三江、鸠江），马鞍山（花山、雨山、金家庄），芜湖县，界首，太和，临泉，阜南，利辛，凤台，寿县，颍上，霍邱，金寨，含山，和县，当涂，无为，繁昌，池州，岳西，潜山，太湖，怀宁，望江，东至，宿松，南陵，宣城，郎溪，广德，泾县，青阳，石台；

第二组：滁州（琅琊、南谯），来安，全椒，砀山，萧县，蒙城，亳州，巢湖，天长；

第三组：濉溪，淮北，宿州。

A.0.11　福建省

1 抗震设防烈度为 8 度，设计基本地震加速度值为 0.20g：

第二组：金门*。

2 抗震设防烈度为 7 度，设计基本地震加速度值为 0.15g：

第一组：漳州（芗城、龙文），东山，诏安，龙海；

第二组：厦门（思明、海沧、湖里、集美、同安、翔安），晋江，石狮，长泰，漳浦；

第三组：泉州（丰泽、鲤城、洛江、泉港）。

3 抗震设防烈度为7度，设计基本地震加速度值为0.10g：

第二组：福州（鼓楼、台江、仓山、晋安），华安，南靖，平和，云霄；

第三组：莆田（城厢、涵江、荔城、秀屿），长乐，福清，平潭，惠安，南安，安溪，福州（马尾）。

4 抗震设防烈度为6度，设计基本地震加速度值为0.05g：

第一组：三明（梅列、三元），屏南，霞浦，福鼎，福安，柘荣，寿宁，周宁，松溪，宁德，古田，罗源，沙县，尤溪，闽清，闽侯，南平，大田，漳平，龙岩，泰宁，宁化，长汀，武平，建宁，将乐，明溪，清流，连城，上杭，永安，建瓯；

第二组：政和，永定；

第三组：连江，永泰，德化，永春，仙游，马祖。

A.0.12 江西省

1 抗震设防烈度为7度，设计基本地震加速度值为0.10g：

寻乌，会昌。

2 抗震设防烈度为6度，设计基本地震加速度值为0.05g：

南昌（东湖、西湖、青云谱、湾里、青山湖），南昌县，九江（浔阳、庐山），九江县，进贤，余干，彭泽，湖口，星子，瑞昌，德安，都昌，武宁，修水，靖安，铜鼓，宜丰，宁都，石城，瑞金，安远，定南，龙南，全南，大余。

注：全省县级及县级以上设防城镇，设计地震分组均为第一组。

A.0.13 山东省

1 抗震设防烈度为8度，设计基本地震加速度值为0.20g：

第一组：郯城，临沭，莒南，莒县，沂水，安丘，阳谷，临沂（河东）。

2 抗震设防烈度为7度，设计基本地震加速度值为0.15g：

第一组：临沂（兰山、罗庄），青州，临朐，菏泽，东明，聊城，莘县，鄄城；

第二组：潍坊（奎文、潍城、寒亭、坊子），苍山，沂南，昌邑，昌乐，诸城，五莲，长岛，蓬莱，龙口，枣庄（台儿庄），淄博（临淄*），寿光*。

3 抗震设防烈度为7度，设计基本地震加速度值为0.10g：

第一组：烟台（莱山、芝罘、牟平），威海，文登，高唐，茌平，定陶，成武；

第二组：烟台（福山），枣庄（薛城、市中、峄城、山亭*），淄博（张店、淄川、周村），平原，东阿，平阴，梁山，郓城，巨野，曹县，广饶，博兴，高青，桓台，蒙阴，费县，微山，禹城，冠县，单县*，夏津*，莱芜（莱城*、钢城）；

第三组：东营（东营、河口），日照（东港、岚山），沂源，招远，新泰，栖霞，莱州，平度，高密，垦利，淄博（博山），滨州*，平邑*。

4 抗震设防烈度为6度，设计基本地震加速度值为0.05g：

第一组：荣成；

第二组：德州，宁阳，曲阜，邹城，鱼台，乳山，兖州；

第三组：济南（市中、历下、槐荫、天桥、历城、长清），青岛（市南、市北、四方、黄岛、崂山、城阳、李沧），泰安（泰山、岱岳），济宁（市中、任城），乐陵，庆云，无棣，阳信，宁津，沾化，利津，武城，惠民，商河，临邑，济阳，齐河，章丘，泗水，莱阳，海阳，金乡，滕州，莱西，即墨，胶南，胶州，东平，汶上，嘉祥，临清，肥城，陵县，邹平。

A.0.14 河南省

1 抗震设防烈度为8度，设计基本地震加速度值为0.20g：

第一组：新乡（卫滨、红旗、凤泉、牧野），新乡县，安阳（北关、文峰、殷都、龙安），安阳县，淇县，卫辉，辉县，原阳，延津，获嘉，范县；

第二组：鹤壁（淇滨、山城*、鹤山*），汤阴。

2 抗震设防烈度为7度，设计基本地震加速度值为0.15g：

第一组：台前，南乐，陕县，武陟；

第二组：郑州（中原、二七、管城、金水、惠济），濮阳，濮阳县，长垣，封丘，修武，内黄，浚县，滑县，清丰，灵宝，三门峡，焦作（马村*），林州*。

3 抗震设防烈度为7度，设计基本地震加速度值为0.10g：

第一组：南阳（卧龙、宛城），新密，长葛，许昌*，许昌县*；

第二组：郑州（上街），新郑，洛阳（西工、老城、瀍河、涧西、吉利、洛龙*），焦作（解放、山阳、中站），开封（鼓楼、龙亭、顺河、禹王台、金明），开封县，民权，兰考，孟州，孟津，巩义，偃师，沁阳，博爱，济源，荥阳，温县，中牟，杞县*。

4 抗震设防烈度为6度，设计基本地震加速度值为0.05g：

第一组：信阳（浉河、平桥），漯河（郾城、源汇、召陵），平顶山（新华、卫东、湛河、石龙），汝阳，禹州，宝丰，鄢陵，扶沟，太康，鹿邑，郸城，沈丘，项城，淮阳，周口，商水，上蔡，临颍，西华，西平，栾川，内乡，镇平，唐河，邓州，新野，社旗，平舆，新县，驻马店，泌阳，汝南，桐柏，淮滨，息县，正阳，遂平，光山，罗山，潢川，商城，固始，南召，叶县*，舞阳*；

第二组：商丘（梁园、睢阳），义马，新安，襄城，郏县，嵩县，宜阳，伊川，登封，柘城，尉氏，通许，虞城，夏邑，宁陵；

第三组：汝州，睢县，永城，卢氏，洛宁，渑池。

A.0.15 湖北省

1 抗震设防烈度为7度，设计基本地震加速度值为0.10g：

竹溪，竹山，房县。

2 抗震设防烈度为6度，设计基本地震加速度值为0.05g：

武汉（江岸、江汉、硚口、汉阳、武昌、青山、洪山、东西湖、汉南、蔡甸、江夏、黄陂、新洲），荆州（沙市、荆州），荆门（东宝、掇刀），襄樊（襄城、樊城、襄阳），十堰（茅箭、张湾），宜昌（西陵、伍家岗、点军、猇亭、夷陵），黄石（下陆、黄石港、西塞山、铁山），恩施，咸宁，麻城，团风，罗田，英山，黄冈，鄂州，浠水，蕲春，黄梅，武穴，郧西，郧县，丹江口，谷城，老河口，宜城，南漳，保康，神农架，钟祥，沙洋，远安，兴山，巴东，秭归，当阳，建始，利川，公安，宣恩，咸丰，长阳，嘉鱼，大冶，宜都，枝江，松滋，江陵，石首，监利，洪湖，孝感，应城，云梦，天门，仙桃，红安，安陆，潜江，通山，赤壁，崇阳，通城，五峰*，京山*。

注：全省县级及县级以上设防城镇，设计地震分组均为第一组。

A.0.16 湖南省

1 抗震设防烈度为7度，设计基本地震加速度值为0.15g：

常德（武陵、鼎城）。

2 抗震设防烈度为7度，设计基本地震加速度值为0.10g：

岳阳（岳阳楼、君山*），岳阳县，汨罗，湘阴，临澧，澧县，津市，桃源，安乡，汉寿。

3 抗震设防烈度为6度，设计基本地震加速度值为0.05g：

长沙（岳麓、芙蓉、天心、开福、雨花），长沙县，岳阳（云溪），益阳（赫山、资阳），张家界（永定、武陵源），郴州（北湖、苏仙），邵阳（大祥、双清、北塔），邵阳县，泸溪，沅陵，娄底，宜章，资兴，平江，宁乡，新化，冷水江，涟源，双峰，新邵，邵东，隆回，石门，慈利，华容，南县，临湘，沅江，桃江，望城，溆浦，会同，靖州，韶山，江华，宁远，道县，临武，湘乡*，安化*，中方*，洪江*。

注：全省县级及县级以上设防城镇，设计地震分组均为第一组。

A.0.17 广东省

1 抗震设防烈度为8度，设计基本地震加速度值为0.20g：

汕头（金平、濠江、龙湖、澄海），潮安，南澳，徐闻，潮州*。

2 抗震设防烈度为7度，设计基本地震加速度值为0.15g：

揭阳，揭东，汕头（潮阳、潮南），饶平。

3 抗震设防烈度为7度，设计基本地震加速度值为0.10g：

广州（越秀、荔湾、海珠、天河、白云、黄埔、番禺、南沙、萝岗），深圳（福田、罗湖、南山、宝安、盐田），湛江（赤坎、霞山、坡头、麻章），汕尾，海丰，普宁，惠来，阳江，阳东，阳西，茂名（茂南、茂港），化州，廉江，遂溪，吴川，丰顺，中山，珠海（香洲、斗门、金湾），电白，雷州，佛山（顺德、南海、禅城*），江门（蓬江、江海、新会）*，陆丰*。

4 抗震设防烈度为6度，设计基本地震加速度值为0.05g：

韶关（浈江、武江、曲江），肇庆（端州、鼎湖），广州（花都），深圳（尤岗），河源，揭西，东源，梅州，东莞，清远，清新，南雄，仁化，始兴，乳源，英德，佛冈，龙门，龙川，平远，从化，梅县，兴宁，五华，紫金，陆河，增城，博罗，惠州（惠城、惠阳），惠东，四会，云浮，云安，高要，佛山（三水、高明），鹤山，封开，郁南，罗定，信宜，新兴，开平，恩平，台山，阳春，高州，翁源，连平，和平，蕉岭，大埔，新丰*。

注：全省县级及县级以上设防城镇，除大埔为设计地震第二组外，均为第一组。

A.0.18 广西壮族自治区

1 抗震设防烈度为7度，设计基本地震加速度值为0.15g：

灵山，田东。

2 抗震设防烈度为7度，设计基本地震加速度值为0.10g：

玉林，兴业，横县，北流，百色，田阳，平果，隆安，浦北，博白，乐业*。

3 抗震设防烈度为6度，设计基本地震加速度值为0.05g：

南宁（青秀、兴宁、江南、西乡塘、良庆、邕宁），桂林（象山、叠彩、秀峰、七星、雁山），柳州（柳北、城中、鱼峰、柳南），梧州（长洲、万秀、蝶山），钦州（钦南、钦北)，贵港（港北、港南），防城港（港口、防城），北海（海城、银海），兴安，灵川，临桂，永福，鹿寨，天峨，东兰，巴马，都安，大化，马山，融安，象州，武宣，桂平，平南，上林，宾阳，武鸣，大新，扶绥，东兴，合浦，钟山，贺州，藤县，苍梧，容县，岑溪，陆川，凤山，凌云，田林，隆林，西林，德保，靖西，那坡，天等，崇左，上思，龙州，宁明，融水，凭祥，全州。

注：全自治区县级及县级以上设防城镇，设计地震分组均为第一组。

A.0.19 海南省

1 抗震设防烈度为8度，设计基本地震加速度值为0.30g：

海口（龙华、秀英、琼山、美兰）。

2 抗震设防烈度为8度，设计基本地震加速度值为0.20g：

文昌，定安。

3 抗震设防烈度为7度，设计基本地震加速度值为0.15g：

澄迈。

4 抗震设防烈度为7度，设计基本地震加速度值为0.10g：

临高，琼海，儋州，屯昌。

5 抗震设防烈度为6度，设计基本地震加速度值为0.05g：

三亚，万宁，昌江，白沙，保亭，陵水，东方，乐东，五指山，琼中。

注：全省县级及县级以上设防城镇，除屯昌、琼中为设计地震第二组外，均为第一组。

A.0.20 四川省

1 抗震设防烈度不低于9度，设计基本地震加速度值不小于0.40g：

第二组：康定，西昌。

2 抗震设防烈度为8度，设计基本地震加速度值为0.30g：

第二组：冕宁*。

3 抗震设防烈度为8度，设计基本地震加速度值为0.20g：

第一组：茂县，汶川，宝兴；

第二组：松潘，平武，北川（震前），都江堰，道孚，泸定，甘孜，炉霍，喜德，普格，宁南，理塘；

第三组：九寨沟，石棉，德昌。

4 抗震设防烈度为7度，设计基本地震加速度值为0.15g：

第二组：巴塘，德格，马边，雷波，天全，芦山，丹巴，安县，青川，江油，绵竹，什邡，彭州，理县，剑阁*；

第三组：荥经，汉源，昭觉，布拖，甘洛，越西，雅江，九龙，木里，盐源，会东，新龙。

5 抗震设防烈度为7度，设计基本地震加速度值为0.10g：

第一组：自贡（自流井、大安、贡井、沿滩）；

第二组：绵阳（涪城、游仙），广元（利州、元坝、朝天），乐山（市中、沙湾），宜宾，宜宾县，峨边，沐川，屏山，得荣，雅安，中江，德阳，罗江，峨眉山，马尔康；

第三组：成都（青羊、锦江、金牛、武侯、成华、龙泽泉、青白江、新都、温江），攀枝花（东区、西区、仁和），若尔盖，色达，壤塘，石渠，白玉，盐边，米易，乡城，稻城，双流，乐山（金口河、五通桥），名山，美姑，金阳，小金，会理，黑水，金川，洪雅，夹江，邛崃，蒲江，彭山，丹棱，眉山，青神，郫县，大邑，崇州，新津，金堂，广汉。

6 抗震设防烈度为6度，设计基本地震加速度值为0.05g：

第一组：泸州（江阳、纳溪、龙马潭），内江（市中、东兴），宣汉，达州，达县，大竹，邻水，渠县，广安，华蓥，隆昌，富顺，南溪，兴文，叙永，古蔺，资中，通江，万源，巴中，阆中，仪陇，西充，南部，射洪，大英，乐至，资阳；

第二组：南江，苍溪，旺苍，盐亭，三台，简阳，泸县，江安，长宁，高县，珙县，仁寿，威远；

第三组：犍为，荣县，梓潼，筠连，井研，阿坝，红原。

A.0.21 贵州省

1 抗震设防烈度为7度，设计基本地震加速度值为0.10g：

第一组：望谟；

第三组：威宁。

2 抗震设防烈度为6度，设计基本地震加速度值为0.05g：

第一组：贵阳（乌当*、白云*、小河、南明、云岩、花溪），凯里，毕节，安顺，都匀，黄平，福泉，贵定，麻江，清镇，龙里，平坝，纳雍，织金，普定，六枝，镇宁，惠水，长顺，关岭，紫云，罗甸，兴仁，贞丰，安龙，金沙，印江，赤水，习水，思南*；

第二组：六盘水，水城，册亨；

第三组：赫章，普安，晴隆，兴义，盘县。

A.0.22 云南省

1 抗震设防烈度不低于9度，设计基本地震加速度值不小于0.40g：

第二组：寻甸，昆明（东川）；

第三组：澜沧。

2 抗震设防烈度为8度，设计基本地震加速度值为0.30g：

第二组：剑川，嵩明，宜良，丽江，玉龙，鹤庆，永胜，潞西，龙陵，石屏，建水；

第三组：耿马，双江，沧源，勐海，西盟，孟连。

3 抗震设防烈度为8度，设计基本地震加速度值为0.20g：

第二组：石林，玉溪，大理，巧家，江川，华宁，峨山，通海，洱源，宾川，弥渡，祥云，会泽，南涧；

第三组：昆明（盘龙、五华、官渡、西山），普洱（原思茅市），保山，马龙，呈贡，澄江，晋宁，易门，漾濞，巍山，云县，腾冲，施甸，瑞丽，梁河，安宁，景洪，永德，镇康，临沧，凤庆*，陇川*。

4 抗震设防烈度为7度，设计基本地震加速度值为0.15g：

第二组：香格里拉，泸水，大关，永善，新平*；

第三组：曲靖，弥勒，陆良，富民，禄劝，武定，兰坪，云龙，景谷，宁洱（原普洱），沾益，个旧，红河，元江，禄丰，双柏，开远，盈江，永平，昌宁，宁蒗，南华，楚雄，勐腊，华坪，景东*。

5 抗震设防烈度为7度，设计基本地震加速度值为0.10g：

第二组：盐津，绥江，德钦，贡山，水富；

第三组：昭通，彝良，鲁甸，福贡，永仁，大姚，元谋，姚安，牟定，墨江，绿春，镇沅，江城，金平，富源，师宗，泸西，蒙自，元阳，维西，宣威。

6 抗震设防烈度为6度，设计基本地震加速度值为0.05g：

第一组：威信，镇雄，富宁，西畴，麻栗坡，马关；

第二组：广南；

第三组：丘北，砚山，屏边，河口，文山，罗平。

A.0.23 西藏自治区

1 抗震设防烈度不低于9度，设计基本地震加速度值不小于0.40g：

第三组：当雄，墨脱。

2 抗震设防烈度为8度，设计基本地震加速度值为0.30g：

第二组：申扎；

第三组：米林，波密。

3 抗震设防烈度为8度，设计基本地震加速度值为0.20g：

第二组：普兰，聂拉木，萨嘎；

第三组：拉萨，堆龙德庆，尼木，仁布，尼玛，洛隆，隆子，错那，曲松，那曲，林芝（八一镇），林周。

4 抗震设防烈度为7度，设计基本地震加速度值为0.15g：

第二组：札达，吉隆，拉孜，谢通门，亚东，洛扎，昂仁；

第三组：日土，江孜，康马，白朗，扎囊，措美，桑日，加查，边坝，八宿，丁青，类乌齐，乃东，琼结，贡嘎，朗县，达孜，南木林，班戈，浪卡子，墨竹工卡，曲水，安多，聂荣，日喀则*，噶尔*。

5 抗震设防烈度为7度，设计基本地震加速度值为0.10g：

第一组：改则；

第二组：措勤，仲巴，定结，芒康；

第三组：昌都，定日，萨迦，岗巴，巴青，工布江达，索县，比如，嘉黎，察雅，左贡，察隅，江达，贡觉。

6 抗震设防烈度为6度，设计基本地震加速度值为0.05g：

第二组：革吉。

A.0.24 陕西省

1 抗震设防烈度为8度，设计基本地震加速度值为0.20g：

第一组：西安（未央、莲湖、新城、碑林、灞桥、雁塔、阎良*、临潼），渭南，华县，华阴，潼关，大荔；

第三组：陇县。

2 抗震设防烈度为7度，设计基本地震加速度值为0.15g：

第一组：咸阳（秦都、渭城），西安（长安），高陵，兴平，周至，户县，蓝田；

第二组：宝鸡（金台、渭滨、陈仓），咸阳（杨凌特区），千阳，岐山，凤翔，扶风，武功，眉县，三原，富平，澄城，蒲城，泾阳，礼泉，韩城，合阳，略阳；

第三组：凤县。

3 抗震设防烈度为7度，设计基本地震加速度值为0.10g：

第一组：安康，平利；

第二组：洛南，乾县，勉县，宁强，南郑，汉中；

第三组：白水，淳化，麟游，永寿，商洛（商州），太白，留坝，铜川（耀州、王益、印台*），柞水*。

4 抗震设防烈度为6度，设计基本地震加速度值为0.05g：

第一组：延安，清涧，神木，佳县，米脂，绥德，安塞，延川，延长，志丹，甘泉，商南，紫阳，镇巴，子长*，子洲*；

第二组：吴旗，富县，旬阳，白河，岚皋，镇坪；

第三组：定边，府谷，吴堡，洛川，黄陵，旬邑，洋县，西乡，石泉，汉阴，宁陕，城固，宜川，黄龙，宜君，长武，彬县，佛坪，镇安，丹凤，山阳。

A.0.25 甘肃省

1 抗震设防烈度不低于9度，设计基本地震加速度值不小于0.40g：

第二组：古浪。

2 抗震设防烈度为8度，设计基本地震加速度值为0.30g：

第二组：天水（秦州、麦积），礼县，西和；

第三组：白银（平川区）。

3 抗震设防烈度为8度，设计基本地震加速度值为0.20g：

第二组：宕昌，肃北，陇南，成县，徽县，康县，文县；

第三组：兰州（城关、七里河、西固、安宁），武威，永登，天祝，景泰，靖远，陇西，武山，秦安，清水，甘谷，漳县，会宁，静宁，庄浪，张家川，通渭，华亭，两当，舟曲。

4 抗震设防烈度为7度，设计基本地震加速度值为0.15g：

第二组：康乐，嘉峪关，玉门，酒泉，高台，临泽，肃南；

第三组：白银（白银区），兰州（红古区），永靖，岷县，东乡，和政，广河，临潭，卓尼，迭部，临洮，渭源，皋兰，崇信，榆中，定西，金昌，阿克塞，民乐，永昌，平凉。

5 抗震设防烈度为7度，设计基本地震加速度值为0.10g：

第二组：张掖，合作，玛曲，金塔；

第三组：敦煌，瓜洲，山丹，临夏，临夏县，夏河，碌曲，泾川，灵台，民勤，镇原，环县，积石山。

6 抗震设防烈度为6度，设计基本地震加速度值为0.05g：

第三组：华池，正宁，庆阳，合水，宁县，西峰。

A.0.26 青海省

1 抗震设防烈度为8度，设计基本地震加速度值为0.20g：

第二组：玛沁；

第三组：玛多，达日。

2 抗震设防烈度为7度，设计基本地震加速度值为0.15g：

第二组：祁连；

第三组：甘德，门源，治多，玉树。

3 抗震设防烈度为7度，设计基本地震加速度值为0.10g：

第二组：乌兰，称多，杂多，囊谦；

第三组：西宁（城中、城东、城西、城北），同仁，共和，德令哈，海晏，湟源，湟中，平安，民和，化隆，贵德，尖扎，循化，格尔木，贵南，同德，河南，曲麻莱，久治，班玛，天峻，刚察，大通，互助，乐都，都兰，兴海。

4 抗震设防烈度为6度，设计基本地震加速度值为0.05g：

第三组：泽库。

A.0.27 宁夏回族自治区

1 抗震设防烈度为8度，设计基本地震加速度值为0.30g：

第二组：海原。

2 抗震设防烈度为8度，设计基本地震加速度值为0.20g：

第一组：石嘴山（大武口、惠农），平罗；

第二组：银川（兴庆、金凤、西夏），吴忠，贺兰，永宁，青铜峡，泾源，灵武，固原；

第三组：西吉，中宁，中卫，同心，隆德。

3 抗震设防烈度为7度，设计基本地震加速度值为0.15g：

第三组：彭阳。

4 抗震设防烈度为6度，设计基本地震加速度值为0.05g：

第三组：盐池。

A.0.28 新疆维吾尔自治区

1 抗震设防烈度不低于9度，设计基本地震加速度值不小于0.40g：

第三组：乌恰，塔什库尔干。

2 抗震设防烈度为8度，设计基本地震加速度值为0.30g：

第三组：阿图什，喀什，疏附。

3 抗震设防烈度为8度，设计基本地震加速度值为0.20g：

第一组：巴里坤；

第二组：乌鲁木齐（天山、沙依巴克、新市、水磨沟、头屯河、米东），乌鲁木齐县，温宿，阿克苏，柯坪，昭苏，特克斯，库车，青河，富蕴，乌什*；

第三组：尼勒克，新源，巩留，精河，乌苏，奎屯，沙湾，玛纳斯，石河子，克拉玛依（独山子），疏勒，伽师，阿克陶，英吉沙。

4 抗震设防烈度为7度，设计基本地震加速度值为0.15g：

第一组：木垒*；

第二组：库尔勒，新和，轮台，和静，焉耆，博湖，巴楚，拜城，昌吉，阜康*；

第三组：伊宁，伊宁县，霍城，呼图壁，察布查尔，岳普湖。

5 抗震设防烈度为7度，设计基本地震加速度值为0.10g：

第一组：鄯善；

第二组：乌鲁木齐（达坂城），吐鲁番，和田，和田县，吉木萨尔，洛浦，奇台，伊吾，托克逊，和硕，尉犁，墨玉，策勒，哈密*；

第三组：五家渠，克拉玛依（克拉玛依区），博乐，温泉，阿合奇，阿瓦提，沙雅，图木舒克，莎车，泽普，叶城，麦盖堤，皮山。

6 抗震设防烈度为6度，设计基本地震加速度值为0.05g：

第一组：额敏，和布克赛尔；

第二组：于田，哈巴河，塔城，福海，克拉玛依（马尔禾）；

第三组：阿勒泰，托里，民丰，若羌，布尔津，吉木乃，裕民，克拉玛依（白碱滩），且末，阿拉尔。

A.0.29 港澳特区和台湾省

1 抗震设防烈度不低于9度，设计基本地震加速度值不小于0.40g：

第二组：台中；

第三组：苗栗，云林，嘉义，花莲。

2 抗震设防烈度为8度，设计基本地震加速度值为0.30g：

第二组：台南；

第三组：台北，桃园，基隆，宜兰，台东，屏东。

3 抗震设防烈度为8度，设计基本地震加速度值为0.20g：

第三组：高雄，澎湖。

4 抗震设防烈度为7度，设计基本地震加速度值为0.15g：

第一组：香港。

5 抗震设防烈度为7度，设计基本地震加速度值为0.10g：

第一组：澳门。

参 考 文 献

[1] 中国建筑科学研究院 GB 50223—2008 建筑工程抗震设防分类[S].北京：中国建筑工业出版社，2008.

[2] 中国建筑科学研究院 GB 50011—2010 建筑抗震设计规范[S].北京：中国建筑工业出版社，2011.

[3] 李达，郑洪勇，昌永红.抗震结构设计.北京：化学工业出版社，2010.

[4] 王显利，孟宪强，李长凤，武征宵.工程结构抗震设计.北京：科学出版社，2008.

[5] 张小云.建筑抗震.北京：高等教育出版社，2009.

[6] 刘大海，钟锡根，杨翠如，房屋抗震设计.西安：陕西科学技术出版社，1985.

[7] 《建筑抗震设计计算与实例》编委会.建筑抗震设计计算与实例.北京：人民交通出版社，2008.

[8] 王昌兴.建筑结构抗震设计及工程应用.北京：中国建筑工业出版社，2008.

[9] 李国胜.混凝土结构设计禁忌与实例.北京：中国建筑工业出版社，2007.

[10] 戴国莹，王亚勇.房屋建筑抗震设计.北京：中国建筑工业出版社，2005.

[11] （日）社团法人.日本隔震结构协会被动减震结构设计施工手册.蒋通译，冯德民校.北京：中国建筑工业出版社，2008.

[12] 周云.防屈曲耗能支撑结构设计与应用.北京：中国建筑工业出版社，2007.

[13] 王文睿.张乐荣.钢筋混凝土与砌体结构.北京：北京师范大学出版社，2010.